DeepSeek实战应用大全

从职场到生活的AI革命

◎编著

中国石化出版社
·北京·

内 容 提 要

本书面向职场人士、自媒体创作者、中小企业主、学生、家庭用户及银发群体等，全面展示了中文大语言模型 DeepSeek 在各类现实场景中的应用方法与实践案例。

本书围绕“AI 深入生活与工作的每一个角落”展开，分为 10 章。每章包含多个贴近实际的案例，帮助读者快速上手、灵活应用。第 1 章对 AI 及 DeepSeek 做了系统介绍。第 2 章详细讲解了编写提示词的“7 个原则 + 6 个模板 + 6 个进阶公式 + 4 个高级技巧”。3 ～ 10 章的内容涵盖了职场办公提效、内容创作变现、斜杠副业运营、中小企业降本增效、学生学习提速、家庭生活优化、老年人跨越数字鸿沟与未来核心生存技能构建 8 个领域，通过近百个案例全面讲解 DeepSeek 的实操应用。

本书不仅提供操作步骤，更注重“方法论 + 场景化”的实战价值，助你真正将大模型用在当下、用出成果。无论你是想提升工作效率与生产力，还是希望在 AI 时代挖掘新机会，本书都能为你带来启发，成为你的案头必备手册。本书也适合作为广大职业院校人工智能相关专业的教学参考用书及社会培训用书。

图书在版编目 (CIP) 数据

DeepSeek 实战应用大全 : 从职场到生活的 AI 革命 / AI 研究工作室编著 . -- 北京 : 中国石化出版社 , 2025. 7. -- ISBN 978-7-5114-8026-2

Ⅰ . TP18

中国国家版本馆 CIP 数据核字第 2025E6V477 号

中国石化出版社出版发行

地址：北京市东城区安定门外大街58号
邮编：100011　电话：(010) 57512500
发行部电话：(010) 57512575
http://www.sinopec-press.com
E-mail:press@sinopec.com
涿州汇美亿浓印刷有限公司
全国各地新华书店经销

*

710毫米 × 1000毫米 16开本 17印张 305千字
2025年7月第1版　2025年7月第1次印刷
定价：69.80元

前 言
PREFACE

AI 技术正以前所未有的速度改变我们的工作方式、生活习惯和思维模式。中文大语言模型 DeepSeek 的崛起，标志着一场覆盖全行业、全人群的 AI 革命正在发生。AI 不再只是科研工具，而成为每一个普通人触手可及的“智能助手”。从职场办公、内容创作到家庭管理、副业变现，AI 正在全面重塑我们对效率与创造力的认知。

出版缘由

在看到无数用户开始尝试使用 AI，却又常常陷入“不会问、不会用、用不对”的困境时，我们决定编写《DeepSeek 实战应用大全：从职场到生活的 AI 革命》。本书致力于帮助读者快速掌握 DeepSeek 的核心功能、使用方法与高频使用场景，让 AI 从“新奇尝试”真正成为“刚需工具”。

出版本书的初衷主要有以下三点：

（1）增强 AI 工具的实战能力，告别纸上谈兵。DeepSeek 功能强大，但大量用户仅停留在“试试看”的阶段，缺乏系统指导与操作技巧。

（2）解决用户核心痛点。

- 不知道 AI 能做什么。
- 提示词太模糊、输出质量差。
- 缺乏中文场景实战模板。
- 大量 AI 功能被“束之高阁”，未能落地。

（3）聚焦全场景应用问题的具体解决方案。本书针对实际场景问题，提供“通用逻辑 + 实用案例 + 提示词范本”的组合式解决方案。

特色与亮点

作为一本实战导向的 AI 应用书籍，本书坚持“用得上”“用得懂”“能提效”的原则，围绕近百个真实场景，深入浅出地讲解如何使用 DeepSeek 完成实际任务。

（1）全场景覆盖：涉及职场办公、自媒体创作、副业拓展、企业降本增效、学习成长、家庭管理、适老化应用等多个领域，提供近百个实战案例，覆盖多人群、多职业。

（2）提示词全解构：每个案例都拆解提示词的目标、结构与表达方式，结合“背景 + 方法 + 实践”的三段式讲解，助你逐步掌握高质量提问技巧。

（3）“方法论 + 模板”双重驱动：不仅教你“做什么”，更教你“怎么做得更好”，并附有可直接使用的结构化模板。

（4）国产大模型原生适配：所有内容均以 DeepSeek 为核心编写，避免照搬海外框架导致“水土不服”。

（5）逻辑清晰，表达通俗：面向普通用户，零技术门槛，无须代码基础，轻松上手。

超值实用

本书为读者提供一套超值的综合学习套餐，包括：“1 本图书 +344 个 AI 工具速查大全 +500 个全行业提示词模板”。这套多维度学习套餐十分实用！

（1）赠送：344 个 AI 工具速查大全，涵盖写作、设计、编程、办公、运营等多个领域，帮你节省大量寻找工具的时间。

（2）赠送：500 个全行业提示词模板，覆盖教育、财务、法务、医疗、销售、人力、传媒等 30 多个行业，帮助你即查即用、快速生成。

（3）配套：139 分钟教学视频，扫码观看学习，助力你轻松掌握核心知识。

以上赠送资源获取方式：

扫描下方二维码，关注微信公众号，回复关键词“5787”获取资源包下载链接和提取码。

本书适合哪些读者学习

- 职场新人与转行者：面对职场任务不知从何下手？本书帮助你厘清工作逻

辑、搭建知识框架、借助 AI 快速完成任务，是帮你快速上手且实用高效的“AI 工作搭子”。

- 自媒体与内容创作者：需要高频生成选题、脚本、标题、文案等内容的图文博主、短视频创作者、电商文案人员均可从本书中受益。
- 行政人员与 HR：需要高频处理公文通知、会议纪要、员工手册、培训资料等。借助 DeepSeek 可实现文档起草、格式优化、语言润色的“一键完成”，显著提升文案质量与工作效率。
- 市场与运营人员：常需撰写活动策划案、宣传文案、用户沟通话术等，利用本书的提示词模板，可快速生成创意内容、制定推广策略、分析用户数据，让 AI 成为你日常工作的得力助手。
- 销售与客户服务人员：通过 DeepSeek 编写销售话术、答疑文案、客户跟进方案，还能模拟真实客户场景，练习沟通技巧，有效提升成单率与服务满意度。
- 中高层管理者：需要撰写汇报材料、战略计划、业务总结等文档。本书提供的结构化提示词模板能帮助你快速搭建逻辑框架，提升表达力和决策效率。
- 小微企业主与创业者：想用最小成本提升运营效率？本书提供从招聘、培训、客户管理到营销、风险防控的场景化 AI 解决方案，是数字化转型的实用工具箱。
- 斜杠青年与副业探索者：可借助本书中的案例探索知识变现、电商运营、线上服务、接单策略等，借 AI 打通“技能变现”路径。
- 全职妈妈：想管理好家庭预算、装修方案、亲子沟通、健康管理等生活事务？本书提供实用工具和提示词模板，助你把 AI 真正用到“家”中去。
- 银发族与中老年用户：担心不会用 AI？本书用通俗的语言与适老化案例，手把手教你如何解读政策、识别诈骗，享受科技带来的便利生活。

写在最后

AI 不会完全代替你的生活与工作，但能重塑你的生活与工作方式。本书不是教你“技术原理”，而是带你“从问题出发，交给 AI 解决”。我们希望本书不仅是一份 DeepSeek 使用指南，更是一套人人都能掌握的数字技能组合拳。

愿每一位读者都能在本书中找到答案、方法和灵感，借助 DeepSeek，成为在 AI 时代“主动进化”的人。

目 录
CONTENTS

第1章

扫一扫，看视频

改变世界的力量：DeepSeek 掀起全球浪潮

【本章导读】

人工智能（Artificial Intelligence，AI）正以前所未有的速度重塑全球科技与经济格局，而 DeepSeek 作为这一领域的领军者，凭借其技术创新与广泛应用，迅速崛起为全球 AI 生态的重要力量。本章系统探讨 DeepSeek 的技术演进与社会影响，聚焦其“懂中文的思考逻辑大模型”“行业知识深度定制”“复杂问题拆解专家”三大核心优势，解析其是如何从实验室走向市场，在教育、政府与企业领域掀起生产力变革浪潮。通过对 DeepSeek 现象级破圈事件的剖析，本章旨在为读者提供技术洞察与实践指南，助力学术界、产业界及广大 AI 爱好者深入理解其价值与潜力，共同探索 AI 推动的未来图景。

1.1 从实验室到千家万户的 AI 革命

AI 作为 20 世纪中叶以来最具革命性的技术之一，其发展历程既是一部科技进步史，也是一部人类社会变革史。从最初的实验室概念到如今深入千家万户的日常应用，AI 技术经历了从理论探索到实践落地的漫长过程。在这一过程中，国内外众多科研机构与企业推动了 AI 技术的快速发展，使其从科幻般的想象逐渐成为现实，并深刻改变了人类的生活方式。

AI 的概念最早可以追溯到 20 世纪 50 年代。1956 年的达特茅斯会议被认为是 AI 领域的正式起点。会议上，科学家们提出了“人工智能”这一术语，并设想了通过机器模拟人类智能的可能性。早期的 AI 研究主要集中在逻辑推理、问题求解和游戏博弈等领域。

21 世纪初，深度学习的兴起彻底改变了 AI 的发展轨迹。2006 年，杰弗里·辛顿提出的深度信念网络（Deep Belief Network, DBN）为深度学习奠定了基础。2012 年，AlexNet 在 ImageNet 图像识别竞赛中取得突破性成绩，标志着深度学习在计算机视觉领域的成功应用。此后，深度学习迅速扩展到自然语言处理、语音识别等多个领域，成为 AI 技术的核心驱动力。在这一阶段，国内外众多企业和科研机构纷纷加入 AI 研发的行列。国外企业如谷歌、微软、IBM 等通过开发 AI 平台和工具推动了技术的普及。在国内，AI 技术的普及同样取得了显著成效。例如，科大讯飞的语音识别技术被广泛应用于智能客服和教育场景，商汤科技和旷视科技的人脸识别技术则在安防和金融领域发挥了重要作用。此外，AI 技术在交通、零售、制造等行业展现了巨大的潜力，推动了社会生产力的全面提升。

在 AI 技术普及的过程中，DeepSeek 作为一款专注于中文自然语言处理的人工智能平台软件，凭借其独特的技术优势迅速崛起。DeepSeek 不仅能够理解中文的语义和语境，还具备行业知识深度定制和复杂问题拆解的能力，在教育、政府和企业领域得到了广泛应用。例如，DeepSeek 在教育领域的单月用户突破千万，展现了其在个性化学习和知识传播方面的强大能力。

从实验室到千家万户，AI 技术的发展历程充满了挑战与机遇。未来，随着 AI 技术的不断进步和应用场景的拓展，它将在更多领域发挥出潜力。与此同时，如何解决 AI 技术带来的伦理、隐私和社会公平等问题，也成为学术界和产业界共同关注的焦点。

总之，AI 技术的普及不仅是科技进步的体现，更是人类社会迈向智能化时代的重要标志。从 DeepSeek 的崛起中，我们可以看到 AI 技术的无限可能，也期待它为全球社会带来更多的创新与变革。

1.2 DeepSeek 现象级破圈事件

本节聚焦于 DeepSeek 的现象级破圈事件，探讨其在不同领域引发的广泛影响。首先回顾 DeepSeek 在硅谷开发者社区引发的“中国震撼”，展现其技术创新如何赢得国际认可，打破地域界限。接着深入分析 DeepSeek 在教育领域的突破性成就，单月用户突破千万的背后，是其对教育场景的深刻理解与高效赋能。最后探讨 DeepSeek 在政府生产力改造中引起的风潮，看其如何通过智能化解决方案推动效率提升与数字化转型。通过这些事件，DeepSeek 不仅展现了技术实力，更成为推动行业变革的重要力量。

1.2.1 硅谷开发者社区的“中国震撼”

近年来，硅谷一直占据全球 AI 技术的主导地位，凭借顶尖人才和雄厚资金引领 AI 创新。然而，来自中国的 DeepSeek 公司却在短短一年多时间里，凭借其推理大模型 DeepSeek-R1 的出色表现，打破了硅谷的技术霸主地位，引发了全球 AI 行业的震动。DeepSeek（见图 1–1）的崛起不仅改变了技术格局，也使硅谷面临前所未有的挑战。

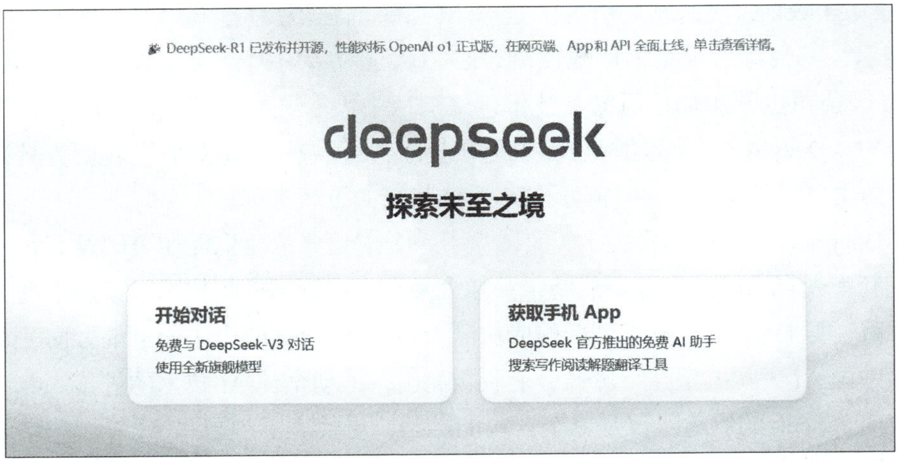

图 1–1　DeepSeek 官网首页

DeepSeek 公司成立于 2023 年 7 月，其推理大模型 DeepSeek-R1 性能优异，与 OpenAI 的 GPT-4 不相上下，甚至在某些领域实现超越。DeepSeek-R1 在推理效率上的突破是其最大亮点，即使在低资源条件下，仍然能够保持高效的计算速度。清华大学刘知远副教授指出，DeepSeek 通过对计算资源的优化与算法创新，突破了传统 AI 模型推理效率的瓶颈，能够在复杂任务中提供更快、更精准的结果，尤其在自然语言处理、图像识别及数据分析等多个领域展现出强大的应用能力。

除了技术突破，DeepSeek 在研发成本上也展现了巨大优势。据悉，DeepSeek 训练其模型 DeepSeek-V3 的成本仅为 600 万美元，而 OpenAI 训练 GPT-4 的费用超过 1 亿美元。DeepSeek 采用了创新的训练方法，利用低端 GPU 与优化的算法技术，大幅降低了对高端芯片的依赖，极大地提升了计算效率。这一策略使得 DeepSeek 能够在有限资源下实现技术创新，并以较低的成本进行研发，进一步提升了其市场竞争力。

DeepSeek 的开源策略也是其一大亮点。与 OpenAI 和谷歌等公司选择封闭独占不同，DeepSeek 公司选择将模型完全开源，允许全球开发者和研究人员共同优化和应用这一技术。这一举措不仅推动了 AI 技术的民主化发展，还促进了全球范围内的技术普及与应用创新。例如，基于其开源模型，开发者在医疗、教育等领域推出了个性化学习工具和疾病诊断系统，打破了 AI 技术的垄断局面，为更多用户带来了实际价值。

DeepSeek 的快速崛起引发了全球 AI 巨头的强烈反应。微软 CEO 纳德拉公开表示，其模型表现令人印象深刻，必须认真对待中国公司在 AI 领域的崛起。Meta 等公司也开始加速研究其技术，试图从中汲取可行的部分，以增强自身的竞争力。DeepSeek 的成功标志着中国在全球 AI 领域从“追赶者”转变为具有强大竞争力的“挑战者”，并推动了全球 AI 格局的重新洗牌。

DeepSeek 不仅为中国 AI 产业树立了一个成功典范，也促使美国及其科技企业重新审视自己的技术发展战略，并加大投入。尽管仍面临技术封锁和市场竞争等挑战，但 DeepSeek 技术创新的成功已为中国 AI 公司指引了前进的方向，未来更多中国 AI 公司有望在全球舞台上脱颖而出，推动全球 AI 技术的进步。

DeepSeek 的崛起不仅是一个公司的胜利，更代表了中国在 AI 领域的崭新篇章。随着技术不断突破、市场逐步拓展，DeepSeek 有望继续冲击全球 AI 产业的领军地位，为全球 AI 技术的发展贡献更多智慧与力量。

1.2.2　教育领域单月用户突破千万

在互联网时代，技术实力强劲且用户体验出色的生产力工具终将赢得用户的青睐。然而，DeepSeek 在短时间内就从竞争激烈的 AI 市场中脱颖而出，并迅速进入公众视野，其发展路径与同类 AI 产品相比，展现出了显著的差异化特征。

根据数字品牌榜的数据监测，DeepSeek 在 2024 年已初露锋芒，曾登上知乎热榜，并在 B 站、小红书等平台上引发了一定范围的关注。然而，其品牌声量的真正爆发，则是在 2025 年 1 月 26 日。这一天，DeepSeek 在微博、抖音、快手、B 站、今日头条和百度热搜六大主流社交媒体平台上，共计产生了 19 个热点话题，标志着其品牌影响力实现了从量变到质变的跨越。这一现象不仅反映出 DeepSeek 在技术上的领先地位，也体现了其在用户心智中的快速渗透与广泛认可。

DeepSeek 通过一系列多元且持续发酵的热点话题，实现了对用户的长效包围，成功地将产品技术与功能转化为社交谈资，推动了更广泛的大众传播和社会化命名。在全民范围内，有需求的用户主动涌入，短短几十天内，DeepSeek 在自然流量中达到了 3500 万日活跃用户（Daily Active User, DAU），展现出强大的市场吸引力与用户黏性。

DeepSeek 的成功并非偶然，而是其技术实力、市场策略与用户需求高度契合的结果。与其他 AI 产品相比，DeepSeek 更注重用户体验的优化与品牌声量的积累，通过多平台联动和热点话题的精准运营，迅速占领了用户心智。同时，DeepSeek 的多元应用领域也为其广泛传播奠定了基础。特别是在教育领域，DeepSeek 展现出独特的技术优势和社会价值。

在教育场景中，DeepSeek 通过智能问答、个性化学习推荐、自动化作业批改等功能，为教师和学生提供了高效的工具支持。例如，教师可以利用 DeepSeek 快速生成教学材料，设计个性化学习路径，甚至通过其数据分析功能实时掌握学生的学习进度与难点；学生则可以通过 DeepSeek 获得即时答疑服务，解决学习中遇到的复杂问题，同时利用其推荐系统获取适合自身水平的学习资源。此外，DeepSeek 还支持多语言翻译和知识图谱构建，为跨学科研究和国际化教育提供了便利。这些功能不仅显著提升了教学效率，也为教育公平和个性化学习提供了技术保障。浙江大学利用 DeepSeek 推出“浙大先生”，如图 1–2 所示。

图 1–2　浙江大学 + DeepSeek 推出“浙大先生”

DeepSeek 的成功不仅在于技术的突破，更在于其对社会需求的深刻理解与精准满足，其在教育领域的深耕展现了 AI 技术推动社会进步的无限潜力。

1.2.3　引发政府生产力改造风潮

近年来，DeepSeek 在政务领域的应用引发了一场生产力改造风潮。随着多地政府和大型企业的加入，DeepSeek 大模型在政务服务中逐渐发挥关键作用，为政府的管理模式注入了智能化和数字化元素。自 2023 年开始，北京、广东、江苏等多地相继将 DeepSeek 系列大模型接入政务服务系统，并实现了政务云的本地化部署。这些政府部门通过引入 DeepSeek 大模型，推动了政务服务的数字化转型，提升了政府工作效率，并推动了社会服务的智能化。

北京市丰台区政务服务和数据管理局通过接入 DeepSeek 大模型，推出了“丰小政”数智助手，帮助政府工作人员高效解答市民问题，改善办事流程。深圳市龙岗区、广州市、呼和浩特市等地也相继部署 DeepSeek 大模型，提升政务服务和管理能力，特别是在文件起草、智能校对、民意分析等领域，DeepSeek 的应用成效显著。这些政务服务的数字化转型，不仅提升了效率，还推动了公共服务的升级。

DeepSeek 的优势在于高性价比和强大的自然语言处理能力，能够快速处理大量政务信息并提供高效的智能交互。深圳市龙岗区通过将 DeepSeek 应用于 34

个政务场景，包括公文写作、城市治理、民意分析等，进一步验证了这一技术的有效性和广泛应用潜力。专家认为，DeepSeek 不仅能够融合图像、视频和文本等多种数据类型，还能帮助政府提高决策的科学性和前瞻性，为政策制定提供有力依据。

此外，DeepSeek 的出现也标志着政务服务模式的一次重大变革。通过人工智能的赋能，政府工作在多个方面实现了高效能提升，如数据整合、政策解读、智能服务等，推动了政务服务的数字化转型。专家指出，随着技术的不断成熟，DeepSeek 将成为推动政府治理体系现代化的重要工具，促进政府向智能化、数字化方向发展。

然而，为了充分发挥 DeepSeek 等新技术的潜力，政府还需加强数据治理，确保数据安全性与准确性，并培养专业队伍，提升技术应用能力。同时，相关法律法规和政策体系的完善也是保障技术应用顺利进行的必要条件。随着 AI 技术在政务领域的深入应用，DeepSeek 将在提升政务效能、推动政府治理现代化方面发挥越来越重要的作用，未来有望成为政务服务的核心驱动力。

1.3　DeepSeek 的三大核心优势

本节将深入探讨 DeepSeek 的三大核心优势，这些优势使其在众多智能模型中脱颖而出。首先介绍 DeepSeek 如何通过理解中文的思考逻辑，展现出卓越的语言处理能力，使其在中文语境下表现得尤为出色。接着探讨 DeepSeek 在行业知识深度定制方面的能力，它能够根据特定行业的需求进行定制化训练，提供高度专业化的解决方案。最后展示 DeepSeek 作为复杂问题拆解专家的能力，它能够将复杂问题分解，从多个维度进行系统化分析，并提供系统性的解决方案。通过这三大优势，DeepSeek 不仅提升了智能模型的实用性，还为用户提供了更加精准和高效的服务。

1.3.1　懂中文的思考逻辑大模型

随着 AI 技术的发展，大模型成为推动行业创新的重要力量。DeepSeek 凭借其专为中文设计的大模型优势，在 AI 领域取得了显著突破。与国外 AI 公司如 OpenAI 的 GPT 系列不同，DeepSeek 将中文语言的特殊性和思维逻辑融入其模型，形成了独特的技术优势。

中文作为表意语言，相比英语，具有更复杂的语法结构和文化背景。传统 AI 模型通常难以准确理解中文的多义性、歧义消解和文化背景。DeepSeek 通过大规模中文语料库训练，优化了对中文的语言理解能力，能够精准处理中文的复杂句子和多义词。例如，DeepSeek 能准确理解“深寻”在特定上下文中的含义，而非只将其认为是“深度”和“寻找”的简单组合。

DeepSeek 的优势之一是其对中文“语境依赖性”的深刻理解。中文句子通常省略重要成分，需要依赖上下文推理。DeepSeek 的算法能够识别这些语境关系，进行准确的语言推理和生成，避免歧义，如图 1–3 所示。在法律文件、学术论文等正式文本的处理上，DeepSeek 能够有效提取逻辑关系，清晰地呈现条款和内容，展现出其在中文语言环境下的强大能力。

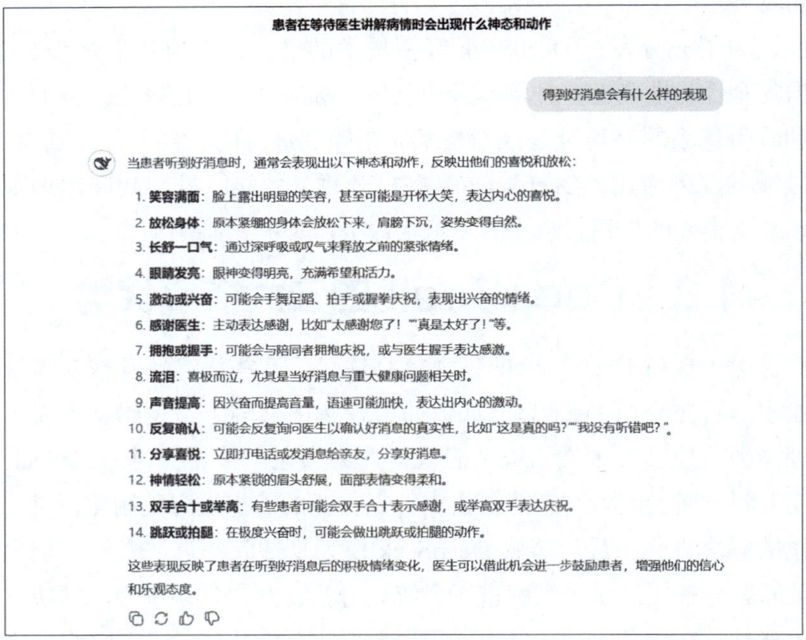

图 1–3　DeepSeek 识别语境关系

此外，DeepSeek 还具备模拟中文思维“层次性”的特点。中文表达常常具有明确的逻辑层次，DeepSeek 能够准确把握这些层次，进行有效的推理和总结。这使其在学术写作、翻译、政策解读等领域表现出色，能提供更为精准的服务。

在文化理解方面，DeepSeek 将中文文化背景融入模型训练，能够更好地理解和生成符合中文文化的文本。例如，在处理中国传统文化相关内容时，DeepSeek 能够准确解读诸如“中庸之道”等复杂的文化概念，而非简单的直译。

DeepSeek 还在中文信息检索和问答系统中展现出了巨大潜力。其强大的语言理解和推理能力，使其在中文环境下能够提供更为精准和相关性更强的答案，尤其在政府、企业和医疗等领域，DeepSeek 能够显著提升服务质量。

总之，DeepSeek 通过深度理解中文的语言结构、文化背景和思维逻辑，解决了传统 AI 模型在中文语境下的瓶颈，成为中文大模型领域的领军者。

1.3.2 行业知识深度定制

在 AI 领域，DeepSeek 凭借其在行业知识深度定制方面的创新脱颖而出。与传统的通用型 AI 模型不同，DeepSeek 通过针对不同行业的专属数据训练和知识融合，显著提升了其模型在具体行业中的精准度和效率。这一核心优势使其能够提供更加专业的解决方案，满足不同行业的特殊需求。

DeepSeek 的行业知识定制化主要体现在两个方面。首先，通过对行业特定数据的深度学习，其模型在行业应用中的准确性得到了显著提升。例如，在医疗领域，DeepSeek 能够理解复杂的医学术语和诊疗方案，为医疗从业者提供高效、精准的诊断建议。在法律行业，它能够解析复杂的法律条文，并结合案例数据进行推理和分析，为法律工作者提供精准的法律意见。

其次，通过灵活的多模态数据处理能力，DeepSeek 能够同时处理文本、图像、语音等多种信息，这为行业知识定制化应用提供了更多可能性。例如，在金融领域，它可以结合市场动态、财务报表和投资趋势，帮助金融机构进行精准的风险预测和市场分析。在城市治理中，它不仅能分析市民的文本投诉，还能结合视频监控和语音识别提升治理效率。

DeepSeek 的定制化技术架构基于强大的自然语言处理技术和知识图谱构建，能够快速适应行业需求。通过数据的精细化训练，DeepSeek 可为每个行业提供专属的 AI 解决方案，从而显著提升了行业服务的智能化和精准度。DeepSeek 的行业知识深度定制已在多个领域取得显著成效。它为医疗、法律、金融等行业提供了高效的 AI 应用，提升了行业效率和决策准确性。随着技术的不断优化，DeepSeek 还将在教育、制造业等领域进一步拓展应用，推动更多行业的智能化转型。

总之，DeepSeek 通过行业知识的深度定制，突破了通用型 AI 的局限，提供了更加精准的解决方案。未来，随着技术的成熟，DeepSeek 将在全球范围内推动 AI 技术向更加专业化、定制化的方向发展，为各行业带来更多创新与变革。

1.3.3 复杂问题拆解专家

随着 AI 技术的飞速发展，DeepSeek 凭借其强大的复杂问题拆解能力，成为 AI 领域备受关注的焦点。与传统 AI 模型相比，DeepSeek 在多层次分析、数据驱动推理、跨领域适应性和实时决策等方面均展现出了卓越的优势，为各行业提供了高效、精准的解决方案。

首先，DeepSeek 具有多层次问题拆解能力。传统 AI 在处理复杂问题时往往难以深入挖掘任务的各个层次，而 DeepSeek 通过深度学习和知识图谱技术，能够全面拆解问题并从多个维度进行系统化分析，示例如图 1–4 所示。例如，在法律领域，DeepSeek 能够将复杂的案件分解为多个部分，并精确分析每一部分，从而为法律从业者提供高效的解决方案。

温 馨 提 示

DeepSeek 的回答可以作为参考，但建议结合实际情况进行验证和优化，尤其是在专业领域或做重要决策时。例如，在医疗、金融或法律等高度敏感的领域，用户可以通过交叉验证、专家咨询或数据复核等方式，确保信息的准确性和可靠性。同时，根据实际需求调整 DeepSeek 的输出结果，使其能够更好地满足个性化需求，提升决策质量与执行效率。

帮我想一下这个逻辑问题：一个鳄鱼偷了一个父亲的儿子，它保证如果这个父亲能猜出它要做什么，它就会将儿子还给父亲。那么如果这个父亲猜"鳄鱼不会将儿子还给他"，那会怎样？

这个问题是一个经典的逻辑悖论，类似于"鳄鱼悖论"或"说谎者悖论"。我们可以从逻辑上分析一下：

1. **假设鳄鱼会归还儿子**
   - 如果鳄鱼打算归还儿子，那么父亲的猜测"鳄鱼不会将儿子还给他"就是错误的。
   - 根据鳄鱼的承诺，如果父亲猜错了，鳄鱼就不会归还儿子。
   - 但这与假设矛盾，因为假设鳄鱼会归还儿子。
2. **假设鳄鱼不会归还儿子**
   - 如果鳄鱼不打算归还儿子，那么父亲的猜测"鳄鱼不会将儿子还给他"就是正确的。
   - 根据鳄鱼的承诺，如果父亲猜对了，鳄鱼就必须归还儿子。
   - 但这又与假设矛盾，因为假设鳄鱼不会归还儿子。

结论：

无论鳄鱼选择归还还是不归还儿子，都会导致矛盾。因此，这个问题没有逻辑上一致的解决方案，它揭示了自指悖论的复杂性。鳄鱼的承诺本身就是一个无法实现的悖论，父亲的回答使得无论鳄鱼如何选择，都无法满足其承诺。

图 1–4　DeepSeek 复杂问题拆解示例

其次，在解决复杂问题时，DeepSeek 能充分利用海量数据和智能推理技术进行综合分析，快速给出切实可行的解决方案。以医疗领域为例，DeepSeek 能够根据患者的病史和症状数据提供个性化的治疗建议，显著提高治疗效率和准确性。

此外，DeepSeek 的跨领域适应能力也是其一大亮点。无论是城市治理中的跨部门数据分析，还是金融领域的市场变化分析，DeepSeek 都能灵活整合不同数据源，进行多维度的问题拆解，并提供精准的决策支持。这种能力使其能够迅速适应不同领域的需求，展现出极强的适用性和实用性。

在实时决策方面，DeepSeek 同样表现优异。在金融、医疗等需要快速反应的领域，它能够迅速处理信息并给出及时的决策方案。通过快速分析和推理，DeepSeek 为用户提供了科学、可靠的决策依据，帮助他们在复杂环境中高效应对挑战。

综上所述，DeepSeek 拥有多层次分析、数据驱动推理、跨领域适应性和高效实时决策等优势，成功解决了众多复杂问题，在医疗、金融、政府治理等多个领域展现出巨大的潜力。

1.4　DeepSeek 的注册和使用

DeepSeek 以其强大的技术能力和多样化的应用场景，成为用户探索 AI 世界的重要入口。本节将介绍 DeepSeek 的注册与使用流程，通过详细的步骤解析与实用技巧分享，帮助读者快速掌握如何通过官方、第三方平台及本地化部署等多种方式使用 DeepSeek，充分释放其在学习、工作和创新中的潜力。

1.4.1　DeepSeek 官方注册及核心功能

1. DeepSeek 的官方注册

（1）网页版注册：打开 DeepSeek 官网，选择验证码登录，或者使用微信扫码登录，操作后会自动注册并登录，如图 1–5 所示。如选择密码登录，单击顶部“密码登录”后，填写已注册的手机号或邮箱，然后输入密码进行登录即可。

（2）手机 App 注册：在应用市场下载 DeepSeek App，然后用手机号或者微信进行注册并登录，如图 1–6 所示。

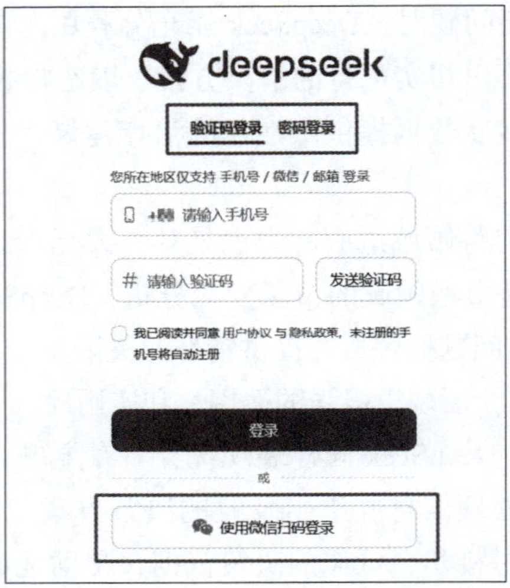

图 1-5　DeepSeek 网页版注册页面

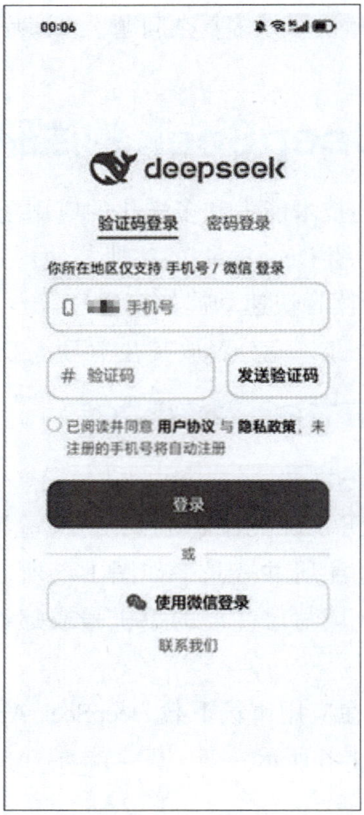

图 1-6　DeepSeek 手机 App 注册页面

温馨提示

在官网或正规应用市场下载 DeepSeek App，避免盗版。

2. DeepSeek 的核心功能

以 DeepSeek 网页版为例，注册后首页如图 1–7 所示。DeepSeek 的核心功能包含深度思考、联网搜索及文件上传等。

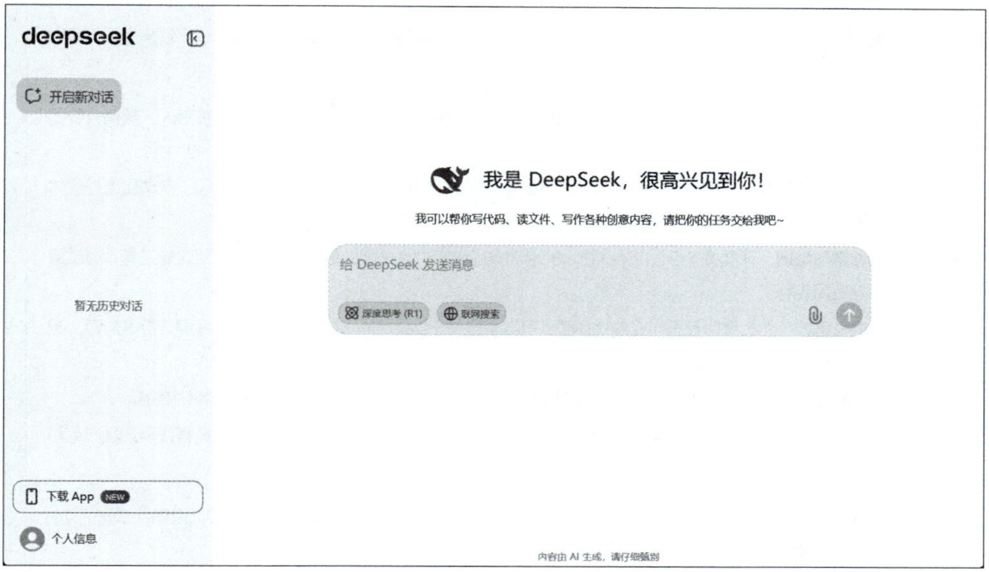

图 1–7　DeepSeek 网页版首页

（1）深度思考

"深度思考（R1）"按钮显示为蓝色表示其处于激活状态，此时对话默认调用深度思考的 R1 版本模型；该按钮处于关闭状态时，则调用逻辑性更高但深度思考能力稍弱的 V3 版本模型。一般情况下，我们选择使用深度思考模式，以最大限度激活其能力，降低提示词编写难度，得到满意答案。

首先关闭该功能，提出问题"怎么用 DeepSeek 赚钱"，此时 DeepSeek 首先回复了其版本信息，再次提出同样的问题，可得到其提供的答案，如图 1–8 所示。

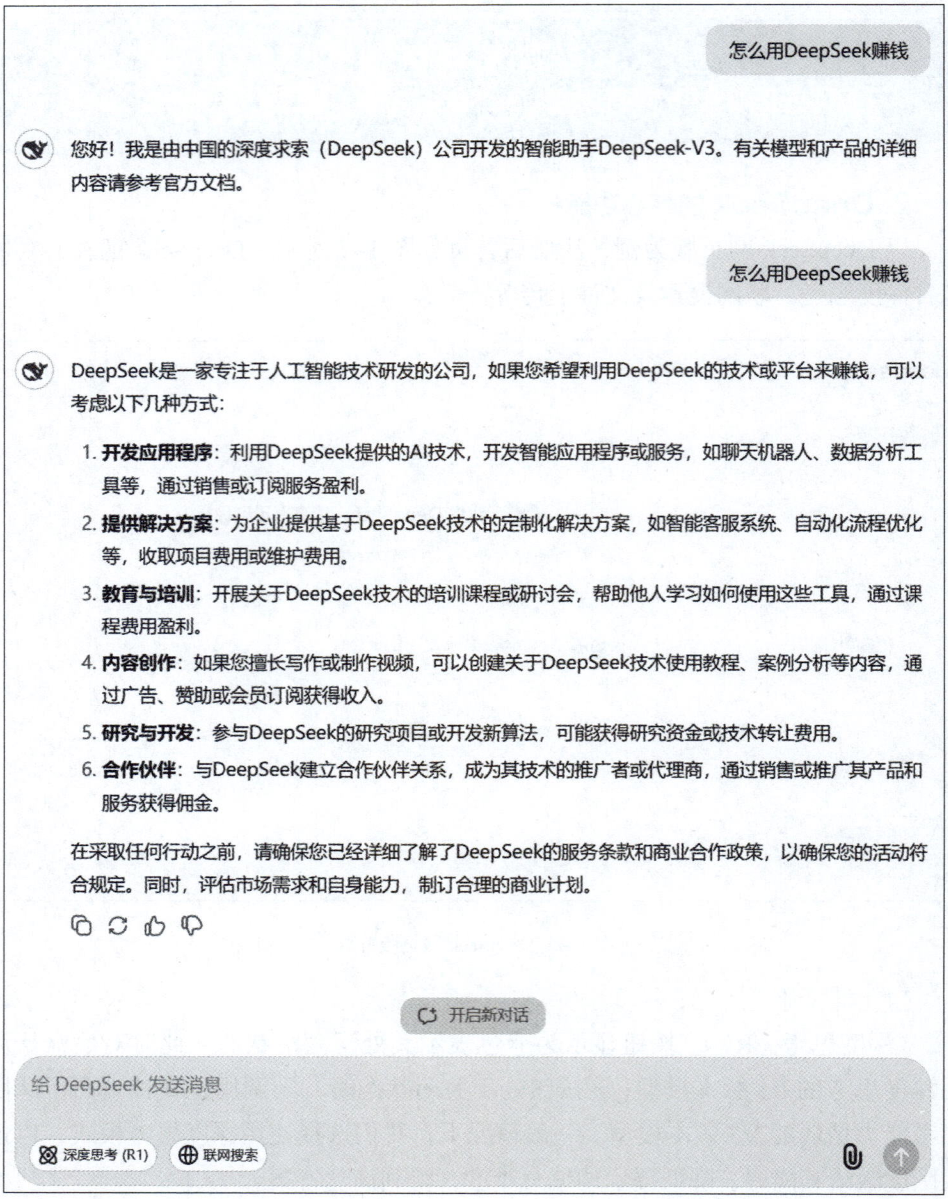

图 1-8　DeepSeek-V3 版本生成答案

单击“深度思考（R1）”按钮使其激活，继续提出同样的问题，可以看到 DeepSeek 在生成答案之前进行了一段时间的深度思考，生成的答案相比 V3 版本更加翔实，还特别提到了相关注意事项，且答案更加完整，如图 1-9 所示。

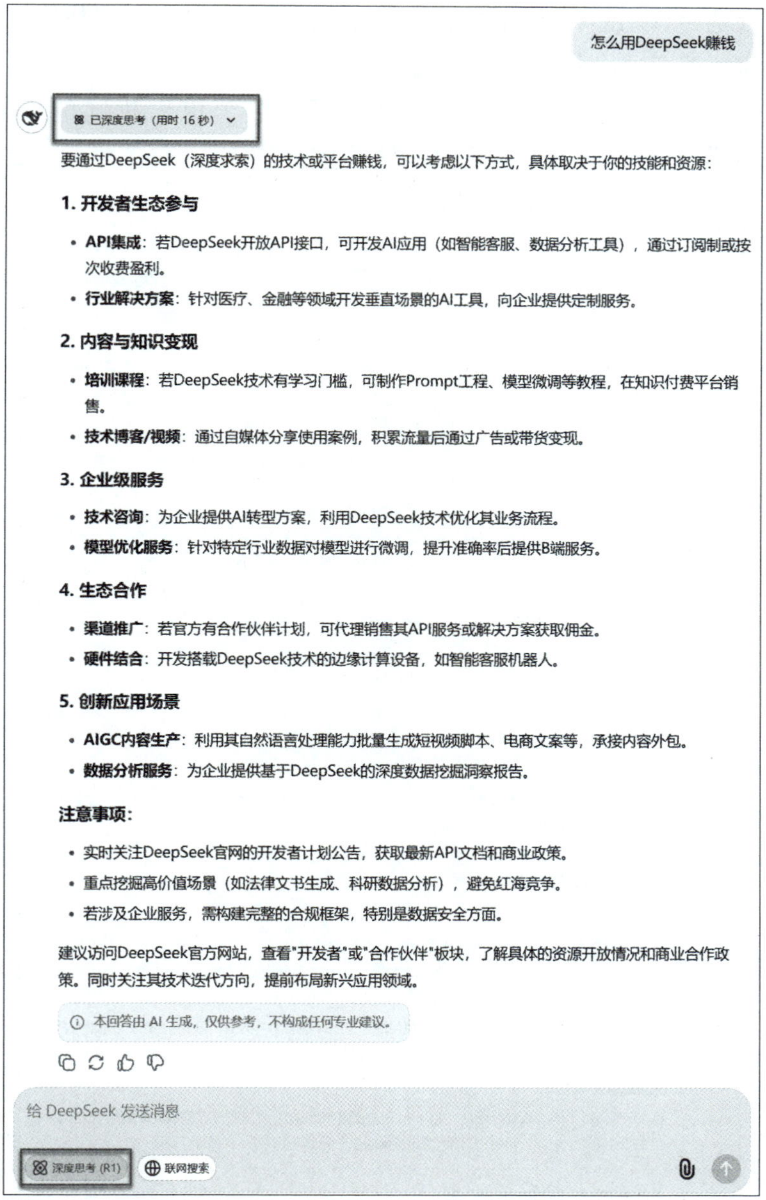

图 1–9　DeepSeek-R1 版本生成答案

（2）联网搜索

由于 DeepSeek 模型训练数据的延迟，其提供的答案实时性较差。为了弥补这一缺陷，DeepSeek 提供了联网搜索功能，在生成答案前搜索网络最新新闻，结合其进行分析并生成答案。该功能适合对答案实时性要求较强的用户使用。当然，也可以通过该功能将 DeepSeek 作为智能搜索引擎使用，代替传统搜索引擎平台，以避免搜索过程中出现广告干扰。

单击“联网搜索”按钮打开该功能后，继续提出相同的问题，可见 DeepSeek 首先搜索了 50 个相关网页，然后基于它们进行深度思考，最后生成了更为翔实的答案，如图 1–10 所示。

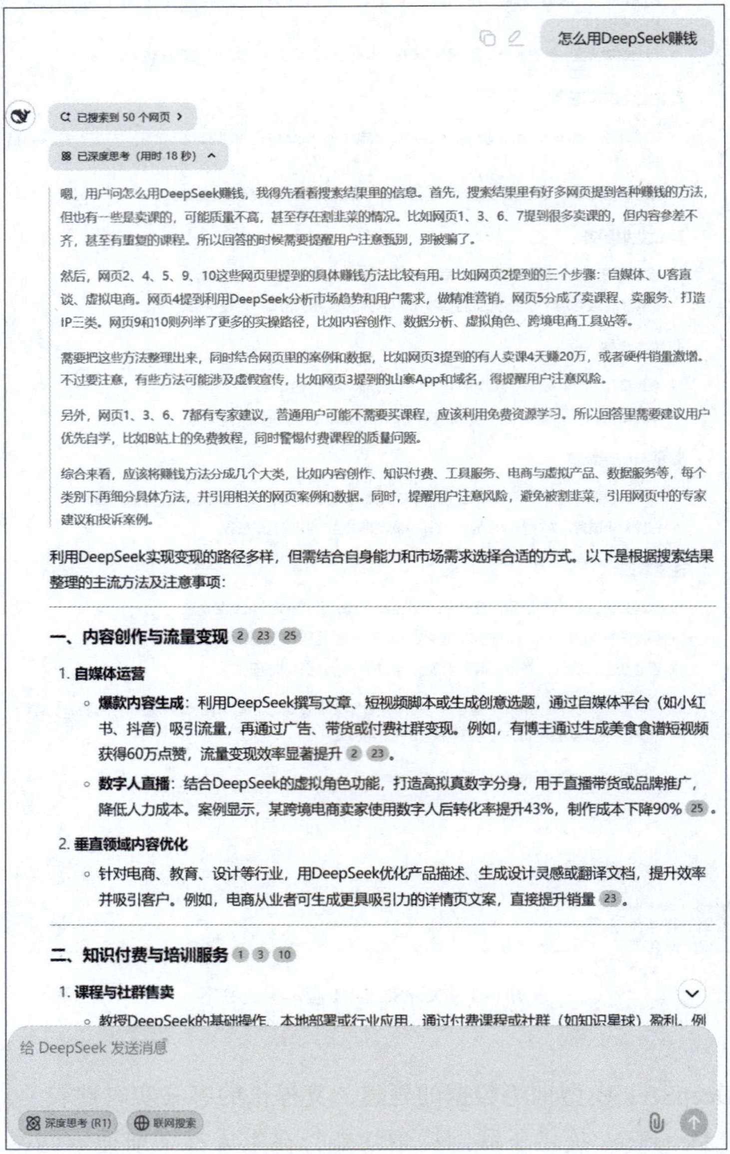

图 1–10　打开联网搜索功能后 DeepSeek 生成的答案更翔实

温馨提示

DeepSeek 参考的网页，特别是在线文档网站中个人上传的文档，可能包含不实信息，请仔细甄别，借助其他平台核实答案后再使用。

（3）文件上传

文件上传功能可在联网搜索功能关闭时使用，适用于通过 DeepSeek 分析、总结或续写本地文档等场景。该功能最多支持 50 个 100MB 文件的上传，仅支持提取文字，接收的文件格式包括 PDF、Word 文档、Excel 表格、幻灯片、图片、文本及代码等，如图 1–11 所示。其中上传的图片会被提取出内部文字，而非读取图片的含义。

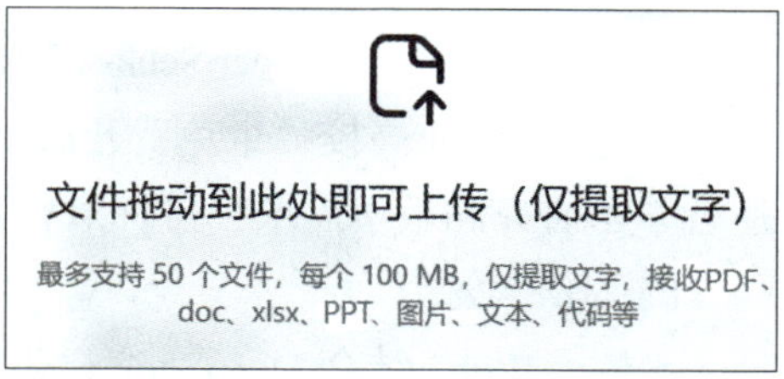

图 1–11　DeepSeek 文件上传的要求

温馨提示

请勿上传国家政策等敏感文件，该类文件会被 DeepSeek 标识为“可能违反使用规范”并不予接收。同时，最大上传文件数量及大小可能会根据服务器繁忙程度发生变化，在出现“请求频率过高”或相关错误提示时，请等待一段时间，或将文件缩小后再上传，以保障平台功能正常使用。

以上各项功能使 DeepSeek 的功能体系更为丰富。对于需要生成翔实答案但提示词编写经验较少的读者，可激活深度思考功能。对于希望得到实时性较高答案的场景，可激活联网搜索功能。对于需要 DeepSeek 进行本地文件分析及总结等工作的场景，可通过文件上传功能与 DeepSeek 进行交互。充分组合及利用这些功能，可使 DeepSeek 的使用之旅更加顺利。

1.4.2　通过第三方平台使用 DeepSeek

在 AI 技术快速发展的今天，DeepSeek 凭借强大功能和便捷体验深受用户喜爱。但官方平台时有宕机情况发生，影响用户正常使用。为此，这里筛选了几个稳定的第三方平台，让读者继续免费使用 R1 模型，畅享 DeepSeek 的卓越性能。无论是开发者、研究者还是 AI 爱好者，这些替代方案都能助你探索 AI 的无限可能。

（1）国家超算互联网平台

- 核心功能：AI 服务支持。
- 亮点：基于国家超算的强大计算能力，能够高效处理海量数据和复杂任务，输出高精度结果，同时满足严格的稳定性与安全标准，服务于科研和工业等专业领域。

（2）浙江大学版 DeepSeek

- 核心功能：支持 DeepSeek-V3/R1 模型。
- 亮点：面向高校师生免费开放，通过 CARSI 联盟实现便捷登录，资源充足，适合学术研究和教学需求，可针对教育场景进行专门优化。

（3）腾讯元宝

- 核心功能：结合 DeepSeek 提供图文综合服务。
- 亮点：依托腾讯的技术和数据库优势，响应迅速，结果准确，适合追求高效信息获取的用户。

（4）百度首页

- 核心功能：百度 AI 搜索结合 DeepSeek。
- 亮点：基于百度强大的搜索能力和 DeepSeek 的综合分析能力，提供专业且深入的搜索结果，并关联相关新闻和观点，将传统搜索提升到新的高度。

这些平台在不同领域为用户提供多样化的 AI 服务，可满足从日常信息检索到学术研究的多种需求。

温 馨 提 示

DeepSeek 提供丰富的高级功能，包括 API 集成、批量处理、定制化模型训练和自动化工作流，能够嵌入客服、教育等系统，快速完成数据分析与文档生成，并根据行业数据训练专属模型，精准解决业务需求。通过自动化处理重复任务，DeepSeek 能帮助用户大幅提升效率，解锁更多应用场景，满足高效工作与个性化需求。

1.4.3 本地化部署使用 DeepSeek

DeepSeek 因其卓越性能和应用前景受到广泛关注，推动了全民对 AI 技术的探索热潮。本地化部署看似复杂，但实际操作简便，类似于安装常规软件，仅需约十分钟即可完成。本小节将探讨如何在个人计算机上实现 DeepSeek 模型的本地化部署，为研究者和技术爱好者提供参考。

第 1 步：下载并安装 Ollama（大模型服务工具）。首先，访问 Ollama 官方网站，获取最新版本的安装程序并完成安装，如图 1–12 所示。

图 1–12　Ollama 下载页面

第 2 步：验证 Ollama 安装状态。在命令行界面中输入 ollama-v 命令，若成功显示版本号，则表明 Ollama 已正确安装。

第 3 步：拉取 DeepSeek 模型。通过 Ollama 平台拉取 DeepSeek 模型，确保模型文件成功部署至本地环境。

第 4 步：与 DeepSeek 进行交互。成功完成上述步骤后，即可通过 Ollama 与 DeepSeek 模型进行对话，实现自然语言处理任务。

以上流程为 DeepSeek 模型的本地化部署与交互提供了操作指引，读者可以根据需要动手实践。

本 章 小 结

本章首先回顾了从实验室到千家万户的 AI 革命历程；随后通过 DeepSeek 现象级破圈事件，如硅谷开发者社区的“中国震撼”、教育领域单月用户突破千万及引发政府生产力改造风潮，凸显了 DeepSeek 的全球影响力与广泛应用价值；接着深入剖析了 DeepSeek 的三大核心优势，分别是懂中文的思考逻辑大模型、行业知识深度定制以及复杂问题拆解专家，这些优势使其在技术领先的同时，能够满足多元化的场景需求；最后介绍了 DeepSeek 的多种使用方式，包括官方注册、第三方平台接入和本地化部署，为用户提供了灵活的选择。

总体而言，本章通过梳理 DeepSeek 的技术发展、市场表现与核心优势，展现了其作为全球 AI 浪潮中的重要力量，如何通过技术创新与场景落地，深刻改变人们的生活与工作方式。DeepSeek 的成功不仅是中国 AI 技术的缩影，更是全球智能化进程的重要里程碑。

第2章

扫一扫，看视频

对话的艺术：DeepSeek 对话提示词指南

【本章导读】

本章深入探讨 DeepSeek 对话提示词的编写艺术，旨在帮助读者系统掌握高效对话的核心技巧。特色在于理论与实践结合，既有系统性的方法论指导，又提供可直接套用的模板和公式。通过学习，读者将掌握从基础到进阶的完整对话技能体系知识，能够根据具体需求灵活运用不同策略，显著提升对话效率和效果。

2.1 编写提示词的核心原则

DeepSeek 生成内容的过程中，提示词的设计质量直接影响输出的准确性、逻辑性和实用性。DeepSeek 作为先进的大模型，能够根据高质量提示词生成更加精准、专业的内容。为了提升 AI 的理解能力和文本输出质量，提示词的设计需遵循七大核心原则。

2.1.1 明确定义目标

设计提示词时，首先要明确定义目标，确保生成的指令具体、清晰。可以提供必要的背景信息，如任务条件和用户偏好，避免模糊表达，以提升模型输出的准确性和适配性。例如，需要写一篇与健身相关的推广文章。

☆ 用户提问：

撰写一篇 300 字左右的文章，主题为“健身的好处”，目标受众为 30 ~ 50 岁的中年人群，要求内容通俗易懂，并提供科学依据和实用建议。

☆ DeepSeek 回答：

《健身：中年人的健康密码》

对于 30 ~ 50 岁的中年人群而言，健身不仅是塑造体形的手段，更是守护健康的必备良方。科学数据表明，规律健身能显著降低心血管疾病风险。美国心脏协会研究指出，每周 150 分钟的中等强度运动可降低 30% 的心脏病发病率。

健身对中年人的益处远不止于此。它能有效提升代谢水平，帮助控制体重；增强肌肉力量，预防骨质疏松；改善睡眠质量，缓解工作压力。哈佛大学研究发现，坚持锻炼的中年人患糖尿病的风险降低 40%。

开始健身并不复杂。建议从每周 3 次、每次 30 分钟的快走或游泳开始，逐步增加强度。结合力量训练，如哑铃或自重训练，每周 2 次即可。重要的是保持规律性，选择适合自己的运动方式。

健身是中年人对抗衰老、保持活力的最佳选择。只要坚持，您会发现身体更轻盈，精力更充沛，生活更美好。

通过设定目标明确的提示词，DeepSeek 能够有效提升内容的质量、逻辑性和实用性，从而更精准地满足用户需求，并在多领域应用中展现更强的适应性。

2.1.2　场景与背景描述

在编写提示词时，精准的场景与背景描述至关重要，它能为模型提供清晰的上下文环境，确保生成的内容符合预期。

场景描述应包含时间、地点、人物等基本要素。例如，历史题材需明确标注具体时期、地理位置和人物身份，以确保内容的准确性和与文化背景的契合度。在提示词中要提供充分的背景信息，以便模型能够准确理解任务的场景和具体需求。背景信息可以涵盖任务的具体条件、使用者的倾向等关键要素。

首先，背景描述须突出任务的核心特征，如：

- 目标受众（年龄、职业、知识水平）。
- 内容用途（学术、商业、教育）。
- 预期效果（专业性、趣味性、感染力）。

其次，明确限制条件，以引导 DeepSeek 生成符合要求的内容，如：

- 内容长度（字数范围、篇幅要求、分段结构）。
- 语言风格（正式、学术、轻松幽默）。
- 专业程度（通俗易懂、行文专业、严谨权威）。

最后，提供具体示例或参考样本，帮助 DeepSeek 更直观地理解创作方向，提高生成内容与目标的契合度。

精准的场景与背景描述能显著提升生成内容的质量和效率，减少后期修改的工作量。例如，某学校高三年级召开家长会，班主任需要撰写一份开场致辞稿。

☆ 用户提问：

明天高三年级召开家长会，我是班主任需要开场发言，请撰写一份发言稿，要求内容精简易读，主要内容包含高三的关键性及家长角色的重要性和家校协同的必要性，400 字左右。

☆ DeepSeek 回答：

《高三家长会班主任发言稿》

尊敬的各位家长：

大家好！今天我们齐聚一堂，共同探讨高三阶段的教育工作。作为班主任，我深感责任重大。

高三学年是学生求学道路上的关键时期。这一年的学习成效，不仅关系到高考成绩，更影响着学生未来的发展方向。据统计，科学规划高三复习可使高考成绩提升 30% 以上。因此，我们必须高度重视这一关键阶段。

家长在这一时期的作用至关重要。研究表明，家庭支持度高的学生，其学习效率和心理状态都明显优于缺乏家庭支持的学生。您的关心和鼓励是孩子最强大的精神支柱。

家校配合是确保教育成效的关键。我们建议：

(1) 保持定期沟通，及时了解学生动态。

(2) 营造良好的家庭学习氛围。

(3) 关注学生心理健康，适时疏导压力。

让我们携手同心，为孩子们的高考之路保驾护航。相信通过家校的共同努力，我们定能帮助学生实现理想，创造美好未来。

谢谢大家！

通过精准的场景与背景描述，DeepSeek 能更有效地匹配用户需求，生成的内容更贴合实际应用，提高文本的质量和实用性。同时，细致的背景补充还能让 AI 更好地理解任务目标，减少偏题或信息缺失的问题，使输出内容更加全面、连贯且富有洞察力。这一策略在商业、教育、科技等多个领域均可发挥重要作用，助力用户高效获取高质量的文本成果。

2.1.3 角色定位与身份设定

角色定位与身份设定是规范 DeepSeek 语气、风格和表达方式的关键，可确保内容符合目标受众需求。

角色定位决定了 DeepSeek 的表达风格和专业度。例如，"资深心理咨询师""高中教师"的设定会使输出更具教学指导性。

身份设定则进一步细化角色的背景、立场和语言风格。例如，"十年教学经验的语文教师"可提供权威性见解，而"年轻教师"则可能更偏向个人体会。身份设定还能影响内容取向，如"政府政策研究员"强调数据与政策依据，而"新闻记者"更侧重事件分析。因此，提示词应尽可能具体，如"请以儿童心理学家的身份向家长解释如何帮助孩子缓解考试焦虑"，以确保输出满足家长咨询的需求。

精准的角色定位与身份设定能提升生成文本的专业性，使其在不同场景下更具实用价值。例如，一位热情外向的资深美术教师需要向学生介绍梵高。

☆ 用户提问：

我是一个从业二十年，性格开朗活泼，语言幽默的美术教师，我擅长研究西方油画，明天我将要为学生介绍画家梵高，请你帮我构思该如何简短有力地向学生介绍这位画家，500 字左右。

☆ DeepSeek 回答：

同学们，今天我要介绍一位特别的画家——文森特·梵高。他可是艺术界的“网红”，虽然在他活着的时候只卖出了一幅画，但现在他的作品可是价值连城哦！

想象一下，一个红头发的大个子，整天背着画架在田野里跑来跑去，这就是我们的梵高先生。他 27 岁才开始学画画，比你们现在的年纪还大呢！这说明什么？追求梦想永远不晚！

梵高的画就像他的性格一样热情奔放。他最爱用明黄色，简直把整个太阳都搬到了画布上。看看这幅《向日葵》，是不是感觉整个教室都亮起来了？还有那幅著名的《星夜》，天空像漩涡一样旋转，月亮大得像太阳，这就是梵高眼中的世界。

不过，这位天才画家也有自己的烦恼。他曾经因为太投入艺术，把自己的耳朵都割下来了！（当然,老师不推荐这种行为哦）但正是这种对艺术的执着，让他创作出了那么多震撼人心的作品。

梵高告诉我们：艺术不在于画得像不像，而在于能不能表达内心的感受。他的画里充满了激情和力量，每一笔都像是在呐喊。

同学们，下次你们画画的时候，不妨学学梵高，大胆用色，勇敢表达。记住，最伟大的艺术，往往来自最真实的感受。现在，让我们一起走进梵高的色彩世界，感受这位“疯狂”艺术家的独特魅力吧！

DeepSeek 在文本生成过程中精准捕捉了教师在教学中的个性化表达风格，尤其是在“语言幽默”和“开朗活泼”这两个关键特征上的把握，使生成的文本更加符合教师的个性与教学氛围。不同于传统书面化的表达方式，DeepSeek 能够灵活调整语言风格，使其既具有专业性，又不失生动性，从而在课堂交流中更具亲和力和感染力。通过避免过度正式化的表达，DeepSeek 让文本更自然流畅，使教师在与学生互动时能够营造轻松、愉悦的学习氛围。这种语言风格的适配不仅提升了师生之间的沟通效率，也使学生更易接受和理解教学内容，从而增强了课堂教学的整体效果。DeepSeek 的这一能力充分展现了其在教育场景下的智能适配优势，可助力教师实现个性化教学。

2.1.4 信息结构化与重点提炼

信息结构化与重点提炼有助于 DeepSeek 准确理解任务要求，优化生成内容的逻辑性、条理性和针对性。

信息结构化是指在提示词中合理组织内容，使 DeepSeek 能够按照清晰的逻辑进行文本生成。例如，提示词可以采用分层指引的方式，明确主题、子主题、核心观点和细节，使生成的内容层次分明。

重点提炼则是对关键信息的筛选与强化，确保 DeepSeek 能够围绕核心内容进行表达，避免冗余信息干扰。例如，在撰写商业报告时，可以在提示词中加入“请突出市场趋势、竞争分析和核心数据，并用简洁的语言概括关键结论”，从而引导 DeepSeek 关注关键内容，减少无关内容描述。

合理运用信息结构化和重点提炼策略，不仅能提升 DeepSeek 生成内容的逻辑性和条理性，还能优化文本的清晰度和可读性，使其更符合用户需求。例如，一位公司员工需要利用 AI 撰写工作周报。

☆ 用户提问：

帮我优化一下我的工作周报：拆解分析各视频平台爆款短视频 50 条，利用工具训练筛选有效版式 30 个，生成内容 100 条，涨粉 1000 人。帮我从短视频分析、工具应用、成果输出、下周计划、优化说明几个方面完善我的工作周报。

☆ DeepSeek 回答：

工作周报（精简版）

一、短视频分析

完成 50 条爆款短视频深度拆解，涵盖抖音、快手、B 站等平台。

分析内容主题、用户画像、互动数据等，提炼爆款短视频的共性特征。

二、工具应用

运用 AI 工具自动化识别视频版式，筛选出 30 个高转化率模板。

利用 AI 文案生成工具辅助创作，提升效率。

三、成果输出

输出爆款视频分析报告、30 个有效版式模板。

生成 100 条优质短视频内容，实现账号涨粉 1000 人。

四、下周计划

A/B 测试优化版式，跟踪热点策划内容。

探索新 AI 工具应用，分析竞品，制定差异化策略。

五、优化说明

本周利用 AI 工具提升内容生产效率和质量，取得初步成果。

下周将继续优化流程，尝试新策略，提升账号数据表现。

DeepSeek 凭借其强大的数据处理能力，能够精准抓取用户提供的关键信息，并依据预设的信息框架和层次要求，对工作周报进行智能优化。其优化过程不仅确保了内容的逻辑性和条理性，同时也保证了信息传递的完整性和精准性。DeepSeek 能够自动识别报告中的核心要点，合理分配各部分内容，使报告在结构上更加清晰，避免信息冗余或缺失。此外，DeepSeek 能够根据上下文关系调整措辞，使语言表达更加流畅、专业，增强报告的可读性和规范性。

2.1.5　输出格式与风格规范

输出格式与风格规范能够帮助 DeepSeek 按预期结构组织信息，并维持一致的表达风格，以满足新闻、通告等特定场景的需求。

输出格式规定了文本的结构布局，使内容更具条理性。例如，在撰写商业报告时，可以在提示词中明确要求"按照引言、市场分析、竞争对比、结论的顺序生成内容"，以确保生成内容逻辑清晰、层次分明。同时，格式还涉及文本长度、分段方式等，如要求"以 200 字概述，后附三点核心结论"，能有效提高文本的可读性。

风格规范主要决定了语言风格、专业程度和表达语气，如正式、公文、学术或通俗等多种表达风格。例如，"请以严谨的学术风格撰写，避免使用口语化表达"这一提示词可使文本更符合研究论文的要求，提高内容的质量和适用性。例如，官方媒体需要对一则新闻进行刊登报道。

☆ 用户提问：

我是一个严谨权威的官方媒体，现在需要在报纸上报道一则新闻，请你将这则新闻书面化、学术化地描述出来：近日，某社区举办"绿色生活创意市集"活动，吸引众多居民参与。活动现场设有环保手工艺品展示、垃圾分类游戏和绿色厨房体验等互动环节；居民们展示了利用废旧物品制作的创意作品，如塑料瓶花盆、旧衣物地毯等；环保专家还进行了可持续生活专题讲座。活动共收集 200 余件环保创意作品，部分优秀作品将在社区文化中心长期展出。主办方表示，此次活动有效增强了居民环保意识，未来将继续推广绿色生活方式。

☆ DeepSeek 回答：

本报讯（记者 ×××）为增强居民环保意识，推广可持续生活方式，某社区于近日成功举办“绿色生活创意市集”活动。此次活动吸引了大量社区居民积极参与，取得了显著成效。

市集现场设置了多个主题展区，包括环保手工艺品展示区、垃圾分类互动游戏区以及绿色厨房实践体验区等。参与者展示了利用可再生资源制作的创意作品，其中以塑料瓶改造的花盆和旧衣物编织的地毯最具代表性，充分体现了资源循环利用的理念。

活动期间，主办方特邀环保领域专家举办专题讲座，系统讲解可持续生活方式的实践方法及其环境效益。据统计，本次活动共收集环保创意作品 200 余件，其中优秀作品将在社区文化中心设立专题展区，进行长期公开展示。

主办方负责人表示，此次活动有效增强了社区居民的环保意识，促进了绿色生活理念的传播。未来将继续开展系列环保主题活动，深入推进可持续生活方式在社区的普及与实践。

通过精准设定输出格式与风格规范，DeepSeek 能够生成符合不同场景需求的文本，使内容更具条理性、专业性和针对性，提升整体表达质量和应用价值。

2.1.6 多方案生成与对比思维

采用多方案生成与对比思维原则能够显著提升文本的丰富性和决策的科学性。在提示词设计中引入这一核心原则，可使 DeepSeek 生成的答案考虑更加充分，并通过对比分析不同方案的优缺点，为用户提供更加全面的视角。

多方案生成是指让 DeepSeek 基于不同逻辑或视角，提供两种或多种可能的方案。例如，在商业策略制定中，可设定提示词为“请分别从成本优化、市场扩展和技术创新三个角度，提供三种不同的增长策略”。这种方式有助于用户在决策时进行综合考量，提高方案的适配度。

对比思维则强调对不同方案的优劣势进行分析。例如，输入“请对比线上营销与线下推广的优缺点，重点分析成本、用户触达率和长期收益”。这一提示词能帮助用户更快作出符合实际需求的选择。

☆ 用户提问：

请对比线上营销与线下推广的优缺点，重点分析成本、用户触达率和长期收益。

☆ DeepSeek 回答：

线上营销与线下推广对比分析

1. 成本

线上营销初始成本低，主要投入在网站建设和数字广告，运营维护成本相对可控。线下推广初始投入大，涉及店铺租金和装修，人力及物料成本持续较高。

2. 用户触达

线上营销覆盖广、速度快，可通过数据分析实现精准触达，日均触达量可达数万。线下推广局限于本地，触达速度慢，依赖地理位置，日均触达量通常在数百级别。

3. 长期收益

线上营销用户积累快，数据价值高，品牌效应持续增强，投资回报率可达 300%～500%。线下推广用户增长稳定但缓慢，数据价值有限，品牌效应区域性强，回报率约 100%～200%。

4. 策略建议

采用线上线下融合模式：

（1）以线上为主扩大用户基础。

（2）利用线下增强体验。

（3）数据分析优化策略。

（4）建立全渠道管理系统。

这种融合模式能最大化营销效果，平衡成本与收益。线上优势在于规模和效率，线下则强在体验和信任建立，二者结合可实现最佳营销效果。

通过引导 AI 采用多方案生成与对比思维原则，DeepSeek 能够提供更具逻辑性和实用价值的文本，帮助用户高效评估不同选择，在商业、学术、技术等多个领域提升决策质量和创新能力。这种方法还能有效减少决策盲点，使用户在面对复杂问题时不局限于单一视角，而是基于全面的分析作出更加科学和精准的判断。

2.1.7　自检迭代与版本完善

自检迭代与版本完善是提升文本质量、提高精准度的重要方法。在提示词设计中引入这一核心原则，可以让 DeepSeek 生成内容后进行自动校验、优化，并逐步完善版本，使输出更加符合预期需求，减少人工复查时间。

自检迭代生成文本后，DeepSeek 会对内容进行逻辑检查、语义优化和表达调整。例如，在撰写学术论文时，提示词可设定为“请生成 200 字摘要，并自检语言是否严谨、逻辑是否清晰，若有问题请优化后再输出”，从而确保文本质量符合专业标准。

版本完善则强调在初稿基础上进行针对性修改与优化，以逐步完善文本。例如，在为宠物市场撰写商业方案时，提示词可设定为“请提供宠物市场分析报告初稿，并在逻辑清晰度、数据引用准确性和可读性方面进行优化，给出改进后的精简版本”，确保最终输出更加完整和精准。

☆ 用户提问：

请提供宠物市场分析报告初稿，并在逻辑清晰度、数据引用准确性和可读性方面进行优化，给出改进后的精简版本。

☆ DeepSeek 回答：

宠物市场分析报告（初稿）

1. 市场概况

全球宠物市场规模持续增长，2022 年达到 2610 亿美元，预计 2027 年将突破 3500 亿美元。北美和欧洲是最大市场，但亚太地区增长最快，年增长率达 12%。

2. 细分市场分析——宠物食品

市场规模：2022 年 1020 亿美元。

趋势：有机、定制化食品需求上升。

增长率：年增长率达 6.5%。

3. 消费者行为

80 后、90 后是主要消费群体。

年均宠物支出：500～1000 元。

线上购物占比：65%。

4. 竞争格局

市场集中度低，CR5（市场集中度）约为 30%。

主要头部品牌：玛氏、雀巢、高露洁。

新兴品牌快速崛起。

5. 发展趋势

宠物人性化趋势明显。

服务型消费占比提升。

科技赋能产品创新。

优化后的精简版本

1. 市场概况

全球宠物市场 2022 年达 2610 亿美元，预计 2027 年突破 3500 亿美元（数据来源：Grand View Research）。亚太地区增长最快，年增长率达 12%。

2. 细分市场

食品：1020 亿美元，年增长率达 6.5%，有机、定制化趋势明显。

医疗：580 亿美元，年增长率达 8.2%，预防性医疗和保险普及。

用品：450 亿美元，年增长率达 7.8%，智能化和个性化产品热销。

3. 消费者洞察

80 后、90 后为主力，年均支出 500～1000 元。

65% 的消费者偏好线上购物（数据来源：Statista）。

4. 竞争态势

市场分散，CR5 约为 30%。

传统巨头（玛氏、雀巢）面临新兴品牌挑战。

5. 未来趋势

宠物人性化消费升级。

服务型消费占比提升。

科技驱动产品创新。

通过自检迭代与版本完善的提示词设定，DeepSeek 能够提升文本的精准度、连贯性和逻辑性，使内容更具专业性和实用价值，助力用户高效获取高质量文本。

2.2　DeepSeek 的通用对话模板

如何清晰、高效地表达需求是获得理想结果的关键。本节将介绍一系列通用对话模板，帮助用户快速掌握提示词编写的核心技巧。这些模板基于实际应用场景设计，涵盖了从简单任务到复杂需求的不同对话模式。无论是明确任务目标、比较不同思路，还是通过角色扮演深化对话内容，这些模板都能为用户提供结构化框架，降低提示词编写的难度。通过灵活运用这些模板，用户可以更高效地与 AI 协作，提升输出质量，同时减少反复调整的时间成本。接下来，我们将逐一解析这些模板的具体应用方法，帮助用户在不同场景下实现精准表达。

2.2.1 场景 + 任务 + 要求

“场景 + 任务 + 要求”这一结构化提示词框架能够帮助 AI 更有效地分析语境、规划内容、优化表达，使生成的文本符合特定应用需求，提升文本可读性和逻辑性。

1. 场景

定义：场景是指任务发生的背景和适用范围，用于帮助 AI 理解内容应用的环境，使生成的文本更符合目标受众和使用情境。

作用：确定内容的实际应用场景，确保输出符合特定行业、受众或用途需求。

2. 任务

定义：任务是指 AI 需要完成的具体目标，包括撰写、总结、分析、提炼等操作，确保内容与需求匹配。

作用：明确 AI 需要执行的核心工作，使生成内容符合用户的预期目标，避免输出偏离主题。

3. 要求

定义：要求是指输出文本的具体标准，如格式、字数、语言风格、核心内容等，确保 AI 生成符合特定要求的内容。

作用：规范文本结构，提升可读性，使输出内容更精确、更符合预期需求。

4. 通用提示词模板

请在“场景”下，针对“任务”进行文本生成，符合“具体要求”。

示例应用：

- 商业报告：请针对公司季度总结会议，撰写一份关于市场增长策略的报告，要求逻辑清晰、数据支持充分、语言正式且富有说服力。
- 教育内容：请面向即将参加高考的学生，撰写一篇关于时间管理的指导文章，要求语言简明、案例生动，并包含具体方法。

“场景 + 任务 + 要求”是 DeepSeek 提示词设计的基础结构，能够确保 AI 生成的内容精准、高效、符合用户需求。通过这一结构化方法，DeepSeek 不仅能理解文本的使用环境，还能精准执行任务，并按照设定的要求优化内容。这一方法适用于商业、教育、法律、科技等多个领域，能大幅提升生成文本的质量和实用性。

2.2.2　思路比较 + 优缺点分析

“思路比较 + 优缺点分析”是帮助 AI 提供多角度分析、深化内容逻辑性的重要提示词设计方法。让 AI 生成多个解决方案或观点，并进行优缺点分析，可以有效提升输出文本的全面性和实用价值，使其更适用于决策支持、方案对比、学术研究等场景。

1. 思路比较

定义：让 AI 基于不同角度或策略，提供两种或多种思路或解决方案，以便用户进行综合评估。

作用：避免单一视角，使 AI 输出更具思辨性，适用于商业分析、政策研究、产品开发等领域。

2. 优缺点分析

定义：在比较不同思路或解决方案的基础上，进一步分析各自的优势与不足，帮助用户评估最优方案。

作用：让 AI 提供结构化对比，使用户能直观了解不同选项的实际影响，提高决策效率。

3. 通用提示词模板

请对比“方案 A”和“方案 B”，分析其适用场景，并分别列出主要优缺点。

示例应用：

- 企业管理：请对比“扁平化管理”与“科层制管理”，分析两者在企业运营中的优缺点，并给出适用场景建议。
- 产品开发：请对比“开源软件”与“专有软件”的特点，分析它们的优缺点，并说明在企业 IT 架构中的最佳选择。

“思路比较 + 优缺点分析”的提示词结构，使 DeepSeek 在处理复杂问题时能够提供更丰富的内容，并通过结构化的对比分析，使用户更直观地理解各方案的适用性。这一方法适用于商业、科技、政策、教育等多个领域，能够有效提高 DeepSeek 生成内容的可读性、逻辑性及其决策支持能力。

2.2.3　单例示范 + 套用改写

“单例示范 + 套用改写”是提高文本一致性、增强内容适配性的有效提示词设计方法。通过先让 DeepSeek 提供一个具体示范，再要求其根据不同需求进行套用改写，能够确保生成的内容逻辑清晰、表达精准。这一方法特别适用于标准化文本、营销文案、政策解读、教育文档等需要保持格式一致性但具体内容会发生变化的场景。

1. 单例示范

定义：让 AI 首先生成一个完整示例，以便明确输出格式、表达风格和内容逻辑。

作用：通过示范案例，确保 AI 生成符合预期标准的文本，并为后续改写提供模板。

2. 套用改写

定义：在提供示范后，让 AI 按照新的要求进行内容改写或结构调整，以适应不同场景或受众需求。

作用：使文本更加灵活，适用于多种应用场景，提高文本生成的效率和适用性。

3. 通用提示词模板

请先提供一个关于“主题”的标准示例，随后按照“新需求”进行改写，使其适应“目标场景”。

示例应用：

- 新闻写作：请提供一篇关于新能源发展的新闻报道示例，并改写为适合社交媒体传播的短文，字数不超过 200 字。
- 教育文档：请撰写一篇关于气候变化的科普文章示范，并改写为面向高中生的学术论文摘要。

“单例示范 + 套用改写”的提示词设计，使 DeepSeek 能够在提供标准化文本的同时，灵活调整内容，以适应不同应用场景。通过这一方法，可以让 DeepSeek 在保持逻辑一致性的前提下，针对不同目标受众和需求优化表达方式，提高文本的适配性和可读性。

2.2.4 角色扮演 + 问答互动

“角色扮演 + 问答互动”是提升文本互动性、增强内容针对性的重要提示词设计方法。通过设定 AI 在特定场景中的角色，并要求其以该角色身份进行问答互动，可以使输出内容更加符合行业规范、目标受众需求，并具备专业性和逻辑性。

1. 角色扮演

定义：设定 AI 的身份，使其模拟特定角色的语言风格、知识背景和交流方式。

作用：确保 AI 的回答符合角色的专业水平、语言和沟通风格，使内容更具真实感和权威性。

2. 问答互动

定义：用户向 AI 提问，并要求 AI 根据角色设定提供清晰、专业的解答。

作用：使 AI 的回答更加符合场景需求，并根据问题的不同调整回答方式，提高信息的针对性和可用性。

3. 通用提示词模板

请扮演“角色”，并使用符合该角色身份的语言风格和专业知识回答“用户问题”。

示例应用：

- 教育场景：请扮演一名大学教授，并用通俗易懂的方式解释“量子计算的基本原理”。
- 法律咨询：请扮演劳动法专家，回答“公司能否随意更改员工合同中的薪资条款？”

“角色扮演 + 问答互动”的提示词结构，使 DeepSeek 能够根据不同角色设定提供个性化、专业化的回答，使输出更具可信度和适用性。这一方法广泛适用于教育培训、企业管理、医疗咨询、法律服务等多个领域，能帮助用户获得更精准、权威的解答，提高交互的有效性和专业性。

2.2.5　分段剖析 + 最终结论

“分段剖析 + 最终结论”是确保内容逻辑清晰、信息层次分明、结论精准的有效提示词设计方法。通过让 AI 逐步分析问题的不同方面，并在最后形成总结性结论，能够提高文本的逻辑性、说服力和可读性。这一方法广泛适用于学术研究、商业分析、政策解读、技术评估等场景，确保输出内容既有深度，又具备清晰的推理过程。

1. 分段剖析

定义：要求 DeepSeek 将问题拆解成不同部分，并分别进行详细分析，以保证逻辑清晰，层次分明。

作用：使内容更系统化，便于用户理解不同因素对整体问题的影响，同时避免信息碎片化，提高分析深度。

2. 最终结论

定义：在完成分段分析后，让 DeepSeek 归纳核心观点，提炼最重要的结论，使内容具有总结性和可执行性。

作用：确保用户能够快速抓住重点信息，同时提供清晰的决策或行动建议。

3. 通用提示词模板

请对“主题”进行分段剖析，分别探讨“要素 A”“要素 B”和“要素 C”的影响，并在最后得出综合性结论。

示例应用：

- 企业管理：请分析影响企业员工绩效的三个主要因素：工作环境、薪酬激励和职业发展，并在最后总结最关键的影响因素。
- 科技创新：请分段讨论 5G 技术在通信、智能交通和医疗健康中的应用，并在结论部分评估其未来发展前景。

“分段剖析 + 最终结论”的提示词结构，使 DeepSeek 能够在逻辑清晰的框架下生成条理化内容，提高信息的层次感和可读性。通过这种方式，AI 不仅能深入剖析问题，还能在最后提供总结性结论，使内容既全面又易于理解。

2.2.6 初稿生成 + 改进指令

“初稿生成 + 改进指令”是提升文本质量、优化表达方式的重要提示词设计方法。通过让 AI 先生成初稿，再根据具体的优化指令进行修改，可以确保内容既具备完整性，又能够针对不同需求进行细化调整。

1. 初稿生成

定义：让 AI 先输出一个符合基本要求的初稿，作为内容优化的基础。

作用：快速搭建内容框架，确保信息完整，提供可修改的文本雏形。

2. 改进指令

定义：在初稿基础上，设定具体的优化方向，如调整语言风格、补充数据、增强逻辑等。

作用：使 AI 能够精准优化内容，提高文本的专业性、流畅度和可读性。

> **温馨提示**
>
> 让 DeepSeek 进行“自我评价”：当对 AI 生成的答案不满意时，可让它反思自己的回答。例如，“请检查你的回答是否有逻辑漏洞或表述不清的部分，并优化内容”。这种方式比直接要求 AI 重写更能提高文本质量。

3. 通用提示词模板

请先生成一篇关于“主题”的初稿，字数约“范围”。随后，根据“改进指令”的要求优化内容。

示例应用：

- 学术论文：请撰写一篇关于深度学习应用的论文摘要（300 字），然后优化其语言，使其更加学术化，并补充关键研究数据。
- 商业分析：请撰写一篇关于中国新能源汽车市场的分析初稿，随后优化结论部分，使其更加具体，并加入对未来趋势的预测。

“初稿生成 + 改进指令”的提示词结构，使 DeepSeek 能够高效生成内容并进行针对性优化，提升文本质量。这一方法令 AI 在确保内容完整性的基础上进行精准调整，使其更符合特定受众需求，在商业、学术、科技、媒体等多个领域都具有广泛应用价值。

2.3 DeepSeek 的 AI 对话进阶公式

面对复杂任务时，简单的提示词往往难以满足需求。本节将深入探讨 AI 对话进阶公式，帮助用户解决更高阶的问题。通过结构化拆解任务目标，用户可以更精准地引导 DeepSeek 完成复杂任务。这些公式不仅提升了对话的深度和广度，还能帮助用户更高效地实现目标。接下来，我们将逐一解析这些公式的应用方法，帮助读者在复杂场景中游刃有余。

2.3.1 信息处理：来源 + 提炼 + 验证

“来源 + 提炼 + 验证”是保障输出内容准确、逻辑合理和内容权威的提示词结构。通过设定来源、提炼、验证三大要素，DeepSeek 可以在信息收集、内容归纳和真实性核验方面提供更高效的文本处理方式。

1. 来源

定义：明确信息来源，确保 DeepSeek 基于可靠、权威的数据或资料进行内容生成。

作用：避免信息片面或失真，使生成的内容具有更高的准确性和专业性。

2. 提炼

定义：归纳关键信息，筛选最具价值的内容，并进行清晰有序的表达。

作用：确保 AI 生成的文本重点突出，避免冗余信息，提高可读性。

3. 验证

定义：对生成内容进行真实性核验，确保 AI 输出的信息准确、客观、不偏不倚。

作用：降低错误信息风险，提高 AI 内容的可信度和可靠性。

4. 通用提示词模板

请基于“信息来源”，提炼出“关键信息”，并验证其准确性，确保内容符合“目标需求”。

示例应用：

- 财经分析：请基于 IMF（国际货币基金组织）的年度报告，提炼全球经济增长趋势，并核实其与各国最新 GDP（国内生产总值）数据的一致性。
- 行业报告：请根据麦肯锡研究报告，归纳未来五年人工智能技术的主要发展方向，并验证数据来源的可靠性。

“来源 + 提炼 + 验证”是 DeepSeek 在信息处理过程中提升内容质量、准确性和可信度的重要结构。它可以高效获取信息、提炼关键内容，并进行真实性审查，确保输出内容逻辑清晰、数据可靠、表达精准。此结构适用于新闻报道、商业分析、法律研究、科技文献等多个领域，有助于用户更精准地获取高质量信息并作出明智决策。

2.3.2 创意生成：主题 + 风格 + 限制

“主题 + 风格 + 限制”是确保输出内容符合预期、富有创造力且具有逻辑性的关键提示词结构。通过明确主题、设定风格、添加限制，可以有效引导 DeepSeek 在创意写作、品牌营销、剧本策划、广告文案等领域生成高质量的内容。

1. 主题

定义：确定生成内容的核心概念或主旨，提供明确的创作方向。

作用：聚焦于特定领域，避免内容泛化，使创作更具针对性。

2. 风格

定义：设定内容的表达方式，使 AI 生成符合特定受众和语境的文本风格。

作用：确保 AI 在内容创作时符合品牌调性、目标人群喜好或特定文体要求。

3. 限制

定义：规定内容的具体要求，如字数、格式、叙述角度、要避免的元素等，以增强文本的可控性。

作用：限制创作边界，确保生成的内容符合实际需求，减少不相关或不符合规范的内容输出。

4. 通用提示词模板

请围绕“主题”，采用“风格”进行创作，并遵循“具体限制”条件。

示例应用：

- 短篇小说：请围绕“赛博朋克未来城市”的主题，撰写一篇 300 字的短篇故事，风格要求紧张刺激，并使用第一人称叙述。
- 品牌宣传：请以“智能办公，提升效率”为主题，撰写一则简短的广告文案，语言风格要求简洁有力，不超过 100 字。

“主题 + 风格 + 限制”是 DeepSeek 在创意内容生成中的核心提示词结构，能够确保输出既富有创造力，又符合特定场景和目标受众的需求。用户可以精准控制 DeepSeek 的创作方向，使其在文学、营销、教育、影视等多个领域提供更符合预期的创意内容，提高文本质量和实用性。

2.3.3　决策分析：选项 + 标准 + 权重

“选项 + 标准 + 权重”是确保决策分析具有系统性、精准性、逻辑性的重要提示词结构。通过明确备选方案、设定评价标准、合理分配权重，DeepSeek 能够提供多维度决策对比，帮助用户在复杂问题中作出科学合理的选择。

1. 选项

定义：列出可供选择的不同方案，围绕多个选项进行对比分析。

作用：避免单一视角，确保分析的全面性，帮助用户在多个可行方案中找到最优解。

2. 标准

定义：设定评估标准，确保基于客观合理的维度进行分析，而非随意判断。

作用：在不同选项之间采用一致的衡量方式，使对比具有逻辑性和可解释性。

3. 权重

定义：依据各标准的重要性，为不同评价维度分配权重，确保决策推荐更加精准合理。

作用：使分析更贴近现实，特别是在不同因素影响且影响力不均衡的情况下，提高推荐结果的可信度。

4. 通用提示词模板

请对比“选项 A”“选项 B”和“选项 C”，按照“标准 1”“标准 2”和“标准 3”进行评估，并基于“权重分配”计算最佳方案。

示例应用：

- 企业战略：请比较“进入海外市场”“加强国内渠道建设”和“提升产品研发”三种经营策略，按照“市场潜力 40%+ 实施成本 30%+ 竞争壁垒 30%”的权重计算最优方案。

- 职业选择：请分析“互联网公司”“创业公司”和“国企”，从“薪资水平、稳定性、职业成长性”三个维度进行评估，并基于“成长性 50%+ 薪资 30%+ 稳定性 20%”给出最佳选择。

“选项 + 标准 + 权重”是 DeepSeek 在进行决策分析时的核心提示词结构，能够使 AI 提供更加客观、更符合数据驱动的建议，帮助用户作出科学合理的选择。通过这一方法，AI 能够系统化地分析复杂问题，在商业、科技、投资、职业规划等多个领域提供高价值的辅助决策，确保输出内容既具备科学依据，又符合用户的实际需求。

2.3.4 多角色模拟：视角 + 对话 + 推演

“视角 + 对话 + 推演”是提升对话真实感、拓宽视角及增强逻辑性的提示词结构。通过设定角色视角、设计角色对话、引导逻辑推演，DeepSeek 可以在商业、教育、法律、科技等多个领域进行智能化的角色扮演，使内容更具层次感、互动性和分析深度。

1. 视角

定义：明确不同角色的身份、立场和思维模式，使 DeepSeek 能够从多个角度出发进行对话或讨论。

作用：避免单一叙述方式，使输出内容更加全面，让 DeepSeek 能够模拟真实世界中的不同观点碰撞。

2. 对话

定义：设定不同角色之间的互动方式，生成连贯、符合角色身份的对话内容。

作用：确保多角色间的交流真实自然，推动问题深入展开，提高 AI 的内容生成质量。

3. 推演

定义：在对话基础上预测可能的后续发展，或引导角色作出进一步分析和决策。

作用：使对话具有逻辑演进，帮助用户理解不同决策的后果或不同观点的影响力。

4. 通用提示词模板

请模拟“角色 A”和“角色 B”的对话，围绕“核心议题”展开讨论，并基于对话内容推演可能的发展趋势或决策后果。

示例应用：

- 商业对话：请模拟“创业公司创始人”和“风投基金合伙人”的对话，探讨该公司的融资计划，并推演投资决策对企业未来的影响。
- 法律模拟：请扮演“法官”“检察官”和“被告律师”，围绕一起刑事案件展开法庭辩论，并推演可能的判决结果。

“视角 + 对话 + 推演”是 DeepSeek 在多角色模拟中的核心提示词结构，能够使 AI 高效模拟不同身份之间的观点碰撞，并通过逻辑推演帮助用户理解不同决策可能带来的影响。

2.3.5 分阶段引导：目标 + 步骤 + 衔接

“目标 + 步骤 + 衔接”是确保逻辑清晰、层层推进的重要提示词结构。通过设定目标、细化步骤、优化衔接，可以使 DeepSeek 在长文本生成、策略制定、学习引导等任务中提供连贯、循序渐进的高质量内容。这一方法适用于商业战略、教育培训、技术流程解析、研究分析等领域，可确保生成的信息既完整又易于理解。

1. 目标

定义：确定最终要达成的核心目标，让内容生成围绕既定目标展开。

作用：明确任务方向，确保输出内容符合需求，避免偏题或冗余信息。

2. 步骤

定义：将目标拆解为多个阶段或关键步骤，使 DeepSeek 按逻辑顺序提供信息。

作用：确保信息结构合理，帮助用户逐步掌握复杂问题，避免一次性信息太多导致过载。

3. 衔接

定义：使各步骤之间的联结逻辑顺畅，确保内容连贯，使用户容易理解和应用。

作用：避免内容跳跃或割裂，使信息有机衔接，增强学习或决策的流畅性。

4. 通用提示词模板

请围绕“目标”，按“步骤 1”“步骤 2”和“步骤 3”的顺序进行详细解析，并确保各部分逻辑衔接顺畅。

示例应用：

- 商业决策：请围绕“企业数字化转型”的目标，按“评估现有业务流程 → 选择合适的数字工具 → 培训团队 → 监测优化”的步骤进行解析，并确保各部分有清晰的逻辑衔接。

- 教育教学：请围绕“提升学生写作能力”的目标，按“理解写作结构 → 掌握修辞手法 → 分析优秀范文 → 进行写作练习”的顺序提供详细指导，并保持内容连贯。

“目标 + 步骤 + 衔接”是 DeepSeek 在分阶段引导中的核心提示词结构，能提供系统化、清晰有序的内容，帮助用户循序渐进地理解复杂概念或执行复杂任务。这一方法生成的信息不仅更具逻辑性，还更贴合用户需求，广泛适用于商业、科技、教育、个人成长等多个领域。

2.3.6 对比评测：方法 + 测试 + 评估

“方法 + 测试 + 评估”是确保不同选项之间差异清晰、结果具有数据支持的重要提示词结构。通过设定评测方法、执行测试、进行评估，DeepSeek 能够生成结构化、科学化的对比分析，使用户在商业策略、产品测评、技术对比等领域作出更精准的判断。

1. 方法

定义：确定用于比较不同对象的分析方法，确保 AI 的评测具有客观性和逻辑性。

作用：让 AI 依据特定方法进行对比，而非主观评价，提高结论的可信度。

2. 测试

定义：在设定方法的基础上，模拟或分析不同方案的实际表现，以确保对比评测具备数据支撑。

作用：使 AI 的评测更具实践意义，避免纯理论分析，提高可操作性。

3. 评估

定义：在测试数据的基础上，分析对比结果，并提供最终结论或推荐。

作用：让 AI 总结关键差异，并给出针对性建议，使用户能够更快地作出决策。

4. 通用提示词模板

请使用“方法”对比“选项 A”和“选项 B”，通过“测试内容”评估其表现，并基于测试数据得出最终结论或给出推荐建议。

示例应用：

- 市场策略：请使用 SWOT 分析法，对比“线上推广”和“线下推广”的优势与劣势，并结合市场调研数据评估哪种方式更适合中小企业。
- 科技评测：请基于“处理速度、存储占用、兼容性”三项指标，测试并评估“苹果 M1 芯片”和“英特尔酷睿 i9 芯片”的实际性能表现。

“方法 + 测试 + 评估”是 DeepSeek 在对比评测中的核心提示词结构，能够使 AI 进行系统性、多维度的分析，确保评测结论更加科学可靠。

2.4　DeepSeek 的 AI 对话高级技巧

对话过程中，难免会遇到输出结果不符合预期的情况，例如，信息不准确、逻辑混乱或内容偏离需求。为了避免“翻车”，本节总结了一系列实用技巧，帮助用户在对话中及时发现问题并优化结果，旨在提升对话的可靠性与可控性。此外，通过审阅与改写迭代，用户可以进一步优化输出内容，确保其准确性和实用性。

2.4.1　模糊需求拆解

“模糊需求”是导致 AI 输出不精准、信息偏离的主要原因之一。许多用户在输入提示词时，表达含糊、缺少具体细节，使得 AI 难以理解核心需求，进而生成低质量或无关内容。采用“明确目标 + 细化范围 + 结构引导”的方式，对模糊需求进行拆解，可确保 AI 生成符合预期的文本，提高对话质量。

1. 明确目标

定义：将用户的模糊需求转化为一个具体的任务，明确核心目标。

作用：避免误解用户意图，确保生成内容聚焦关键主题。

2. 细化范围

定义：通过限定话题范围、字数、风格等，使 AI 的回答更加精准。

作用：避免 AI 生成冗长、偏题或过度泛化的回答，提高信息的实用性。

3. 结构引导

定义：通过给出具体的结构或逻辑框架，使 AI 生成的内容条理更清晰、更符合用户预期。

作用：避免 AI 输出逻辑混乱或结构不清晰的内容，提高可读性和专业度。

4. 通用提示词模板

请针对“核心主题”，按照“具体范围”撰写“目标内容”，并遵循“结构要求”以确保条理清晰。

示例应用：

- 商业报告：请撰写一份关于中国新能源汽车市场的分析报告，字数在 1000 字左右，重点涵盖“市场现状 → 主要竞争对手 → 未来趋势”。
- 科技概述：请用通俗易懂的语言介绍量子计算，按照“基本概念 → 主要原理 → 现实应用 → 未来展望”的结构撰写，字数不超过 800 字。

“明确目标 + 细化范围 + 结构引导”是在模糊需求拆解中的核心提示词优化策略，能让 DeepSeek 更精准地理解任务，提高内容的逻辑性、针对性和实用性。通过这一方法，用户可以避免过度泛化的输出内容，确保文本质量。

2.4.2 事实核查与引用

若 AI 在生成过程中缺乏有效的事实核查机制，可能会导致数据错误、信息失真，甚至误导用户。通过“指定数据来源 + 引用权威信息 + 核验逻辑一致性”三步法，优化提示词结构，可以让生成的内容更加可靠，符合学术、商业、法律、科技等领域的严谨标准。

1. 指定数据来源

定义：基于权威数据来源进行生成，而非仅依赖通用知识库或网络信息。

作用：使生成的信息更加可信，确保内容符合行业标准或最新研究成果。

2. 引用权威信息

定义：在内容生成过程中，引用可验证的来源，如政府机构、学术期刊、行业报告等，以增强信息的可信度。

作用：确保内容具有来源支撑，减少误导性或未经证实信息的传播。

3. 核验逻辑一致性

定义：让 AI 在生成内容后进行自检，确保引用数据、事实陈述与逻辑推理相一致，避免前后矛盾或数据错误。

作用：使分析更加缜密，减少逻辑漏洞，提高内容的可信度。

4. 通用提示词模板

请基于“数据来源”撰写“主题”,确保引用“权威机构 / 学术报告”的数据，并进行自检，确保事实准确性和逻辑一致性。

示例应用：

- 政策研究：请基于世界银行的 2023 年经济展望报告，分析发展中国家在后疫情时代的经济复苏趋势，并确保数据引用的准确性。
- 商业分析：请参考波士顿咨询公司（BCG）的市场报告，对比 2022 年与 2023 年人工智能行业投资增长情况，并检查数据是否前后一致。

“指定数据来源 + 引用权威信息 + 核验逻辑一致性”是在事实核查与引用中的核心提示词优化策略，有助于 DeepSeek 提高输出文本的权威性和可信度，确保用户获取真实、可信的信息。

2.4.3　多模型、多版本备选

文本生成过程中，不同模型在语言风格、信息准确性、推理能力等方面可能存在差异。为了确保生成内容的全面性和高质量，“多模型、多版本备选”是优化对话输出的重要策略。通过“对比 DeepSeek 的 R1/V3 版本 + 交叉询问 DeepSeek 和 Kimi（或豆包）+ 让 DeepSeek 自我评估，生成最终答案”三步法，可以有效提升内容的准确度、逻辑性和综合表现，避免单一模型带来的信息偏差。

1. 对比 DeepSeek 的 R1/V3 版本

定义：分别向 DeepSeek 的 R1 版本和 V3 版本提出相同的问题，以比较不同版本输出在信息表述、逻辑分析和内容准确性方面的差异。

作用：了解 DeepSeek 内部不同版本的回答风格，筛选更优质的输出，提高内容的精准度和深度。

2. 交互询问 DeepSeek 和 Kimi/ 豆包

定义：在获取 DeepSeek 内部不同版本的回答后，再向 Kimi 或豆包等其他大模型提出相同问题，以拓展思维角度，弥补单一模型可能存在的信息缺失。

作用：通过跨模型对比，减少单个 AI 模型可能带来的偏见或误差，提高最终答案的客观性和可信度。

3. 让 DeepSeek 自我评估，生成最终答案

定义：将所有模型的回答输入 DeepSeek，让其进行自我评估，提炼最优答案，生成最终优化版本。

作用：让 AI 自动分析不同模型的优劣势，去除冗余信息，整合最佳内容，提高文本质量。

4. 通用提示词模板

请分别用 DeepSeek-R1、DeepSeek-V3 和“外部模型”回答“问题”，然后将所有回答交给 DeepSeek，让其对比分析，并优化生成最终高质量答案。

示例应用：

- 行业趋势预测：请用 DeepSeek-R1、DeepSeek-V3 和 Kimi 分别分析 2025 年人工智能市场的发展趋势，然后让 DeepSeek 自我评估，生成最优解读版本。
- 科技应用分析：请分别用 DeepSeek-R1、DeepSeek-V3 和豆包解释深度学习在医学影像分析中的应用，并让 DeepSeek 自我整合，生成权威的最终解读。

“对比 DeepSeek 的 R1/V3 版本 + 交叉询问 DeepSeek 和 Kimi（或豆包）+ 让 DeepSeek 自我评估，生成最终答案”是 DeepSeek 在“多模型、多版本备选”过程中的核心策略。通过这一方法，可以充分利用不同 AI 模型的特长，避免单一模型的局限性，使最终答案更加准确、全面、逻辑清晰。

2.4.4 审阅与改写迭代

“审阅与改写迭代”是确保文本质量、优化逻辑、提升可读性的重要提示词策略。通过“生成初稿 + 自检反馈 + 精准改写”三步法，DeepSeek 可以帮助用户获得更符合预期的高质量内容，避免生成单一、缺乏深度或效果不佳的文本。

1. 生成初稿

定义：让 AI 先生成符合基本要求的初稿，为后续优化提供基础文本。

作用：快速搭建文本框架，确保信息完整，减少从零开始创作的时间成本。

2. 自检反馈

定义：在生成初稿后让 AI 进行自动审阅，识别逻辑漏洞、表述不清或信息缺失的部分，并提供改进建议。

作用：使输出更加严谨，避免前后矛盾、内容重复或缺乏深度的问题。

3. 精准改写

定义：根据审阅反馈进行精准改写，提升内容质量，使文本更加流畅、专业、符合用户需求。

作用：通过多轮优化，使最终输出内容更具可读性、逻辑性和说服力。

温 馨 提 示

要求 AI 提供“不止一个答案”：在处理涉及多种可能性的复杂问题时，AI 可能会倾向于给出一个最“标准”或“主流”的答案，而忽略其他潜在的解决方案。为了确保输出内容的多样性和全面性，可以在提示词中明确要求 AI 提供多个备选方案，并进行对比分析，这样能够帮助用户从不同角度思考问题，避免单一答案导致的信息局限。

4. 通用提示词模板

请先生成“初稿”；随后自检文本的逻辑、完整性、可读性，提供优化建议；最后根据反馈进行精准改写，确保最终内容符合“具体要求”。

示例应用：

- 市场分析：请撰写一份关于人工智能行业的市场分析报告，先提供初稿，再进行自检，优化市场趋势部分，最后改写以增强数据支持。
- 法律文书：请生成一份劳动合同条款解释，初稿需覆盖核心条款，随后进行审阅，检查法律表述的严谨性，最终优化为易于理解的法律指南。

“生成初稿 + 自检反馈 + 精准改写”是 DeepSeek 在“审阅与改写迭代”过程中提高文本质量的核心方法。通过这一策略，AI 能够提供更严谨、流畅、符合专业要求的文本。

本 章 小 结

本章系统阐述了 DeepSeek 对话提示词的编写方法与技巧，旨在帮助用户更高效地与 AI 进行交互，获得优质输出。首先，本章提出了编写提示词的七大核心原则，为提示词编写提供了基础框架；其次，本章介绍了通用对话模板，帮助用户快速上手；此外，本章还提供了进阶对话公式，涵盖信息处理、创意生成、决策分析、多角色模拟等场景，满足用户更复杂的需求；最后，本章总结了避免对话“翻车”的实用高级技巧，如模糊需求拆解、事实核查与引用、多模型及多版本备选等，确保对话结果的准确性和可靠性。

本章通过讲解从基础到进阶的提示词编写方法，结合丰富的模板与案例，为用户提供了全面的对话指导。无论是初学者还是资深用户，都能从中找到适合自己的提示词设计思路，从而在与 DeepSeek 的交互中实现更高效、更精准的沟通。

第3章

扫一扫，看视频

打工人逆袭：职场全场景攻略

【本章导读】

本章旨在为职场人士提供一套高效、智能的解决方案，帮助应对日常工作中的各种挑战。本章从时间管理、公文写作、汇报演示、跨领域学习到高效协作，全面覆盖职场核心场景。聚焦时间管理，教你如何利用工具自动生成周报、分类回复邮件、安排日程并跟踪项目进度；介绍公文写作神器，从草稿生成到报告审查，再到演讲稿和计划书的制定，全面提升写作效率；提供汇报演示的实用技巧，包括年终总结金句库、PPT 提纲和调研报告生成；关注跨领域学习和高效协作，帮助快速适应新岗位、解读需求文档、润色信函并准备商务应酬话术。

本章及后续章节的对话内容均由 DeepSeek 在激活深度思考及联网搜索功能下生成。为确保文本的简洁性与可读性，部分回答经过精简处理后纳入本书。同时，对于其中的典型案例，会详细剖析提示词的模板及编写方法，以便读者理解。

3.1　时间管理大师

本节聚焦于如何通过智能化工具高效管理时间，提升职场效率。通过自动将会议纪要转化为周报，减少重复劳动；利用邮件智能分类与回复功能，快速处理海量邮件；掌握个人日程安排与时间管理的实用技巧，确保工作井井有条；借助项目任务分配与进度跟踪的方法，助力团队高效协作。通过学习本节内容，读者将掌握一套系统化的时间管理策略，将烦琐任务简单化，优化工作流程，从而在有限的时间内实现更高的工作产出，成为真正的“时间管理大师”。

3.1.1　会议纪要自动生成周报

会议纪要的整理与周报的撰写往往是烦琐但不可或缺的工作。高效归纳会议内容并转化为结构清晰、条理分明的周报，不仅能提高团队沟通效率，还能帮助管理层快速掌握项目进展。DeepSeek 具备强大的文本处理与总结能力，可以快速提炼会议要点，并自动生成高质量的周报，大幅减少人工整理时间，让员工能更专注于核心业务。

以某科技公司产品团队为例，该团队每周都会召开例会，讨论产品开发进展和市场推广等任务安排。然而，会议时间长、信息密集，手动记录和整理会议纪要费时费力。为提高效率，团队决定利用 DeepSeek 来辅助生成会议纪要，并自动转化为项目周报。

提示词的编写采用“信息处理：来源 + 提炼 + 验证”公式，先从会议纪要提取关键信息（来源），然后进行归纳整理形成清晰的周报结构（提炼），并对关键内容进行补充确认（验证）。

☆ 用户提问：

请基于以下会议纪要，撰写一篇项目周报，包含“当前进展”“主要挑战”“后续计划”三部分，要求语言正式、结构清晰。

会议内容记录：

项目进展讨论：研发部反馈智能家居 App 2.0 版本已经完成大部分开发工作，预计下周进入测试阶段。不过，目前 API 接口的兼容性问题仍未完全解决，需要进一步调试。王五表示，团队正在和后端协调，预计需要两到三天时间。运营部提到，近期供应商的交付周期出现延误，原定本周到货的元件推迟了一周，可能影响生产计划。陈七建议，市场部可以适当调整产品发布节奏，避免因为供应链问题导致发售延期。市场部表示，推广方案已经基本确定，KOL（关键意见领袖）合作名单还在筛选中。一些头部 KOL 报价过高，需要再评估投放 ROI（投资回报率）。同时，竞品近期有促销活动，可能会对新品发布带来一定影响。赵六建议再做一轮市场数据分析，以便更精准地调整推广策略。

☆ DeepSeek 回答：

项目周报（智能家居 App 2.0 版本）

日期：[填写具体日期]

一、当前进展

1. 研发：App 2.0 核心功能开发完成，计划下周进入测试；API 接口基础对接完成 70%，剩余兼容性问题调试中。

2. 市场：推广方案已定，KOL 合作名单初步筛选完成，待 ROI 评估优化。

3. 供应链：关键元件因供应商延误推迟一周交付，生产计划面临调整压力。

二、主要挑战

1. 技术：API 与第三方设备兼容性问题需 2～3 天协同攻关。

2. 供应链：元件交付延期或影响量产进度，需紧急协调替代方案。

3. 市场：头部 KOL 报价超预算及竞品促销活动或冲击新品发布。

三、后续计划

1. 研发：3 日内完成 API 调试，启动测试用例准备。

2. 供应链：运营部协调供应商加急交付，评估替代元件可行性。

3. 市场：本周完成竞品分析及 KOL 名单优化，5 日内锁定高性价比资源。

4. 协作：召开跨部门会议，同步风险应对及发布计划调整。

备注：请各部门按节点推进，确保进度可控。

撰写人：[填写负责人姓名]

字数：约 290 字。

DeepSeek 的总结精练、重点突出。当前进展清晰，涵盖研发、市场和供应链的核心动态。主要挑战精准指出潜在风险，尤其是 API 兼容性、成本上升和市场竞争压力。后续计划明确，各部门任务分工合理，尤其是管理层责任明确。

通过 DeepSeek 的智能文本生成能力，团队可以快速整理会议纪要，并自动转化为结构化的周报，从而大幅减少重复性工作，提高沟通效率。这一方法适用于产品开发、市场营销、项目管理等多种场景，让职场工作更加高效、精准。

3.1.2 邮件智能分类回复

在现代职场环境中，员工每天都会收到大量邮件，涉及客户咨询、内部通知、项目进度跟进等。高效管理和回复邮件不仅可以提升沟通效率，还能确保重要信息不被遗漏。然而，逐一阅读、筛选和回复邮件往往费时费力。DeepSeek 具备强大的自然语言理解和文本生成能力，能够自动分类邮件内容，并根据不同类型生成合适的回复，大幅提升邮件处理效率，让职场人士能更专注于核心业务。

以某科技公司客服团队为例，该团队每天都会收到大量客户邮件，涉及产品咨询、故障报告、投诉反馈等。如果依靠人工处理，不仅费时费力，还容易导致回复不及时等问题。为了提高工作效率，团队决定利用 DeepSeek 进行邮件分类，并自动生成标准化回复。

☆ 用户提问：

请你帮我对以下几封邮件进行分类。

邮件 1："你好，我在使用贵公司的智能手环时，发现蓝牙连接不稳定，请问该如何解决？"

邮件 2："请问贵公司的 AI 语音助手是否支持离线模式？能否提供相关产品资料？"

邮件 3："我是贵公司老客户，上次购买的产品出现质量问题，但一直未得到有效处理，请尽快给我一个答复！"

☆ DeepSeek 回答：

邮件 1→技术支持：用户遇到智能手环蓝牙连接不稳定问题，需提供解决方案。

邮件 2→产品咨询：用户询问 AI 语音助手是否支持离线模式，并请求获取产品资料。

邮件 3→投诉反馈：老客户对产品质量问题不满，需尽快跟进处理。

在完成分类后，团队开始回复技术支持类邮件，此时继续使用 DeepSeek，利用其上下文理解功能进行回复内容的生成。

☆ 用户提问：

请针对第一封技术支持邮件，撰写一封专业且有礼貌的回复邮件，要求提供详细的解决方案。

☆ DeepSeek 回答：

回复邮件（技术支持）

主题：智能手环蓝牙连接问题的解决方案

尊敬的用户：

您好！感谢您使用我们的智能手环，并反馈您的问题。针对蓝牙连接不稳定的情况，建议您尝试以下解决方案。

确保设备电量充足：低电量可能导致蓝牙连接不稳定。

更新固件：请检查手环是否为最新版本，可在 App 中更新。

重新配对：尝试断开蓝牙连接后重新配对设备。

避免干扰：确保周围没有其他强信号设备干扰蓝牙连接。

如果问题仍未解决，请提供您的设备型号和软件版本，我们的技术团队将进一步为您诊断并提供支持。期待您的回复！

对话主要以邮件回复内容的撰写展开。分类完成后，可以让 DeepSeek 根据邮件类型生成专业、得体的回复，同时为了确保邮件更贴合不同用户的需求，可以让 DeepSeek 根据客户情绪、紧急程度等调整回复语气，使其更加正式、友好，以安抚客户情绪。

通过 DeepSeek，职场人士可以高效整理邮件，自动分类，并快速生成专业回复，大幅提升沟通效率。这一方法适用于客服支持、商务沟通、行政管理等多个职场场景，让邮件处理更加智能化、高效化。

温馨提示

利用 AI 的工作流自动化功能，可以将大量重复性任务交给 AI 处理，显著提升工作效率。无论是日常的邮件回复、会议日程安排，还是烦琐的文档整理和数据录入，DeepSeek 都能快速完成，减少人工操作的时间和错误率。

例如，你可以设置自动化规则，让 DeepSeek 根据邮件内容自动分类并生成回复，或根据日程安排自动提醒待办事项。此外，DeepSeek 还能根据你的需求整理数据、生成报告，甚至完成跨平台的任务同步。通过将这些低价值但耗时的任务自动化，你可以将更多精力投入创造性工作或战略决策中，最大化时间价值，推动个人或团队的高效运转。

3.1.3 个人日程安排和时间管理

高效管理个人日程是提升工作效率、减少拖延、平衡工作与生活的关键。然而，面对繁杂的任务、会议和待办事项，许多人容易感到混乱，导致时间管理效率低下。DeepSeek 具备强大的信息处理能力，能够智能规划个人日程、优化时间分配，并提供科学的时间管理建议，帮助职场人士更高效地完成任务。

以某企业管理者为例，他每天需要处理多个项目、参加会议、回复邮件，同时还要预留时间学习和休息。由于事务繁多，他决定使用 DeepSeek 进行日程优化，以更高效地管理时间。

此处提示词采用“决策分析：选项 + 标准 + 权重”公式，先列出所有日程安排的选项（选项），再设定优先级评估标准（标准），最后按任务重要性分配时间（权重）。

☆ 用户提问：

请基于以下任务列表，将其分类为“高优先级”“中优先级”和“低优先级”，并提供合理的时间分配建议。

上午 9:00—10:30 周例会（团队进度汇报）

上午 10:30—11:30 审核市场推广计划

下午 1:00—3:00 产品开发会议

下午 3:00—4:00 回复邮件与客户沟通

下午 4:00—5:30 阅读行业报告，提升专业知识

晚上 7:00—8:00 健身

☆ DeepSeek 回答：

高优先级（需尽快完成，影响核心业务）：

周例会（上午 9:00—10:30）：可适当缩短会议时间，提高效率。

产品开发会议（下午 1:00—3:00）：关键项目会议，保持原时间安排。

中优先级（重要但可适当调整）：

审核市场推广计划（上午 10:30—11:30）：可安排在下午，避免上午会议过于密集。

回复邮件与客户沟通（下午 3:00—4:00）：可批量处理，提高专注力。

低优先级（灵活安排，不影响核心业务）：

阅读行业报告（下午 4:00—5:30）：可分配到午休或碎片时间进行。

健身（晚上 7:00—8:00）：保持健康，但可根据当天精力状况调整。

对话按照优先级进行分类排序，强调了内容的重要性，优化了用户的日程安排，使时间分配更加合理，提高了工作效率，同时保留了必要的休息时间。回答内容简洁明了、结构清晰，方便用户进行日程安排。

通过 DeepSeek，职场人士可以智能分类任务、优化日程安排，并获取个性化时间管理建议，从而减少时间浪费，提高整体效率。这一方法适用于项目管理、行政事务、高管日程规划等多种职场场景，让时间管理更加智能化、高效化。

3.1.4 项目任务分配和进度跟踪

合理分配任务和高效跟踪项目进度是确保团队协作顺畅、按时交付成果的关键。然而，在多项目并行的情况下，手动分配任务和更新进度往往费时费力，且容易遗漏细节。DeepSeek 具备强大的文本处理能力，能够智能分配任务、优化责任划分，并自动生成进度跟踪报告，帮助团队高效执行项目，提高管理效率。

以某软件开发团队为例，该团队正在推进一款新应用的开发，需要将不同模块的任务合理分配给各小组成员，并定期更新项目进展。为了确保任务清晰、进度透明，项目经理决定使用 DeepSeek 进行任务分配与进度跟踪。本案例分成两步，采用“分阶段引导：目标 + 步骤 + 衔接”公式，先设定项目目标（目标），再按不同任务分解进度（步骤），最后衔接团队协作和反馈机制（衔接）。

第 1 步：项目目标与任务分配。项目经理罗列当前的工作并发送给 DeepSeek，利用其进行分工，并梳理出项目进度报告，便于后续团队使用。

☆ 用户提问：

请根据以下智能家居 App 2.0 项目任务列表，将任务合理分配给对应团队成员（前端小李，产品小张，后端小王、小刘，测试小赵），并设定预计完成时间。撰写一份项目进度报告，包含“已完成任务”“存在问题”和“下周计划”三部分，确保结构清晰，适用于团队会议汇报。

开发用户登录界面

实现用户身份验证 API

设计 App 主要界面 UI

编写单元测试，确保功能稳定

优化数据库查询，提高系统性能

☆ DeepSeek 回答：

智能家居 App 2.0 项目进度报告

日期：[填写具体日期]

一、已完成任务

1. 用户登录界面开发（负责人：前端小李）

进度：界面基础框架搭建完成（完成时间：×× 月 ×× 日）。

2. App 主要界面 UI 设计（负责人：产品小张）

进度：主界面原型及交互设计定稿（完成时间：×× 月 ×× 日）。

3. 数据库查询优化（负责人：后端小王）

进度：高频查询场景性能提升 40%（完成时间：×× 月 ×× 日）。

二、存在问题

1. 接口与前端联调延迟

用户登录界面与身份验证 API 对接受阻，需后端配合调试（后端小刘）。

2. 单元测试覆盖率不足

当前测试用例仅覆盖核心功能，需补充边缘场景测试（测试小赵）。

3. UI 设计细节待确认

部分图标和动效需与前端二次确认（前端小李、产品小张）。

三、下周计划

1. 开发任务

- 用户身份验证 API 实现（负责人：后端小刘 | 截止时间：×× 月 ×× 日）。

- 登录界面交互联调（负责人：前端小李、后端小刘 | 截止时间：×× 月 ×× 日）。

2. 测试任务

- 补充单元测试用例（负责人：测试小赵 | 截止时间：×× 月 ×× 日）。

3. 优化与协作

- UI 动效落地与验收（负责人：产品小张、前端小李 | 截止时间：×× 月 ×× 日）。

- 数据库性能二次压测（负责人：后端小王 | 截止时间：×× 月 ×× 日）。

备注：请各成员每日同步进展，联调问题优先提至每日站会讨论。

对话围绕项目进度报告展开，包含“已完成任务”“存在问题”和“下周计划”三部分。用户提供了没有逻辑的任务列表，DeepSeek 将其进行整理，明确报告格式，整理逻辑链，确保内容结构清晰、表达精准，并完善具体内容，保证进度明确和文件的易读性。

第 2 步：进度跟踪。有了清晰的任务进度报告，项目经理因缺少经验，需使用 DeepSeek 给出进度跟踪建议，以便对项目进行有序管理。

☆ 用户提问：

我是一个新手项目经理，每周需要跟踪项目进度，告诉我具体如何做。

☆ DeepSeek 回答：

新手项目经理周进度跟踪指南（400 字以内）

1. 固定流程与工具

- 周一晨会：15 分钟同步本周目标，明确各成员任务及截止时间（建议用甘特图 / 看板工具如 Jira、Trello 等将任务可视化）。

- 每日站会：10 分钟快速了解进度，聚焦“昨日完成、今日计划、当前卡点”，记录问题并分配责任人。

- 周五总结会：30 分钟复盘本周成果，更新任务状态（完成 / 延期 / 风险），输出简版周报。

2. 关键动作

- 数据核验：对照任务计划表，检查代码提交、测试报告、设计稿等交付物，避免口头承诺。

- 风险预警：关注延期超 2 天的任务，立即与责任人沟通原因，协调资源或调整优先级。

- 透明沟通：共享在线文档（如腾讯文档）实时更新进度，减少信息差。

3. 聚焦核心问题

- 优先级排序：用“四象限法”（紧急—重要）评估任务，集中资源解决高风险项（如关键路径任务阻塞）。

- 问题闭环：针对卡点制定“行动清单”（如“API 联调需小刘周三前提供接口文档”），跟踪至解决。

4. 团队协作优化

- 正向反馈：周会中公开表扬超额完成任务成员，提升积极性。

- 简化流程：减少冗余汇报，用标准化模板收集进展（如填写“进度—问题—需求”三栏表）。

5. 自我提升

- 记录复盘：每周记录 3 条管理经验（如“需求变更未及时同步测试组”），逐步优化跟踪机制。

工具组合示例：

- 进度跟踪：甘特图（周一规划）+ 每日站会（进度同步）。

- 文档管理：腾讯文档（实时协作）+ 钉钉 / 飞书（任务提醒）。

- 风险管控：风险清单（每周五更新）+ 优先级矩阵（动态调整）。

关键原则：进度跟踪≠ micromanagement（微观管理），重在赋能团队、清除障碍，保持灵活性与目标感。

日期：[填写具体日期]

DeepSeek 的回答结构清晰，内容全面，涵盖了进度跟踪的核心环节，包括固定流程与工具、关键动作、聚焦核心问题、团队协作优化和自我提升。同时，它提供了具体方法（如甘特图、四象限法、API 联调行动清单），避免空谈。

有了 DeepSeek，新手项目经理也可以快速分配任务、跟踪进度，并动态调整资源，确保团队高效运作。这一方法适用于软件开发、市场推广、产品运营、工程管理等多个职场场景，让任务管理更加清晰透明，提升执行效率。

3.2 公文写作神器

本节提供了一套高效的写作工具，帮助职场人士轻松应对各类职场文档需求。通过快速生成公文草稿，大幅提升写作效率；利用自动审查功能，确保文字报告的准确性与专业性；模拟不同情境下的公文应答，增强应对复杂场景的能力；通过引经据典，打造更具感染力的演讲稿；还能快速制订清晰、可行的行动计划书。本节内容旨在帮助读者掌握智能化写作技巧，将烦琐的文档任务充分简化，提升职场写作效率与质量。

3.2.1 快速生成公文草稿

公文写作是行政管理、政策制定、企业运营等领域的重要工作。高质量的公文要求语言正式、逻辑严谨、格式规范。然而，手动撰写公文往往费时费力，尤其在时间紧迫的情况时，如何快速生成符合标准的公文草稿成为职场人士关注的重点。DeepSeek 具备强大的文本处理与结构化写作能力，能够根据主题和要点，自动生成结构完整、语言精准的公文草稿，帮助用户高效完成文书工作。

以某政府机关办公室为例，该部门需要撰写一份关于推动智能制造产业发展的政策通知。由于公文要求严谨规范，且涉及多个政策要点，工作人员决定利用 DeepSeek 生成高质量草稿，以加快文件起草进程。

☆ 用户提问：

请撰写一份关于“推动智能制造产业发展”的政策通知，结构包括“背景说明”“政策措施”和“落实要求”，要求语言正式，符合政府公文格式。

背景说明：

当前制造业向智能化转型升级，国家鼓励企业运用 AI、大数据、物联网等技术，提高生产效率和创新能力。

政策措施：

支持企业技术改造，提供专项资金扶持。

建设智能制造示范区，推动产业集群发展。

加强人才培养，支持高校与企业联合培养智能制造人才。

落实要求：各地政府需制定实施细则，确保政策落地，并定期上报执行情况。

☆ DeepSeek 回答：

关于推动智能制造产业发展的通知

各有关单位：

为加快制造业向智能化、数字化方向发展，提升产业竞争力，现就推动智能制造产业发展相关事项通知如下。

一、背景说明

近年来，全球制造业进入智能化变革阶段，人工智能、大数据、物联网等技术广泛应用于生产制造领域。为响应国家战略，推动制造业高质量发展，各地需加快智能制造产业布局，促进技术创新与产业升级。

二、政策措施

支持企业技术改造。设立专项资金，鼓励制造企业进行数字化升级，提高生产效率与智能化水平。

建设智能制造示范区。推动区域产业集群发展，支持智能制造园区建设，引导龙头企业带动产业链上下游合作。

加强人才培养。鼓励高校与企业联合设立智能制造培训基地，推动产学研融合，培养高水平技术人才。

三、落实要求

各地政府应根据本通知精神，制定实施细则，确保政策落地见效。各相关单位需加强组织协调，定期评估政策执行情况，并向主管部门报送进展报告。

请认真贯彻执行。

（落款单位）

（日期）

DeepSeek 可根据用户需求快速生成公文草稿，在延展原文案的同时，保证表达精简，避免内容的复杂性，使公文更具可读性；同时规范用语，使政策指令更加明确，保证文章的专业性；最后按照公文格式调整排版，分条列举，使条理更加清晰，结构更加明确。

通过 DeepSeek，职场人士可以快速生成公文草稿，并进行多轮优化，使其符合公文写作标准。这一方法适用于生成政府通知、公司公告、行政公文、政策文件等多个职场场景，大幅提高公文写作效率，使文件内容更加专业、规范。

3.2.2　自动审查文字报告

撰写文字报告是汇报工作成果、分析市场趋势、制定业务策略的重要环节。然而，许多报告在完成初稿后，往往存在逻辑不清、数据不一致、措辞不够精准等问题。手动审查不仅费时费力，还容易遗漏关键错误。DeepSeek 具备强大的文本分析和优化能力，能够自动审查报告内容，发现问题并提供改进建议，帮助职场人士提升报告质量，提高文档的用词准确性和专业度。

某市政府办公室的一名新入职公务员需要撰写一份关于城市基础设施建设情况的季度总结报告。由于缺乏经验，他在用词准确性、逻辑衔接和数据呈现方面存在不足。

第 1 步：为了提升报告质量，他决定在完成初稿后，用 DeepSeek 进行自动审查，优化措辞，调整结构，使报告更加规范化。

☆ 用户提问：

请审查以下报告，确保逻辑清晰、结论合理，并标注可能存在矛盾或不一致的地方。

《关于 2025 年第一季度城市基础设施建设情况的报告》（文件上传过程略）

☆ DeepSeek 回答：

《关于 2025 年第一季度城市基础设施建设情况的报告》审查意见

一、逻辑清晰性

1. 整体结构合理：报告从“总体情况”“问题”到“工作计划”层层递进，框架清晰。

2. 问题与措施对应：三项问题均匹配针对性的解决措施，逻辑连贯。

二、矛盾或不一致之处

1. 进度表述需细化：总体情况提到“多个重点工程顺利推进”，但未明确“顺利”与“部分滞后”工程的占比，可能误导对整体进度的判断。建议补充数据（如“80% 项目按计划推进，20% 滞后”）。

2. 拆迁问题未明确解决路径：问题中提到“征地拆迁谈判未完成导致滞后”，但工作计划仅提及“优化施工方案”和“补救措施”，未具体涉及拆迁协调机制（如成立专项小组、政策支持等），可能导致措施与问题脱节。

3. 资金拨付优化措施笼统：计划提到“与财政部门协调优化审批环节”，但未说明具体优化方式（如简化流程、预拨部分款项等），可能降低执行可行性。

4. 施工扰民管理缺乏量化目标：计划要求“减少投诉”，但未设定具体指标（如投诉量下降 30%）或技术手段（如限时施工、采用降噪设备等），可能削弱执行效果。

三、结论合理性

报告结论整体合理，但需补充以下内容以增强严谨性。

1. 明确优先级：如资金问题是否为首要解决项？

2. 增加时间节点：如“6 月底前完成拆迁谈判”“4 月启动资金拨付试点”。

建议修改方向：细化数据支撑、补充关键措施细节、设定量化目标，以提升报告的可操作性和说服力。

DeepSeek 的回答逻辑清晰、针对性强，能有效提升报告的可读性和决策价值。其审查意见涵盖逻辑完整性、数据支撑、执行可行性，特别是指出“成果与问题篇幅失衡”“措施与问题脱节”等问题，精准点出了报告的核心改进方向。

第 2 步：因本文需提报领导审阅，需根据易引起领导关注的风格进行进一步调整。

☆ 用户提问：

如果呈现给领导，还有其他修改意见吗？

☆ DeepSeek 回答：

提交给领导的修改建议（200 字内）

1. 突出成果优先级：在总体情况中优先强调核心成果（如 ×× 快速路二期完工），弱化次要进展，避免“成果与问题”篇幅失衡。

2. 强化数据支撑：补充滞后项目占比、资金拨付延迟周期等量化数据，增强问题严重性表述（如“3 个项目因资金问题停工”）。

3. 明确责任主体：工作计划中需指定部门 / 责任人（如“由住建局牵头成

立折迁专项组”），避免权责模糊。

4. 增加风险提示：补充潜在风险（如“若拆迁未在 Q2 解决，将影响年度目标”），提醒领导关注决策重点。

5. 精简语言：删除冗余描述（如“施工扰民问题”可简化为“投诉量环比上升 15%”），结论部分用加粗或条目化呈现关键行动。

核心目标：确保报告聚焦领导关注的战略影响、资源需求与决策风险，兼顾简洁性与决策支持价值。

可见 DeepSeek 针对领导视角给出的修改建议更具策略性，如突出成果优先级、明确责任主体、增加风险提示等，能增强报告的决策价值。可进一步提升的是，提供示例数据或优化后的简短示范，以便更直观地理解调整思路。

通过 DeepSeek，职场人士可以自动审查文字报告，发现逻辑漏洞、数据不一致、措辞不够精准等问题，并获得针对性的优化建议，使报告更加专业、精准、高效。这一方法适用于市场分析、业务总结、财务报告、行业研究等多个职场场景，让文档审查更加智能化、便捷化。

3.2.3　模拟不同情境下的公文应答

公文应答是一项高度严谨的工作，涉及政府文件回复、企业正式函件、客户公关声明等多种场景。应答公文要求语气正式、逻辑清晰、表达精准，同时需符合行业规范。然而，许多职场人士在面对复杂的公文应答时，容易出现措辞不当、结构不清或内容缺乏针对性等问题。DeepSeek 具备强大的文本处理与情境模拟能力，能够根据不同场景，智能生成专业、正式、符合规范的公文回复，大幅提升公文写作效率。

以某政府机构为例，该机构收到市民关于城市基础设施建设进度的咨询信件，须以正式公文格式进行回复。为了确保答复准确、语气得体，公文撰写人员决定利用 DeepSeek 生成公文应答方案，并采用“角色扮演 + 问答互动”模板，先设定不同的公文回复情境（角色扮演），然后按照场景进行公文模拟问答（问答互动）。

☆ 用户提问：

来信内容：“您好，我是一名市民，想咨询本市地铁三号线的建设进度以及预计通车时间。请问相关部门能否提供最新的官方信息？”

公文要求：语气正式、信息准确，避免空泛回复。

☆ DeepSeek 回答：

关于市民咨询地铁三号线建设进度的回复

尊敬的市民：

您好！感谢您对本市交通基础设施建设的关注。针对您咨询的地铁三号线建设进展情况，现回复如下：

地铁三号线工程自开工以来，市政府高度重视施工进度与安全监管。目前，该线路已完成总体工程的 80%，车站主体结构建设基本完成，轨道铺设工作正在稳步推进。根据最新施工计划，地铁三号线预计于 202× 年 × 月完成试运行，并在确保安全和质量的前提下正式投入运营。

未来，市政府将继续加强工程监管，确保地铁项目按计划推进，并定期向社会公布最新建设动态。如您需要进一步的咨询，欢迎随时联系市交通管理部门（联系电话：××××-××××）。

感谢您的关注与支持！

（落款单位）

（日期）

DeepSeek 给出的回复较为正式，符合公文行文规范。文字严谨，语气严肃且不失亲切感；表达简洁有力，可拉近与市民间的距离；额外增加了感谢语句，可提高沟通友好度。

职场人士可以根据不同情境快速生成专业的公文回复，并进行语气调整和格式优化，使公文更符合行业规范，减少措辞不当的风险。这一方法适用于政府公文、企业函件、客户应答、供应商沟通等多个职场场景，可让公文写作更加高效、精准、正式。

3.2.4 引经据典撰写演讲稿

在正式场合，如政府会议、企业年会、行业论坛等，演讲稿不仅要有条理清晰的观点，还需要引用权威政策文件、经典理论、统计数据或历史案例，以增强说服力、感染力和权威性。然而，手动查找并整合引用内容既耗时又容易遗漏关键信息。DeepSeek 具备强大的文本生成和知识检索能力，能够智能匹配相关引用内容，优化语言表达，使演讲稿更具逻辑性和专业度，从而大幅提高撰写效率。

以某市政府领导在经济发展论坛上的演讲为例，演讲内容需要围绕“高质量发展”展开，并合理引用政策文件、学术理论和权威数据。为了确保内容准确、符合公文规范，撰写人员决定使用 DeepSeek 生成一篇逻辑严谨、引经据典、结构完整的演讲稿。

本节的提示词采用“创意生成：主题 + 风格 + 限制”公式，先设定演讲的主题（主题），然后调整语言风格使其更具感染力（风格），并确保不出现歧义词汇，演讲符合公文规范（限制）。

☆ 用户提问：

请撰写一篇关于“推动高质量发展”的政府演讲稿，引用权威政策文件（如政府工作报告、“十四五”规划）、经济学经典理论或相关统计数据，使内容更具说服力，同时不要有容易引起歧义的词汇。

☆ DeepSeek 回答：

推动高质量发展，迈向现代化经济体系

尊敬的各位领导、企业家、专家学者：

大家好！今天，我们齐聚一堂，共同探讨“高质量发展”这一关乎国家未来的重要命题。党的二十大报告明确指出：“高质量发展是全面建设社会主义现代化国家的首要任务。”这一论断为我们指明了方向。

一、政策引领，推动经济转型升级

回顾近年发展，我国 GDP 突破 120 万亿元，成为世界第二大经济体。然而，“十四五”规划纲要强调，我们必须加快构建现代化产业体系，提升自主创新能力，推动制造业向智能化、绿色化方向发展。数据显示，2023 年我国高新技术产业增加值同比增长 8.5%，显示出产业升级的强劲动力。

二、借鉴经典理论，深化改革实践

诺贝尔经济学奖得主迈克尔·波特在《竞争战略》一书中指出：“国家竞争力的提升，源于创新能力和产业升级。”我国要实现高质量发展，就必须大力推进科技创新，强化供应链韧性，推动传统产业数字化转型。以深圳为例，该市通过发展高端制造业和智能产业，在 2023 年 GDP 突破 3 万亿元，成为高质量发展的典范。

三、以人为本，构建绿色可持续发展模式

“绿水青山就是金山银山。”这一科学论断不仅是生态文明建设的根本遵循，也是高质量发展的重要支撑。2023 年，我国可再生能源装机容量突破 14 亿千瓦，全球排名第一。未来，我们将坚持绿色发展理念，推动低碳经济，构建人与自然和谐共生的现代化经济体系。

各位同仁，新时代赋予我们新的使命，高质量发展是时代的必然选择。让我们携手并进，共同书写经济腾飞的新篇章！

谢谢大家！

DeepSeek 撰写的演讲稿极具感染力，通过引用具体案例和名家之言，使内容生动形象；通过使用呼吁性语言，使表达更具号召力；通过列举政策统计具体数据，强化数据支撑，使论证更具说服力。

通过 DeepSeek，职场人士可以在演讲稿中精准引用政策文件、经济理论、历史案例、统计数据，使内容更加权威、专业、有说服力。此外，可根据演讲场景和目标受众，进一步调整措辞和演讲风格，确保演讲既符合公文标准，又能有效吸引听众。这一方法适用于政府发言、行业论坛、企业高管演讲等多个职场场景，让演讲更具深度、逻辑性和影响力。

3.2.5 制订行动计划书

在政府机关、企事业单位及各类组织中，行动计划书是推动政策实施、管理项目进度、确保目标达成的重要文件。高质量的行动计划书需要目标明确、措施具体、时间清晰、责任分工合理，以确保执行过程有章可循。然而，制订一份逻辑严谨、内容翔实的公文式行动计划书往往需要大量时间。DeepSeek 具备强大的文本处理和结构化写作能力，能够根据政策要求和实际需求，自动生成符合公文规范的行动计划书，大幅提高行政效率。

以某市政府推进“绿色低碳发展”政策为例，其需要制订一份详细的行动计划书，以确保各部门协同落实环保措施。为提高文档质量和撰写效率，公文撰写人员决定使用 DeepSeek 生成逻辑清晰、结构合理、目标明确的行动计划书。

☆ 用户提问：

请基于以下政策目标，撰写一份“推进绿色低碳发展”的政府行动计划书，包含“工作目标”“主要措施”“时间安排”和“责任分工”四部分，要求语言正式，符合公文格式。

☆ DeepSeek 回答：

关于推进绿色低碳发展的行动计划

一、工作目标

为深入贯彻国家“双碳”目标，加快形成绿色低碳经济体系，推动本市可持续发展，制订本行动计划。本计划旨在通过优化能源结构、提升绿色技术应用、推动节能减排等措施，确保本市碳排放强度在 202× 年比 202× 年下降 ××%，并促进经济社会高质量发展。

二、主要措施

推动可再生能源应用：加快建设太阳能、风能等可再生能源项目，力争到 202× 年，全市可再生能源占比达到 ××%。

推广节能低碳产业：鼓励企业采用绿色制造工艺，推动高耗能行业开展技术改造，提高能源利用效率。

强化污染治理与生态修复：推进空气污染防治，实施重点区域植树造林工程，提升城市绿化覆盖率。

加强政策支持：设立专项资金支持绿色低碳项目，引导社会资本投资可持续发展项目。

三、时间安排

202× 年第一季度：完成绿色低碳产业政策研究，发布指导意见。

202× 年第二季度：启动重点项目建设，如太阳能发电基地、绿色园区改造。

202× 年第三季度：组织全市节能减排评估，调整优化政策措施。

202× 年第四季度：全面总结行动计划实施情况，并向市政府提交年度工作报告。

四、责任分工

市发改委：统筹协调绿色低碳政策实施，制定能源转型方案。

市环保局：负责生态环境治理，监管污染防治措施落地。

市财政局：提供资金支持，推动绿色金融发展。

各区政府：具体落实政策要求，确保任务按期完成。

请各相关单位高度重视，按计划执行，并定期向市政府报送工作进展。

（落款单位）

（日期）

对话主要围绕政府行动计划书的撰写展开。DeepSeek 给出的行动计划书包括“工作目标”“主要措施”“时间安排”和“责任分工”四部分，量化了工作目标，提出了具体措施，优化了责任分工，并增强了可行性。

通过 DeepSeek，职场人士可以快速制订符合公文规范的行动计划书，确保内容逻辑清晰、目标明确、措施具体、责任分工合理，有效指导政策或项目的执行。这一方法适用于政府公文撰写、企业战略规划、行业项目管理等多个职场场景，可让行动计划的制订更加高效、精准、专业。

3.3 汇报演示辅助

本节聚焦于职场汇报与演示的高效技巧，帮助轻松应对年终总结、PPT 制作及市场分析等任务。通过年终总结金句库，可以快速提炼出精彩语句，让总结更具吸引力；利用 PPT 提纲自动生成功能，可以轻松生成逻辑清晰、结构完整的 PPT 提纲，提升演示的专业性；而市场调研和竞品分析报告则提供了快速生成深度分析报告的工具，助力决策制定。本节内容旨在帮助读者掌握智能化工具，高效完成汇报演示任务，提升职场表现力与竞争力。

3.3.1 年终总结金句库

年终总结不仅是对一年来工作的梳理，更是展望未来、激励团队、凝聚共识的重要环节。一句恰到好处的总结性金句，能够提升总结的逻辑性、增强语言的力量感、提高整体表达的感染力，让总结更加专业、有层次。然而，许多人在撰写年终总结时容易出现语言单调、缺乏亮点、表述不够精练的问题。DeepSeek 能够快速生成符合职场规范、富有激励性的总结金句，使总结更加精准、正式，适用于公司年会、部门述职、工作汇报等正式场合。

以某公司团队为例，该团队每年都需要撰写年终总结报告，展示团队在过去一年中的成就、挑战和未来目标。为了提升报告的影响力并增强团队凝聚力，团队负责人决定利用 DeepSeek 生成富有激励性的年终总结金句。

☆ 用户提问：

请基于以下年度总结要点，生成 5 ~ 8 句富有感染力的总结性语句，适用于正式场合。

202× 年，公司逆势增长，营收同比提升 20%。

产品创新取得突破，推出 3 款明星产品，市场占有率提升 15%。

团队高效协作，优化工作流程，实现多个项目提前交付。

展望未来，企业将深化数字化转型，拓展国际市场。

☆ DeepSeek 回答：

1. 总结成就

这一年，我们在挑战中前行，以坚定信念和创新精神实现业绩增长 20%，书写了非凡篇章！

产品创新是企业前进的核心动力，3 款“明星”产品的成功上市，让我们在市场竞争中赢得先机！

2. 团队激励

真正的成功从来不是一个人的努力，而是整个团队并肩奋斗的成果，感谢每一位伙伴的拼搏！

每一次挑战都是成长的契机，每一次突破都让我们更加强大！

3. 展望未来

202× 年是我们坚守初心的一年，（202× +1）年将是我们再次腾飞的起点！

时代在变，市场在变，唯有不断创新，才能立于不败之地！

让我们带着这份收获与信心，迈向更加辉煌的明天！

DeepSeek 根据用户提供的文本，总结整理，按照不同的分类和应用情景撰写年终总结金句，回顾团队取得的成就——“实现业绩增长 20%，书写了非凡篇章！”鼓励团队继续前进，超越自我——“每一次挑战都是成长的契机，每一次突破都让我们更加强大！”展望未来的工作目标——“202× 年是我们坚守初心的一年，（202×+1）年将是我们再次腾飞的起点！”

通过 DeepSeek，职场人士可以快速获取一组高质量的年终总结金句，使汇报更加有层次感和感染力。这些金句不仅能增强总结的逻辑性，还能激励团队士气、强化企业文化、树立积极向上的氛围。无论是企业年会、公文汇报、团队总结，还是市场宣传、品牌发言，合适的总结性金句都能让内容更具亮点，使听众能更加深刻地理解核心信息。DeepSeek 提供的精准表达，让年终总结更加流畅，同时提升职场沟通的高效性和专业性。

3.3.2 PPT 提纲自动生成

PPT 是职场中不可或缺的展示工具，无论是工作汇报、市场分析，还是项目提案、培训讲解，都需要逻辑清晰、结构完整的 PPT 提纲。然而，很多人在制作 PPT 时容易出现内容结构不清晰、逻辑混乱、缺乏重点的问题。DeepSeek 具备强大的文本组织与结构优化能力，能够根据用户需求自动生成完整的 PPT 提纲，确保演示内容逻辑清晰、条理分明，大幅提升制作效率。

以某公司市场部为例，该团队需要制作一份关于“2025 年度市场分析”的 PPT，用于向管理层汇报年度市场情况及制定下一步策略。

第 1 步：为了使 PPT 逻辑更清晰，团队负责人决定先使用 DeepSeek 自动生成提纲。

☆ 用户提问：

请基于以下内容，生成一份适用于年度市场分析汇报的 PPT 提纲，包括标题、章节结构、关键要点，每个部分尽量简洁明了，适用于正式汇报场合。

PPT 主题：2025 年度市场分析报告

核心内容：

市场环境变化（宏观经济趋势、行业竞争格局）

目标市场分析（用户增长、市场份额、客户反馈）

竞争对手对比（主要竞争对手策略、优势劣势）

营销推广效果评估（广告投放 ROI、品牌影响力提升）

2026 年市场策略（目标设定、行动计划、风险评估）

☆ DeepSeek 回答：

2025 年度市场分析报告——PPT 提纲

1. 封面页

标题：2025 年度市场分析报告

副标题：市场部 | 2025 年 × 月

2. 目录

市场环境概览

目标市场分析

竞争对手对比

营销推广效果评估

2026 年市场策略

3. 市场环境概览

2025 年宏观经济趋势（GDP 增长、消费市场变化）

行业整体竞争格局（主要竞争对手、行业增长率）

4. 目标市场分析

目标市场用户增长（用户群体、需求变化）

市场份额变化（公司在行业内的定位、增长率）

关键客户反馈（客户满意度、产品改进方向）

5. 竞争对手对比

主要竞争对手概览（市场份额、核心产品对比）

竞争优势与劣势（产品、定价、品牌、渠道）

6. 营销推广效果评估

广告投放分析（ROI、CPC、用户转化率）
品牌影响力变化（社交媒体曝光度、市场认知度）
7. 2026 年市场策略
目标设定（市场增长率、销售额目标）
主要行动计划（营销策略、渠道拓展、产品优化）
风险评估（市场波动、竞争环境变化）
8. 结论与下一步行动
关键数据总结
未来市场方向与执行计划

对话围绕 PPT 提纲的自动生成展开，用户提供了 PPT 的核心内容，要求 DeepSeek 生成具体提纲，DeepSeek 进行逻辑梳理和内容的排版生成对应提纲，并且标明正文中的内容，简洁明了逻辑清晰，方便用户梳理思路和修改细节。

第 2 步：因 DeepSeek 不能制作 PPT，故可将提纲粘贴至 AiPPT 平台或 Kimi 平台 PPT 助手进行制作。下面以 Kimi 平台为例，PPT 提纲采用上述 DeepSeek 生成结果。

☆ 用户提问：

请将以下提纲制作成 PPT。（提纲上传过程略）

☆ Kimi 回答：

2025 年度市场分析报告
1. 封面页
1.1 标题
- 2025 年度市场分析报告
1.2 副标题
- 市场部 | 2025 年 × 月
2. 目录
2.1 市场环境概览
2.2 目标市场分析
2.3 竞争对手对比
2.4 营销推广效果评估
2.5 2026 年市场策略
3. 市场环境概览

3.1 2025 年宏观经济趋势

3.1.1 GDP 增长态势

- 2025 年全球 GDP 增长率为 ×%，其中发达国家增长 ×%，新兴经济体增长 ×%。

- 中国 GDP 同比增长 ×%，对世界经济增长贡献率达 ×%，连续多年成为全球经济增长最大动力源。

3.1.2 消费市场变化

- 消费市场呈现线上化、品质化、多元化趋势。线上消费占比升至 ×%，品质消费支出占比达 ×%。

- 新兴消费群体崛起，Z 世代消费规模达 × 亿元，消费偏好向个性化、定制化转变。

3.1.3 行业整体竞争格局

- 行业整体竞争激烈，主要竞争对手为 A、B、C 三家企业，合计市场份额超 ×%。

- 行业增长率为 ×%，高于宏观经济增速，技术创新与市场需求推动行业快速发展。

3.2 行业竞争态势

3.2.1 主要玩家竞争策略

- A 企业聚焦产品创新，研发投入占比达 ×%，推出多项新技术引领市场。

- B 企业强化渠道拓展，与 × 家经销商合作，覆盖 × 个市场，提升市场份额。

- C 企业注重品牌营销，广告投放费用达 × 亿元，品牌知名度提升 × 个百分点。

3.2.2 行业增长率变化

- 近三年行业增长率分别为 ×%、×%、×%，呈稳步上升态势。

- 预计未来三年行业增长率将维持在 ×% 以上，市场潜力巨大。

3.2.3 行业发展趋势

- 行业向智能化、绿色化、国际化发展。智能化产品占比升至 ×%，绿色产品受关注。

- 国际市场拓展加速，行业出口额达 × 亿美元，同比增长 ×%。

（以下略）

第 3 步：单击 Kimi 回复下方的“一键生成 PPT”按钮，即可进入模板选择页面，如图 3–1 所示。

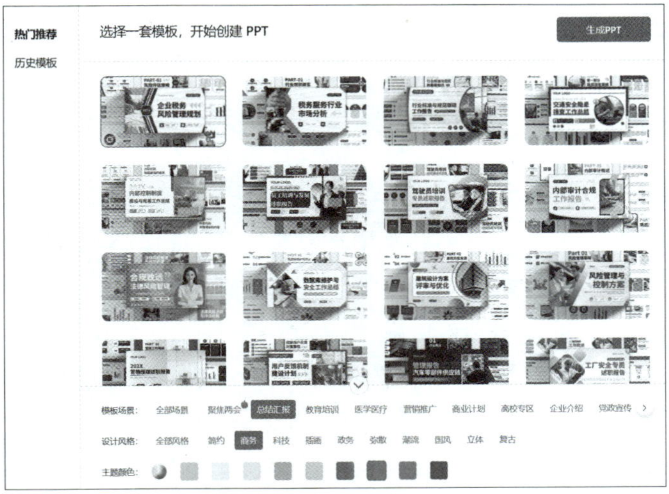

图 3–1　PPT 模板选择页面

第 4 步： 选择“总结汇报”场景，本例使用“商务”设计风格并选用蓝色配色。单击右上方的“生成 PPT”按钮，等待 Kimi 生成 PPT 后，即可进行编辑或下载，如图 3–2 所示。

图 3–2　Kimi 生成 PPT

通过以上操作步骤，利用 DeepSeek +Kimi，职场人士可以快速生成结构清晰、重点突出的 PPT 提纲，确保演示内容逻辑合理、表达精准，同时完成 PPT 的设计。这一方法不仅能节省 PPT 规划时间，还能提升汇报的条理性和说服力，让演示更加高效、专业。

无论是公司年会汇报、市场分析、产品发布还是投资路演、内部培训，DeepSeek

都能帮助用户快速梳理思路，生成符合商务、学术、管理等不同场景的 PPT 提纲，助力高效表达，提高工作效率。

3.3.3 市场调研和竞品分析报告

市场调研和竞品分析是企业制定战略规划、优化产品定位、提升市场竞争力的重要依据。一份高质量的市场调研报告需要全面的数据支持、精准的行业趋势判断、清晰的竞争对手分析，确保管理层能够快速获取关键信息。然而，许多职场人士在撰写报告时容易遇到数据庞杂、逻辑混乱、缺乏重点等问题。DeepSeek 具备强大的文本组织和分析能力，能够自动提炼市场数据、归纳竞品优劣势，并生成结构清晰、洞察力强的调研报告，极大地提高工作效率。

以某科技公司市场部为例，该团队计划推出一款新的 SaaS（软件运营服务）产品，为确保市场定位精准，团队需要撰写一份市场调研与竞品分析报告。

第 1 步：为了提高报告的质量和专业性，团队负责人决定使用 DeepSeek 自动生成报告框架和核心内容，将思路梳理清晰，再进行后续操作。

☆ 用户提问：

请基于以下市场调研要点，撰写一份完整的市场调研和竞品分析报告，包含“行业概述”“目标市场分析”“竞品对比”和“市场机会”四部分，要求语言正式，适用于企业内部汇报。

市场调研目标：分析国内 SaaS 行业的发展趋势，评估企业客户对云端管理系统的需求。

行业现状：企业数字化转型加速，SaaS 市场预计将在未来五年持续增长，AI 赋能和行业定制化需求增加。

竞品分析：A 公司以低代码开发为核心，市场占有率高；B 公司专注于 AI 数据分析，创新能力强；C 公司提供行业定制化 SaaS 方案，客户黏性较强。

市场机会：结合 AI 赋能，提供智能化管理系统，针对医疗、制造业等对数据管理要求较高的行业切入市场。

☆ DeepSeek 回答：

国内 SaaS 行业市场调研及竞品分析报告

一、行业概述

国内 SaaS 行业受企业数字化转型驱动，未来五年预计年复合增长率达 18%。AI 技术深度赋能，推动管理系统向智能化升级，同时垂直行业定制化需求凸显，医疗、制造等数据密集型领域成为增长核心。

二、目标市场分析

企业客户对云端管理系统的需求呈现两极分化。

1. 通用型需求：中小型企业偏好低代码、易部署的标准化产品。

2. 行业型需求：医疗、制造业等需结合 AI 分析、数据合规及行业专属功能的深度定制方案。

三、竞品对比

1. A 公司为低代码开发，市占率为 35%，短板为行业适配性弱。

2. B 公司为 AI 数据分析，技术领先，短板为定制化能力不足。

3. C 公司为行业定制方案，续费率为 85%，短板为技术迭代速度较慢。

四、市场机会

1. 差异化竞争：开发 AI 驱动的智能分析模块，结合行业 Know-how（如医疗数据脱敏、制造产能预测），构建技术壁垒。

2. 生态合作：联合行业 ISV（独立软件开发商），快速响应垂直领域定制需求。

DeepSeek 生成的市场调研报告部分结构合理，涵盖行业概述、目标市场、竞品对比及市场机会，信息简明扼要。

第 2 步：针对阅读对象进行进一步调整。因为报告同时呈现给投资人，所以需要针对其感兴趣的点进行调整，以达到获得投资的目的。

☆ 用户提问：

如果报告的阅读对象是投资人，对内容的编写有何建议？

☆ DeepSeek 回答：

面向投资人的报告编写建议（200 字以内）

1. 突出投资价值：前置市场规模、增速（如“2024 年国内 SaaS 市场规模预计超 800 亿元，年增长率达 25%”），量化增长潜力。

2. 强化商业模式：明确盈利路径（如订阅制、增值服务占比）、客户获取成本（Customer Acquisition Cost，CAC）与生命周期价值（Life Time Value，LTV）的平衡点。

3. 竞争壁垒可视化：对比竞品时，突出自身技术 / 资源的不可复制性（如专利数、独家行业合作资源），并附标杆客户案例。

4. 风险与对策：列明政策、技术替代性等风险，同步说明应对策略（如“计划 3 年内研发投入占营收比例为 15%”）。

5. 数据驱动结论：用财务预测（如 3 年营收复合增长率达 40%）、ROI 测算支撑商业可行性。

关键调整：弱化技术细节，聚焦“市场空间—竞争优势—回报预期”逻辑链，用图表简化复杂信息。

可见，DeepSeek 生成的投资人视角优化建议切中要害，强调市场规模、盈利路径、竞争壁垒，并通过数据驱动增强投资吸引力。

无论是市场营销、产品定位，还是商业竞争分析、投资评估，DeepSeek 都能帮助用户梳理信息、提炼关键结论，生成适用于企业管理层、投资人或市场团队的专业级调研报告，提升职场竞争力，助力高效决策。

3.4 跨领域学习

本节为读者提供了快速适应新领域与新岗位的实用技巧。通过 3 分钟掌握陌生领域术语，可以迅速理解专业词汇，打破知识壁垒，帮助读者快速梳理复杂流程，抓住核心逻辑；适应新岗位的智能技巧提供高效融入新环境的策略；行业研究报告速读让读者在短时间内掌握行业动态与趋势。本节内容旨在帮助读者提升学习效率，快速跨越领域障碍，增强职场适应力与竞争力，成为跨领域的“多面手”。

3.4.1 3 分钟掌握陌生领域术语

在职场环境中，跨领域学习能力至关重要，尤其在涉及新行业、新技术或跨部门沟通时，快速理解专业术语能够大幅提升沟通效率。然而，许多人在面对陌生领域时，往往被复杂的术语困住，难以快速建立认知框架，影响学习效率和信息吸收。DeepSeek 具备强大的知识整合与语言处理能力，能够帮助用户快速理解陌生领域的核心概念，并用简单、易懂的方式解析专业术语，让学习者在短时间内掌握基础知识，提高跨领域学习效率。

以一位市场部员工为例，该员工需要与技术团队合作，理解人工智能相关的专业术语，以便更好地进行市场推广。为了迅速建立基础认知，他决定使用 DeepSeek 生成一份人工智能核心术语速查表。

☆ 用户提问：

请用简明易懂的方式解释人工智能领域的 4 个核心术语，并提供简要示例，帮助非技术人员快速理解。

示例输入（目标领域：人工智能）

机器学习（Machine Learning）

深度学习（Deep Learning）

神经网络（Neural Network）

训练数据（Training Data）

☆ DeepSeek 回答：

人工智能（AI）核心术语速查表

机器学习（Machine Learning）

定义：计算机通过学习数据模式，提高任务执行能力，而无须人工编写规则。

示例：推荐系统根据用户的历史浏览记录，推测可能喜欢的商品。

深度学习（Deep Learning）

定义：一种高级机器学习方法，使用多层神经网络模拟人脑思维，提高模型预测能力。

示例：自动驾驶汽车利用深度学习识别交通标志和行人。

神经网络（Neural Network）

定义：模拟人脑神经元结构的计算模型，是深度学习的核心组件。

示例：ChatGPT 这样的 AI 大语言模型基于神经网络生成文本内容。

训练数据（Training Data）

定义：用于训练 AI 模型的数据集，质量越高，模型学习效果越好。

示例：AI 语音助手需要大量语音数据来提高识别准确度。

DeepSeek 通过高效的内容设计、通俗的语言风格，帮助用户快速理解 AI 核心概念，提升用户的学习效率。这种适配性极强的术语速查表形式，特别适合时间有限但需要快速入门 AI 领域的用户，同时也为后续深入学习提供了坚实的基础。

DeepSeek 可帮助用户在短时间内掌握陌生领域的核心术语，快速建立知识框架，使跨部门沟通更加顺畅，从而提高工作效率。此外，DeepSeek 不仅能自动生成术语解析，还能根据具体需求提供定制化的解释和示例，帮助用户更快地理解复杂概念。

无论是市场营销、产品开发、数据分析，还是金融、医药、法律等专业领域，DeepSeek 都能帮助用户迅速适应新环境，打破知识壁垒，让跨领域学习更加高效便捷。

3.4.2 适应新岗位的智能技巧

面对新岗位，快速适应工作节奏、掌握核心技能、熟悉行业知识，是提升职业竞争力的关键。许多职场人士在转岗或入职新公司时，往往面临信息量庞大、工作流程不熟悉、沟通障碍等问题。DeepSeek 具备强大的信息提取与学习路径规划能力，能够帮助用户快速理解新岗位要求，获取核心知识点，并制订高效学习计划，从而加快适应速度，提升工作效率。

以一位从市场部转岗至产品运营的员工为例，他需要在短时间内掌握产品管理、用户增长、数据分析等核心技能。为了加快适应新岗位，他决定使用 DeepSeek 获取岗位核心知识点，并制定快速学习策略。

☆ 用户提问：

请列出“产品运营”岗位的核心技能，并为 30 天内适应该岗位提供学习路径，确保学习目标清晰、方法可执行。

☆ DeepSeek 回答：

在第一阶段，学习者需要快速了解岗位职责与行业背景。建议从基础概念入手，如用户增长模型、AARRR 漏斗分析，并熟悉常见行业术语，如 DAU（日活跃用户）、转化率、LTV（用户生命周期价值）。这一阶段还可以通过阅读行业研究报告、分析竞争对手的产品策略，掌握市场格局。

进入第二阶段，需要掌握数据分析与用户运营的核心技能。熟悉运营数据指标是关键，可以学习基础的数据分析方法，如 SQL、Google Analytics 等工具的使用。同时，深入研究用户画像，了解不同用户群体的需求，并参与团队会议，与产品、技术团队沟通，掌握如何优化用户体验，提高用户留存率。

在第三阶段，重点是实践运营策略，并优化工作方法。可以从策划一场小型营销活动入手，实践从目标设定、执行策略到数据复盘的完整流程，学习 A/B 测试方法，优化运营策略，提高活动转化率。同时，整理 30 天的学习笔记，梳理所学知识点，并总结岗位适应经验，以便未来持续优化工作方式。

DeepSeek 的回答通过分阶段的学习路径设计、精准的技能匹配和可操作性强的实践指导，完美契合“适应新岗位的智能技巧”需求。它不仅帮助学习者快速掌握岗位核心技能（“从基础概念入手”），还通过实践与复盘，提升其实际工作能力（“实践运营策略，并优化工作方法”）。这种系统化、实用化的指导方式，特别适合初入新岗位或希望快速提升职业能力的用户。

通过 DeepSeek，职场人士可以快速获取岗位核心技能，制定科学的学习路径，并高效适应新环境。DeepSeek 提供的学习方案不仅逻辑清晰、可执行性强，还能够根据个人需求调整学习节奏，聚焦关键技能，帮助用户在短时间内掌握岗位所需能力。无论是跨行业转型、新职位适应，还是职场晋升，DeepSeek 都能助力用户快速融入新岗位，提升职业竞争力，在新环境中高效成长。

3.4.3 行业研究报告速读

在职场中，行业研究报告是获取市场趋势、竞争格局和技术动态的重要信息来源。然而，这类报告往往篇幅庞大，充满专业术语和复杂数据，许多职场人士在阅读时容易遇到信息过载、难以抓住核心要点的问题。DeepSeek 具备强大的文本分析和总结能力，能够帮助用户快速提炼行业研究报告的关键信息，精准洞察市场趋势，提高阅读效率，使学习者在短时间内掌握行业核心动态。

以某企业市场部为例，该团队需要在短时间内解读一份关于“人工智能产业发展趋势”的行业报告，以支持下一季度的市场决策。面对 50 多页的报告，团队负责人决定使用 DeepSeek 提取核心信息，避免逐页细读，提高工作效率。

☆ 用户提问：

请基于行业研究报告，提炼核心要点，并用非常简明的语言进行总结，适用于高管汇报。（报告上传过程略）

☆ DeepSeek 回答：

AI 产业的投资额增长 30%，云计算和大模型技术成为市场重点。技术发展方面，DeepSeek 可提炼当前行业的核心突破点，如 AI 在医疗、金融等行业的落地应用，以及最新的算法优化。行业挑战部分包括数据隐私合规、算力成本和市场竞争加剧等因素，而主要竞争者则聚焦于头部公司及其市场策略。AI 未来 3 年将在智能制造、个性化营销等领域实现大规模应用。

DeepSeek 的回答完美适配“行业研究报告速读”的需求。它不仅帮助用户快速抓住核心数据和趋势，还通过简洁的语言和突出关键词提升了阅读效率。无论是投资者、企业管理者还是行业研究者，都能从中快速获取有价值的信息，为决策提供支持。这种高效、实用的内容呈现方式，特别适合时间有限但需要快速了解行业动态的用户。

利用 DeepSeek，可以快速阅读和解读行业研究报告，提炼关键信息，提高学习效率，使市场分析和商业决策更加精准高效。这一方法适用于市场分析、投资研究、技术趋势解读等多个场景，可帮助用户在短时间内掌握行业最新动态，提升信息处理能力和扩展跨领域学习的深度。

3.5 高效协作新范式

本节为读者提供了一套智能化工具与技巧，助力团队协作与沟通效率的提升。通过需求文档自动解读，快速理解项目核心需求，减少沟通成本；智能润色商务信函，确保每一封邮件都专业得体，提升企业形象；快速生成会议纪要，自动整理会议重点，便于后续执行与跟踪；商务应酬话术准备则帮助读者在社交场合中游刃有余，展现职业素养。本节内容旨在帮助读者掌握高效协作的智能化方法，提升团队沟通与执行力，成为职场协作的佼佼者。

3.5.1 需求文档自动解读

在团队协作中，需求文档是确保各方理解一致、推动项目落地的核心文件。然而，由于文档内容通常涉及业务逻辑、技术实现和用户需求，跨部门沟通常因理解偏差导致执行效率下降，甚至影响产品交付。传统的需求文档解读需要反复讨论、整理和确认，容易耗费大量时间，增加沟通成本。DeepSeek 具备强大的文本解析和信息提炼能力，能够自动解读需求文档的关键内容，帮助团队成员快速掌握核心需求，提升沟通效率，提高协作精准度，加快项目推进。

以某互联网公司产品团队为例，该团队收到一份新功能开发需求文档，涉及用户体验优化和技术升级。为了让研发、测试、运营等团队成员迅速掌握核心需求，减少沟通成本，产品经理使用 DeepSeek 自动解析文档。

☆ 用户提问：

请基于以下需求文档，提炼关键需求点，包括功能描述、技术实现、用户体验优化、时间节点和风险评估，并用简明语言总结，适用于跨部门沟通。（产品文档上传过程略）

☆ DeepSeek 回答：

功能描述：新增个性化推荐系统，提高用户留存率，优化搜索结果排序逻辑。

技术实现：后端需支持并发 5000 + 请求，调用 AI 算法优化推荐策略；前端新增用户行为追踪模块。

用户体验优化：减少用户点击步骤，提高加载速度至 1.5 秒以内，增加个性化推荐选项。

时间节点：开发 6 周，测试 2 周，预计 3 个月内上线。

风险评估：数据同步可能出现延迟，算法调整可能影响推荐精准度，需在测试阶段重点关注。

DeepSeek 的回答通过全面的内容覆盖、清晰的结构设计和实用的信息呈现，完美适配“需求文档自动解读”的需求。它不仅帮助用户快速理解功能目标（“新增个性化推荐系统”）和技术要求（“后端需支持并发 5000+ 请求”），还通过模块化呈现和关键词突出提升了阅读效率。无论是开发团队、产品经理还是项目经理，都能从中快速获取有价值的信息，为决策和执行提供支持。

通过 DeepSeek，职场人士可以快速解读需求文档，提炼关键内容，使跨团队沟通更加顺畅，确保各部门在项目目标、技术实现和执行细节上形成统一认知。相比传统的手动归纳和逐条确认，DeepSeek 能够高效梳理复杂信息、自动优化表达方式从而减少理解偏差，让需求对接更加精准，减少因信息不对称造成的重复沟通和执行错误。

这一工具适用于产品开发、技术实施、运营策略制定、项目管理等多个场景，可助力团队精准对齐需求，加快产品交付节奏，提高整体工作效率，最终让协作更加流畅、专业、精准。

3.5.2　智能润色商务信函

商务信函在企业日常沟通、合作洽谈、客户维护和公关事务中扮演着重要角色。一封措辞得体、结构清晰、逻辑严谨的商务信函，不仅能够提升企业形象，还能促进合作，提升沟通效率。然而，许多职场人士在撰写商务信函时容易出现表达不够正式、语气过于生硬或缺乏条理的问题。DeepSeek 具备强大的文本优化与语气调整能力，能够智能润色商务信函，使其更加专业、正式且富有感染力，确保沟通精准高效。

以某科技公司市场部为例，该团队需要向潜在合作伙伴发送一封商务邀请函，介绍公司即将举办的行业峰会，并邀请对方参会。然而，原始邮件的措辞较为生硬，不够正式，可能会影响合作意愿。团队决定采用“初稿生成 + 改进指令”提示词模板，先生成基础商务信函（初稿），然后提供进一步的优化建议（改进指令），确保内容更正式且表达更精准。

第 1 步：为了提升信函的专业度和礼貌性，市场部负责人决定使用 DeepSeek 进行智能润色，生成初稿。

☆ 用户提问：

请优化以下商务信函，使其表达更正式、更清晰，并符合商务沟通礼仪。

原始信函内容：

主题：邀请您参加 AI 技术创新峰会

您好，我们公司将在 2025 年 6 月 15 日举办 AI 技术创新峰会。讨论人工智能在行业中的新应用。我们希望您能参加，共同交流经验。如果您有兴趣，请回复邮件，谢谢！

☆ DeepSeek 回答：

主题：诚邀贵公司参加 2025 AI 技术创新峰会

尊敬的 [对方姓名]，

您好！我们诚挚邀请贵公司参加由 [公司名称] 主办的 2025 AI 技术创新峰会。本次峰会将于 6 月 15 日在 [会议地点] 举办，汇聚行业专家，共同探讨人工智能技术的最新趋势及其在行业应用中的突破。

我们相信，贵公司的行业洞察力与专业经验，将为本次会议增添宝贵价值。期待您的莅临，共同探讨 AI 赋能的未来发展方向。若您有意参会，敬请于 6 月 5 日前通过邮件回复确认。如有任何问题，请随时与我们联系。

期待您的回复，并希望能在峰会上与您交流。

此致

敬礼！

[发件人姓名]

[公司名称]

2025 年 ×× 月 ×× 日

第 2 步：审视初稿，发现语气略显生硬，同时对于参会者角色的介绍不明确，故针对这两点提出改进建议。

☆ 用户提问：

你写的语气略显生硬，同时对于参会者角色的介绍不明确，请进一步修改。

☆ DeepSeek 回答：

主题：关于邀请出席 2025 年 AI 技术创新峰会的函

尊敬的 [姓名 / 职位]：

您好！谨代表 [主办方公司名称]，诚挚邀请您莅临 2025 年 AI 技术创新峰会。本次峰会定于 6 月 15 日（星期四）上午 9:00 在 [具体地点] 举办，主题为“人工智能驱动产业变革”，届时将汇聚全球顶尖技术专家及行业领袖，共同探讨 AI 在智能制造、金融科技等领域的创新应用与实践案例。

作为 [受邀方机构 / 个人] 领域的权威代表，您的真知灼见将为峰会增添重要价值。会议特设主题演讲、圆桌论坛及技术展示环节，诚邀您参与交流，共谋发展。

如蒙应允参会，请于 6 月 10 日前扫描附件二维码完成注册，或联系会务组负责人李华（电话：010-××××××××；邮箱：×××@×××.com）确认行程。随附会议议程及场馆指引供您参考。

期待您的莅临指导！

此致

敬礼！

[您的姓名]

[职位]

[主办方公司名称]

2025 年 ×× 月 ×× 日

DeepSeek 的最终回答通过正式的语言风格、清晰的结构设计和得体的礼仪规范，适配了“智能润色商务信函”的需求。它不仅提升了信函的专业性和正式程度，还通过补充关键信息和优化表达逻辑，确保受邀方能够快速理解并作出回应。这种高效、实用的信函优化方式，特别适合需要快速生成高质量商务信函的用户，真正实现“表达清晰、礼仪得体、沟通高效”。

DeepSeek 不仅能够快速润色商务信函，使其表达更加正式、清晰且富有感染力，而且能够进一步优化语法和逻辑，同时还能调整语气、增强说服力、确保信函符合商务沟通礼仪，提升企业对外沟通的专业度。

3.5.3 快速生成会议纪要

会议纪要是团队协作中不可或缺的文档，能够帮助参会者快速回顾会议内容、明确决策，并确保任务高效执行。然而，传统的会议纪要整理方式往往耗时较长，特别是在内容庞杂、讨论点较多的情况下，手动记录和整理容易遗漏关键信息，影响后续执行效果。DeepSeek 具备强大的文本提炼和结构化整理能力，能够自动提取会议的核心内容，生成条理清晰、重点突出的会议纪要，帮助团队高效统一认知，提高协作效率。

以某科技公司产品团队为例，该团队召开了一次关于新产品发布的会议，内容涉及开发进度、市场推广计划和测试安排。为了确保所有参会者都能快速掌握会议重点，团队负责人使用 DeepSeek 生成会议纪要，使信息更加清晰，便于执行。

☆ 用户提问：

请根据以下会议讨论内容，整理会议纪要，包括会议主题、核心讨论点、主要决策和后续任务，确保内容简洁清晰，适用于团队复盘和执行。

- 研发：App 2.0 快做完了，UI 还要改，测试那边说兼容性有问题，老版本设备跑不太稳，王五让他们这周解决。
- 市场：广告投了 30 万元，但 ROI 不高，得再看看怎么优化投放，预算不能再超了。KOL 名单定了，下周开始推。
- 供应链：元件本来这周到，供应商拖了一周，备用方案虽然行，但成本高了一点点。陈总说不影响大局，但还是要盯着。
- 讨论的几件事。
    - API 兼容性，老版本适配度不行，怎么调？
    - 市场反馈，客户说数据同步慢，后续要不要改？
    - X 公司的新产品比咱们便宜 10%，要不要调整价格？
- 任务安排。
    - 王五他们搞 API，测试前搞定。
    - 市场部调整广告预算，看看投放策略。
    - 供应链那边催一下正式供货，别拖太久。
    - 下次会议时间下周三，看看这几件事进展咋样。

☆ DeepSeek 回答：

会议纪要

主题：项目进度与问题协调会

1. 核心讨论点

研发：App 2.0 UI 待优化，老设备兼容性问题需本周解决。

市场：广告 ROI 低，需优化，KOL 推广下周启动。

供应链：元件延迟，备用方案成本略高但可接受。

2. 主要决策

API 兼容性本周修复后测试。

数据同步问题优先级调低。

竞品价格调整待进一步分析。

3. 后续任务

研发：王五团队 3 天内完成 API 修复。

市场：优化投放策略，控制预算。

供应链：追踪供货进度，减少延期。

下次会议：3 月 20 日（周三）跟进进展。

用户的会议记录零碎、口语化严重，缺乏结构，信息点混杂在一起，缺少明确的优先级。DeepSeek 整理后的会议纪要逻辑清晰，抓住“进展—问题—决策—任务”四个核心环节，使信息更紧凑且任务便于执行。可进一步优化的是补充具体执行责任人和时间节点，让任务更具可落地性。

通过 DeepSeek，职场人士可以快速生成结构清晰、重点明确的会议纪要，确保会议内容高效传达，提高任务执行的精准度。这一工具适用于产品开发会议、市场战略会议、管理层决策会议、项目复盘会议等多种场景，能够帮助团队成员迅速理解会议重点，推动工作落地，提升企业协作效率。

3.5.4　商务应酬话术准备

商务应酬是企业合作、客户维护、资源拓展的重要环节。一场成功的商务应酬能够增强合作意愿、建立良好关系，并提升企业形象。然而，许多职场人士在商务场合容易出现表达不够自然、话题缺乏深度、沟通节奏难以把握等问题，影响交流效果。DeepSeek 具备智能话术优化与个性化表达能力，能够根据具体场景快速生成商务应酬话术，使对话更加流畅、得体且富有互动性，帮助职场人士自信应对商务社交场合。

以某家科技公司销售总监为例，他即将在行业峰会的商务晚宴上与潜在客户交流，以建立合作关系。为了确保话题自然流畅，同时突出企业优势，他决定使用 DeepSeek 生成适合的商务应酬话术。

☆ 用户提问：

请针对“科技行业商务晚宴”场景，提供适用于初次见面、建立信任、引导合作的商务对话，并确保表达自然、得体，避免过于推销。

☆ DeepSeek 回答：

在初次见面时，可以采用轻松且带有共鸣感的开场白，例如：“这次峰会的主题很有深度，刚才的嘉宾演讲给了我不少启发，不知道您怎么看？”这样的话术能够迅速拉近关系，让对方有表达的空间。

在建立信任阶段，可以结合行业经验，引导对话深入，例如：“最近 AI 技术在我们的行业应用越来越广，贵公司在这方面有特别关注的领域吗？”这种开放式问题能够让对方主动分享需求，促进更有价值的交流。

当话题进入合作探索阶段，谈话内容应当更加务实，例如：“听您刚才的分享，我们公司的智能解决方案或许能帮助贵公司优化业务流程，如果有机会，我们可以深入交流一下。”这种表达既能展现专业性，又不会显得过于强硬，让对方有空间进一步考虑合作的可能性。

分阶段的对话设计、自然得体的语言风格和实用的商务沟通技巧，完美适配“商务应酬话术准备”场景的需求。它不仅帮助用户在初次见面时快速破冰（如“不知道您怎么看？”），还通过引导对话和务实表达（如“如果有机会，我们可以深入交流一下”），逐步建立信任并探索合作机会。

通过 DeepSeek，职场人士可以快速生成符合商务场景的应酬话术，使交流更加自然、得体，并具备较强的互动性和专业度。这一工具适用于商务宴请、行业峰会、客户招待、合作洽谈等多种场合，帮助用户自信应对各种社交环境，提高沟通质量，促进业务合作，为企业建立更稳固的商务关系。

温馨提示

当面对复杂问题时，建议将其拆解为多个小问题，逐步解决。DeepSeek 擅长将复杂任务解决步骤分解为清晰的子步骤，帮助你更高效地找到解决方案。

例如，如果你需要完成一个大型项目，可以先从目标设定、资源分配、任务优先级等方面入手，逐步细化每个环节。通过分步骤提问，DeepSeek 能够提供更有针对性的建议，确保每个阶段都得到充分支持，最终高效达成目标。

本章小结

本章系统性地介绍了职场全场景的高效攻略，从时间管理到公文写作，从汇报演示到跨领域学习，最后是团队协作，提供了全方位的解决方案。通过智能工具和实用技巧，将烦琐的任务简单化，提升工作效率；通过跨领域学习，快速适应新环境；通过高效协作，优化团队沟通与执行力。这些方法不仅可以帮助你在职场中脱颖而出，还能让你在复杂的工作场景中游刃有余，真正实现“打工人逆袭”。掌握这些技能，你将能够更加自信地应对职场挑战，迈向职业发展的新高度。

第4章

扫一扫，看视频

内容印钞机：自媒体时代创作变现指南

【本章导读】

本章聚焦于如何利用 AI 工具打造爆款内容并实现自媒体多平台适配，涵盖从内容创作到个人 IP 打造的完整链条。爆款流水线介绍如何通过选题热度预测、评论区互动话术和多平台标题优化提升内容传播效果；多平台适配详细讲解如何将 DeepSeek 与公众号、抖音、知乎、B 站等平台结合，实现内容的高效转化与分发；个人 IP 打造探讨人设定位、粉丝增长策略及直播话术优化，帮助创作者建立独特品牌；商业闭环则提供课程大纲生成和直播带货话术等实用工具，助力内容变现。通过本章的学习，读者将掌握一套完整的 AI 赋能内容创作与运营的方法论。

4.1　爆款流水线

本节揭秘如何通过 DeepSeek 工具打造高效的内容创作与传播链条。选题热度预测利用数据分析工具，精准捕捉热门话题，确保内容从一开始就具备爆款潜力；评论区互动话术提供实用的互动技巧，帮助读者在评论区与粉丝建立深度联结，提升用户黏性；多平台标题优化则通过 AI 生成吸引眼球的标题，让内容在不同平台上脱颖而出。本节内容将帮助读者从选题、互动到标题优化，全方位提升内容传播效果，打造属于自己的爆款流水线。

4.1.1　选题热度预测

在自媒体内容创作中，选题的热度直接决定了文章、短视频或社交媒体帖子能否获得足够的曝光和互动。精准预测选题的热度，能够帮助内容创作者抓住流量风口，提升传播效果。然而，许多创作者在选题时容易陷入主观判断，内容缺乏数据支撑，导致内容输出与市场关注度不匹配，影响流量转化。DeepSeek 具备强大的数据分析和趋势预测能力，能够基于实时热点、行业趋势、用户兴趣偏好等维度，提供精准的选题热度分析，帮助创作者科学决策，提高内容竞争力。

以一位短视频创作者为例，他希望制作一条关于“人工智能在职场应用”的视频，但不确定该话题的市场关注度和未来热度趋势。

第 1 步：为了避免流量低迷，他决定先使用 DeepSeek 进行选题分析，预测热度。使用的提示词采用“决策分析：选项 + 标准 + 权重”公式，先列出可选的热门选题（选项），再根据搜索量、互动度等指标进行筛选（标准），最后计算潜在流量收益，决定最终选题（权重）。

☆ 用户提问：

请分析“人工智能在职场应用”这一选题的热度趋势，包括近期搜索量变化、社交媒体讨论度、关注用户群体，以及未来一周的热度预测。

☆ DeepSeek 回答：

“人工智能在职场应用”短视频选题热度趋势分析

1. 近期热度与搜索量变化

2025 年春季招聘会期间，“人工智能在职场应用”相关搜索量激增。数据显示，AI 行业求职人数同比增长 33.4%，其中算法工程师等岗位求职量翻倍，人工智能工程师平均月薪达 21319 元，领跑职场。DeepSeek 等国产大模型的技术突破（如低成本推理）进一步推高关注，其应用案例（如“AI 招聘助手”）带动关键词搜索量增长 80%。

2. 社交媒体讨论与用户群体

社交媒体上，职场焦虑（如“AI 替代岗位”）与新兴职业（如“AI 伦理顾问”）成为焦点，相关话题阅读量超 5 亿次。用户群体中，Z 世代（18～30 岁）占比 65%，关注 AI 技能提升；企业管理者则聚焦“人机协同效率”。六成职场人已使用 AI 工具，写作、对话类工具普及率最高（59%）。

3. 未来一周热度预测

技术进展（如 DeepSeek 算力优化）与春季招聘会高峰将持续推高热度，短视频播放量或增 30%～50%。政策监管（如数据隐私）和伦理讨论可能引发二次传播。需警惕算力不足等短期风险，但长期仍利好行业透明化。

总结：选题热度受技术突破、就业刚需及政策驱动影响，内容可侧重工具实操、新兴职业案例，结合互动形式增强传播。

第 2 步： 在热度预测为“春季招聘会高峰”及“政策监管”两个大方向后，进一步使用 DeepSeek 进行具体选题和内容的编写。

☆ 用户提问：

有什么选题和内容的推荐以及平台适配与互动建议吗？

☆ DeepSeek 回答：

关于“人工智能在职场应用”短视频选题与内容推荐

结合搜索结果中的行业趋势、用户关注点及热点事件，以下是针对不同受众和平台的选题方向与内容建议。

1. 高薪岗位与求职技能解析

选题方向：聚焦 AI 技术催生的高需求职业及技能要求

内容建议：

《AI 工程师月薪 2.1 万元！哪些岗位最吃香？》

解析算法工程师、智能驾驶系统工程师等岗位的求职增速（如算法工程师求职量同比翻倍），对比不同岗位的技能要求（如 Python、深度学习框架）及薪资水平（如平均月薪 21319 元）。

《零基础如何转行 AI？职场人必备的 3 项硬技能》

结合“数字 +X”技能趋势，推荐数据科学、编程、多模态 AI 设计等核心能力，引用《2025 年人力资源发展趋势报告》中软技能与硬技能结合的案例。

2. AI 工具实操与效率提升

选题方向：职场 AI 工具使用指南与效率对比

内容建议：

《六成职场人都在用的 AI 工具，你试过吗？》

列举 AI 高频使用场景：AI 写作工具、对话工具、PPT 生成等，结合具体工具（如简单 AI、DeepSeek-R1）的实操演示，展示“三步生成爆款文案”等技巧。

《行政岗 72% 用 AI 写文档！替代焦虑下如何逆袭？》

针对行政、财务等易被替代岗位，提供“人机协作”策略，如利用 AI 处理重复任务，聚焦复杂问题解决能力的提升。

3. 未来职场趋势与新兴职业

选题方向：AI 催生的新职业与行业变革

内容建议：

《2030 年消失的岗位 vs. 新诞生的职业》

引用麦肯锡预测（30% 职业活动自动化），分析 AI 伦理顾问、多模态设计师、量子计算研究员等新兴职业的工作内容与技能需求。

《AI 代理接管企业：从客服到 HR 的全面革命》

结合 Salesforce 的 AI 客服案例、微软 Copilot 应用，探讨 AI Agent 如何替代传统 SaaS，展示字节 Coze 等国产平台的潜力。

4. 代际差异与职场焦虑应对

选题方向：不同年龄群体对 AI 的认知与应对策略

内容建议：

《00 后靠 AI 升职，80 后怕失业？职场代沟如何破？》

对比 Z 世代（57.3% 高频使用 AI）与中年群体（62.5% 担忧替代）的态度差异，提出“年轻职场人效率优化”与“中年群体技能转型”的解决方案。

《AI 时代，中年人的职业护城河在哪里？》

强调经验优势与跨领域协作能力，引用《2025 年人力资源报告》中“软技能长期价值”的观点。

5. 伦理争议与数据隐私

选题方向：技术风险与合规性讨论

内容建议：

《六成职场人要求数据隐私！ AI 合规如何落地？》

分析金融、医疗行业对隐私的极端敏感性（如金融从业者 85.7% 重视隐私），探讨企业如何平衡效率与合规，引用欧盟与中国监管动向对比。

《AI 生成内容造假？媒体人如何守住真实性底线》

结合 Meta 的生成内容标签机制，揭露 AI 文本的“逻辑幻觉”问题，提供人工审核与 AI 协同的内容生产策略。

平台适配与互动形式建议

短视频平台（如抖音、B 站）：

（1）侧重工具实操演示（如“3 分钟用 AI 搞定周报”）、高薪岗位盘点（动态数据可视化）。

（2）加入互动话题：如“你的工作会被 AI 取代吗？”投票，或 AI 工具测评挑战赛。

职场垂直平台（如 LinkedIn、微信视频号）：

（1）深度案例分析：企业 AI 落地经验（如 DeepSeek-R1 在招聘中的应用）。

（2）专家访谈：邀请 HR、AI 开发者探讨人机协同的未来。

总结

当前选题可围绕技术红利、职业焦虑、伦理争议三大核心矛盾展开，结合热点事件（如春季招聘会、政策发布）增强时效性。内容需平衡实用性与深度，例如：

（1）实用向：工具测评、技能教学。

（2）深度向：趋势分析、行业变革。

（3）争议向：替代风险、隐私保护。

建议优先制作《2025 年春季招聘会 AI 岗位生存指南》（综合高薪岗位、工具使用、技能提升）或《AI 代理如何改变你的工作？》（案例驱动），此类内容兼具流量潜力与用户价值。

通过两个步骤的渐进式题目筛选，可看到 DeepSeek 的回答结构清晰，数据支撑充分，选题推荐精准，兼顾热点、实用性与争议性，并针对不同平台提供了内容适配方法与互动策略。第一轮对话分析了人工智能在职场应用的热度趋势，通过搜索数据、社交讨论、用户画像等维度全面展现市场动态，并作出趋势预测，数据支撑性强，逻辑紧密；第二轮则围绕短视频内容策略展开，结合不同受众需求，提供了实用性、深度性、争议性并存的选题建议，同时匹配具体传播平台，增强了内容的可落地性。整体上回答专业、结构清晰，既有行业趋势分析，又提供了可执行的内容方向。

自媒体创作者可以借助 DeepSeek 科学预测选题热度，避免选题盲目性，提高内容精准度，使作品更具传播价值。DeepSeek 不仅能够分析实时热点，还能基于数据趋势提供优化建议，让创作者在短视频、文章、社交媒体营销等多种内容领域都能快速找到流量突破口，提升曝光度，增强用户黏性，助力内容创作取得更大成功。

4.1.2　评论区互动话术

评论区是自媒体内容传播的重要环节，高质量的互动不仅可以提高用户黏性，还能增强平台推荐权重，进一步扩大内容影响力。然而，许多创作者在管理评论区时，常常面临回复单一、缺乏互动性、无法引导深度讨论等问题，导致粉丝流失或降低用户参与度。DeepSeek 具备智能分析和话术优化能力，能够针对不同类型的评论生成高质量互动话术，提高评论区的活跃度，增强账号对用户的吸引力。

以一位科技领域的短视频创作者为例，他发布了一条关于“AI 如何提高职场效率”的视频，吸引了大量用户评论。面对不同类型的留言，他决定使用 DeepSeek 生成高质量互动话术，以提升用户参与度，并引导用户深入讨论。

此处提示词采用“角色扮演 + 问答互动”模板，先设定不同类型的用户留言（角色扮演），再模拟创作者的互动方式，引导用户继续参与讨论（问答互动）。

☆ 用户提问：

我是一个科技领域短视频创作者，请你为我提供合适的互动话术，包括鼓励支持类、质疑争议类、提问求知类和幽默调侃类，确保表达自然，能够引导用户继续参与互动。

☆ DeepSeek 回答：

用户留言表示支持，适合用互动式回应，如“很高兴你喜欢这期内容！AI 确实改变了很多人的工作方式，你最希望未来 AI 在哪些方面帮到你？”这种回复不仅表达了感谢，还能引导用户继续分享观点，增强讨论氛围。

当用户提出疑问，例如“AI 真的能提高效率吗？感觉只是噱头”，可以使用事实与开放式问题相结合的方式回应，如“你的观点很有意思！其实很多企业已经在用 AI 进行数据分析、智能客服等工作，确实提高了效率，你觉得哪些岗位最可能被 AI 影响？”这种方式既尊重用户观点，又能引发更多讨论。

对于用户的提问，如“AI 在未来十年会取代哪些职业？”可以用专业且易理解的方式回答，如“专家预测，高度重复的工作最容易被 AI 取代，比如数据录入、基础客服等，但创造力和人际沟通相关的职业仍然不可替代，你怎么看？”这样可以提供有价值的信息，同时鼓励用户表达自己的看法。

如果用户带有调侃语气，例如“所以 AI 以后能帮我上班吗？”可以用轻松幽默的方式回应，如“AI 可能会帮你优化日程，但摸鱼还得靠自己！”这样既能增加趣味性，又能拉近创作者和粉丝的距离，增强互动效果。

DeepSeek 分类设计互动话术，其自然多样的语言风格和实用的互动引导，完美适配“评论区互动话术”的需求。它不仅帮助创作者高效回应用户留言，还通过开放式问题、专业回答和幽默表达等方式，预设多种问题并巧妙回复，增强讨论氛围、平衡争议、提供价值信息并拉近用户距离。

通过 DeepSeek，自媒体创作者可以根据不同类型的评论精准生成互动话术，使评论区更具吸引力和讨论性。这种方式不仅能够增强粉丝黏性，还能提高内容的互动率，进而提升平台推荐权重，扩大内容传播效果。DeepSeek 还能根据不同社交平台的特点调整互动策略，无论是短视频、公众号、微博还是社交论坛，都能帮助创作者打造高质量的互动体验，使评论区成为增强用户忠诚度和提升品牌影响力的重要渠道。

4.1.3 多平台标题优化

在自媒体运营中，标题决定了用户是否愿意点击内容，是影响流量的重要因素。一篇优质的文章或短视频，如果标题缺乏吸引力，即使内容再精彩，也可能被用户忽略。而不同社交平台的推荐机制和用户阅读习惯各不相同，标题优化不仅需要吸引注意力，还要符合平台特性，以最大化内容的传播效果。DeepSeek 具备强大的文本优化和数据分析能力，能够根据不同平台的算法逻辑、用户偏好、社交趋势，智能优化标题，使其更具吸引力，提高点击率，帮助创作者获得更多的流量和更高的用户参与度。

以一篇探讨“人工智能如何提高职场效率”的内容为例，创作者希望将其推广到微信公众号、抖音、微博和小红书等多个平台，但不同平台的用户群体和推荐机制存在显著差异。他决定使用 DeepSeek 进行标题优化，使内容在各平台的获得更多曝光。

☆ 用户提问：

请针对以下标题，根据不同社交平台的特点，优化标题，使其更符合平台的推荐机制，提高点击率，并附加优化理由。

原始标题：人工智能如何改变职场？这些应用你可能想不到

☆ DeepSeek 回答：

微信公众号的用户偏好深度阅读，标题应突出知识价值和趋势解读，适合长标题 + 关键词优化。优化后标题可调整为“人工智能如何重塑职场？五大趋势揭示未来工作模式”，这样的标题能够吸引职场人士和行业研究者，提高点击率。

抖音用户更倾向于短平快的信息获取，适合短标题 + 悬念制造，标题需要直白、带有情绪冲突或悬念，才能激发用户点击兴趣。优化后标题可调整为“AI 抢饭碗？这 3 种工作要小心了！”，这样的标题能够激发用户的焦虑感，从而促使他们观看视频内容。

微博平台的传播依赖于社交话题和热点效应，适合使用夸张、争议性强的标题，注重社交传播性 + 情绪引导以吸引用户参与讨论。优化后标题可调整为“AI 让 1000 万职场人失业？网友吵翻了！”，这种标题能够迅速引起热议，提升话题热度。

小红书用户关注实用性“干货”和个人成长，标题应突出直接价值，让用户觉得内容对自己有帮助。优化后标题可调整为“AI 办公神器推荐！让你的工作效率提升 3 倍”，这种标题强调了工具的实用性，符合小红书用户的阅读习惯。

DeepSeek 不仅帮助创作者根据不同平台（微信公众号、抖音、微博、小红书）用户特点优化标题，还通过专业、制造悬念、夸张和实用等语言风格提升点击率和传播效果，符合平台用户阅读习惯，这种高效、实用的标题优化方式，特别适合需要多平台分发内容的创作者，真正实现“精准匹配、提升点击、增强传播”。

自媒体创作者可以通过 AI 智能优化标题，使其更符合不同社交平台的推荐机制，提高点击率和内容传播效果。DeepSeek 不仅能根据各平台用户的阅读偏好调整标题风格，还能提供多种优化策略，例如增强情绪化、制造悬念、突出实用性等，让内容在各平台的曝光效果最大化。

这一工具适用于短视频、文章、社交媒体营销等多个内容领域，帮助创作者精准匹配用户兴趣点，优化内容传播策略，使每篇内容都能获得更多的流量和更高的用户互动率，助力自媒体运营取得更大成功。

4.2 多平台适配

本节深入探讨如何利用 AI 工具实现内容在不同平台的高效转化与分发。通过将公众号好文转化为抖音脚本，让深度内容适配短视频平台；将知乎高赞回答转化为 B 站视频文案，实现文字与视频的无缝衔接；结合 DeepSeek 与剪映，自动生成视频分镜，提升视频制作效率；聚焦小红书平台，用 AI 为图片自动搭配文案，打造高互动笔记；利用 DeepSeek 与即梦 AI 结合，设计文生图提示词，提升视觉内容创作效果。本节内容将为你提供一套完整的多平台内容适配方案，助你最大化内容价值与传播效果。

4.2.1 DeepSeek + 公众号 + 抖音：好文转化抖音脚本

在内容创作的多平台运营中，如何将公众号的深度文章转化为适合短视频平台（如抖音）的内容，成为许多创作者关注的核心问题。公众号内容通常以长篇幅、深度解析、逻辑清晰为特点，而抖音短视频则讲究短平快、强节奏、视觉冲击，如果直接照搬文字内容，容易导致信息量过大、节奏拖沓，难以抓住用户注意力。DeepSeek 具备强大的文本摘要、脚本优化和内容改编能力，能够将公众号文章高效转化为抖音短视频脚本，确保内容既保留核心价值，又符合短视频传播逻辑，提升转化率和用户互动度。

公众号文章往往篇幅较长，需要先提炼核心信息，确保内容逻辑清晰，适合短视频表达。以一篇公众号文章为例，创作者希望将其转化为 60 秒的抖音短视频，以便获得较高点赞率。

第 1 步： 将公众号文章转化为短视频脚本。采用“初稿生成 + 改进指令”模板，先生成短视频脚本初稿（初稿生成），然后在后续步骤提供节奏优化、互动设计等改进指令（改进指令）。

☆ 用户提问：

我是一个科普短视频博主，请将以下公众号文章《AI 时代职场生存指南：从工具到思维的进化革命》转化为 60 秒抖音短视频脚本，包括开场吸引句、核心信息点、互动引导、结尾总结，确保节奏紧凑，适应短视频传播逻辑。（文章上传过程略）

☆ DeepSeek 回答：

【60 秒抖音短视频脚本：AI 时代职场人如何逆袭？】

0～5 秒：高能开场

（背景：科技感动态光效 + 键盘敲击音效）

“AI 要抢你饭碗？不，不会用 AI 的才会被淘汰！”

（画面：AI 机器人推开办公室门，白领惊愕转头）

6～20 秒：数据暴击

大字幕 + 案例快剪：

“杭州企业用 AI 效率暴涨 50 倍！”

（画面：OCR 识别海量文件）

“AI 面试官砍掉 30% 校招成本！”

（画面：虚拟面试场景）

“打工人靠 AI 月薪翻 3 倍！”

（画面：程序员用 AI 生成代码）

21～40 秒：生存秘籍

四大技能动画分镜：

1. 技术理解力：打工人手控 AI 机械臂协作流水线。

2. 数据素养：销售用数据大屏精准锁定客户。

3. 人机协作：设计师用 Midjourney 秒出方案。

4. 终身学习：脑内知识树被 AI 不断刷新。

41～50 秒：灵魂拷问

“你的工作将被 AI 取代吗？评论区测测你的 AI 生存指数！”

（画面：进度条评估表：文员 60%→设计师 30%→产品经理 15%）

51～60 秒：逆袭宣言

大字特效：

“AI 不是敌人，是超级外挂！”

（画面：打工人生成 AI 分身处理文件，自己喝咖啡做策划）

“关注我，下期揭秘 3 个免费 AI 神器，让你工作效率暴涨 200%！”

BGM：科技感电子音效 + 渐强鼓点节奏。

视觉：赛博朋克蓝紫主色调，关键数据用爆炸贴纸特效。

传播逻辑：

1. 危机感开场触发停留。

2. 数据轰炸建立专业认知。

3. 方案可视化降低理解门槛。

4. 互动测试引发 UGC（用户生成内容）传播。

5. 利益点引导关注转化。

（脚本时长精确控制在 58 ~ 62 秒，预留 3 秒黑屏引导点击）

DeepSeek 的回答契合短视频传播逻辑，开场抓人眼球，以数据强化说服力，用拆解技巧降低理解门槛，互动设计增强传播效果。同时，利用“危机感 + 逆袭路径”的对比结构，充分调动观众情绪，结尾预埋引流点，强化用户黏性。

第 2 步：由于公众号文章通常使用书面化、正式的表达方式，而抖音短视频更适合口语化、互动性强、节奏紧凑的表达方式。所以可利用 DeepSeek 进一步优化个别文本，使其更符合短视频用户的接受习惯。

☆ 用户提问：

原文中的一些重点句子我打算用到短视频中，但显得太书面化了，请对原文中的以下内容进行调整，使其更加口语化、更有互动感，适用于抖音短视频。（句子输入过程略）

☆ DeepSeek 回答：

优化后：

“AI 正在悄悄抢饭碗！你的工作还能撑几年？”（制造紧迫感，引发情绪共鸣）

“想在 AI 时代不被淘汰？别只会搬砖，赶紧学点 AI 也搞不定的技能！”（增强代入感，让用户产生行动动力）

“AI 时代已经来了，你准备好了吗？”（简化表达，提高用户兴趣）

通过 DeepSeek 的语言风格调整，公众号文章的书面表达可以快速转化为更适合短视频传播的口语化、高互动性的脚本，使内容更贴近用户。

第 3 步：在文案完成后，优化短视频的节奏感。此时需要避免冗长的信息输出，而是通过“快节奏剪辑 + 关键画面 + 互动元素”持续吸引用户注意力。DeepSeek 可以提供短视频剪辑建议，确保内容更加紧凑。

☆ 用户提问：

你生成的短视频脚本节奏感不够紧凑，请提供进一步的剪辑建议，包括画面变化、字幕风格、背景音乐选择，以提高完播率和互动率。（抖音短视频脚本略）

☆ DeepSeek 回答：

开场 0 ~ 3 秒：直接上关键画面，例如“AI 机器人代替员工工作”的新闻画面，同时配上大字幕 + 紧张背景音乐，强化视觉冲击力。

核心信息部分：每 5 ~ 8 秒切换一次画面，结合动画、AI 相关数据、人物表情，保持视觉节奏。

互动引导部分：可加入弹幕式问题，例如“你觉得你的工作 10 年后还存在吗？”以增强用户代入感。

结尾部分：使用背景音乐渐弱 + 励志文案大字幕技巧，强化用户情绪共鸣，提高点赞率和分享率。

通过以上步骤，创作者可以将公众号的深度文章高效转化为抖音短视频脚本，且利用 DeepSeek 针对短视频平台的传播逻辑优化表达方式、提供剪辑建议并设计互动环节，确保内容既保留原有价值，又符合短视频用户的观看习惯。

DeepSeek 的核心优化能力能够提炼关键信息，将冗长的文章压缩为 60 秒短视频脚本；优化表达风格，将正式书面语改为口语化、更易传播的短视频文案；提供剪辑建议，确保画面切换、字幕风格、背景音乐等细节符合短视频的吸引力要求；增强互动设计，引导用户点赞、评论、转发，提高短视频的推荐权重。

4.2.2　DeepSeek + 知乎 + B 站：高赞回答转视频文案

在内容创作的多平台运营中，知乎的高赞回答往往具有分析透彻和专业性强的特点，而 B 站视频则更注重生动表达、故事化叙述和视觉呈现。直接将知乎回答照搬到 B 站，容易导致内容信息密度过高、逻辑性过强、缺乏视觉冲击力等问题，从而影响观众的观看体验和互动率。DeepSeek 具备强大的文本精练、内容结构优化和多平台适配能力，能够将知乎的高赞回答高效转化为适合 B 站的视频文案，确保内容既保留核心价值，又符合 B 站用户的偏好，提高视频完播率和互动率。

知乎的高赞回答往往内容丰富，但在 B 站视频中，信息需要更加精练，符合视频节奏。以知乎中问题“未来 10 年，哪些行业最有前景？”的一条高赞回答为例，创作者希望将其转化为 5 分钟的 B 站视频文案，采用“单例示范 + 套用改写”模板，先展示高赞回答的核心框架（单例示范），再改写为适合 B 站的视频文案（套用改写）。

☆ 用户提问：

请基于以下知乎高赞回答，提炼核心观点，优化逻辑结构，生成适用于 B 站的 5 分钟视频文案，确保表达简明、信息层次清晰，并增加适合视频化表达的元素。

知乎高赞回答（摘要）：

未来 10 年，最具前景的行业包括：

人工智能——AI 将大规模渗透各行各业，提高效率。

新能源——电动车、储能、可再生能源等领域增长迅猛。

大健康——人口老龄化加剧，健康产业需求激增。

数字经济——直播电商、在线教育、数字金融持续增长。

元宇宙与虚拟现实——技术日趋成熟，应用场景扩大。

☆ DeepSeek 回答：

开场（15 秒，吸引观众）：

你未来的职业有没有前途？ 10 年后，这 5 个行业或许将统治世界！（制造悬念，引发兴趣）

正文内容（4 分钟，高效传递信息）：

AI 时代真的来了！AI 不是遥远的未来，它已经悄悄渗透进你的生活。自动驾驶、智能客服、AI 创作，甚至你的老板可能都在用 AI 监控工作效率！

新能源赛道火爆！未来的主角是电动车和储能行业，从特斯拉到宁德时代，都在狂飙！如果你正在找行业机会，这里绝对值得关注。

健康产业永不过时！人口老龄化加剧，医疗和保健行业的市场规模将翻倍。未来 10 年，最赚钱的可能是你的医生和健身教练！

直播电商、数字经济正在重塑商业模式！你可能没想过，未来赚钱最快的方式之一，可能是直播带货。数字支付、区块链、数字金融都在快速发展，你准备好了吗？

元宇宙和 VR 产业真的能爆发吗？虽然现在很多人质疑元宇宙是炒作，但你可能不知道，大公司已经在疯狂布局。游戏、社交、办公，未来可能都在虚拟世界中进行！

互动引导（30 秒，提高评论互动）：

你最看好哪个行业？或者，你最不看好哪个？弹幕告诉我你的观点！（B 站用户习惯弹幕互动，增加讨论度）

结尾（15 秒，强化观点）：

未来 10 年的机会来了，问题是，你会抓住还是错过？（引导观众深思，增加转发动力）

知乎的高赞回答往往采用正式、逻辑清晰的书面表达，但 B 站的用户更偏好轻松、幽默、个性化的表达方式。DeepSeek 可以智能调整文案，使其更加口语化，并增加 B 站用户熟悉的表达风格。

通过 DeepSeek，创作者可以将知乎高赞回答高效转化为 B 站视频文案，确保内容既保持知乎的专业性，又符合 B 站用户的观看习惯。DeepSeek 可以优化逻辑结构、调整语言风格、提供剪辑建议，让知乎文章转化得到的 B 站视频有更高的完播率、互动率和更广泛的传播效果，助力多平台运营，实现更大内容价值。

温 馨 提 示

在使用 DeepSeek 生成内容时，提示词的设计至关重要。为了获得更精准、简洁的回答，你可以在提示词中清晰地定义需求，例如“生成 200 字的市场分析摘要”或“提供 3 个提升工作效率的 AI 工具”,并通过添加限制条件（如字数、格式或场景）缩小回答范围，例如“用 100 字总结 AI 在医疗领域的应用”。

同时，可要求回答按特定结构呈现，例如“分三点说明 AI 技术的核心优势”，或结合具体场景设计提示词，例如“为科技行业商务晚宴设计一段开场对话”。根据初步回答调整提示词，逐步迭代优化，能够更高效地利用 DeepSeek 生成高质量内容，同时节省时间与精力。

4.2.3 DeepSeek + 剪映：自动生成视频分镜

在短视频内容创作中，精准的分镜脚本是确保视频逻辑清晰、节奏紧凑、视觉表达丰富的关键。优质的分镜设计能够帮助创作者提升视频完播率、增强观众沉浸感、提高互动率，从而获得更多的平台推荐权重。然而，许多短视频创作者在制作视频时常出现脚本结构松散、画面切换生硬、节奏不连贯、内容表达不直观等问题，影响最终的视频质量和传播效果。结合 DeepSeek 的智能文本解析、脚本结构优化能力和剪映的分镜生成能力，能够自动为视频内容生成清晰的分镜方案，大幅提高创作效率，使短视频内容更具吸引力。

短视频的内容通常围绕特定主题展开，如知识科普、产品测评、故事讲解等。在进行分镜设计之前，需要先拆解视频内容的核心信息，确保逻辑清晰。

第 1 步：创作者希望制作一条关于“AI 如何提高办公效率”的 60 秒短视频，首先通过 DeepSeek 进行分镜设计。

☆ 用户提问：

请为“AI 提高办公效率”生成短视频分镜脚本，包括每个镜头的画面内容、字幕、配音建议、视觉特效，并确保节奏流畅，适配剪映剪辑需求。

☆ DeepSeek 回答：

【剪映视频分镜脚本】

开场（0～3 秒）：

强烈吸引观众，快速进入主题

画面：AI 机器人自动完成文档编辑，特写屏幕上出现“智能生成报告”。

字幕：“你还在加班写报告？ AI 1 秒钟搞定！”

配音：“每天写公文、整理 Excel，效率太低？别慌，AI 让你秒变职场高手！”

视觉特效：剪映的快节奏转场，增加打字特效，让画面更有冲击力。

正文内容（4～45 秒）：

详细展示 AI 提高办公效率的 3 个方法

第一部分（4～15 秒）：

AI 自动写作

画面：演示 AI 自动生成一篇公文，屏幕滚动展示 AI 文字输入。

字幕：“AI 写作助手，3 秒生成完整公文！”

配音：“只需输入主题，AI 就能帮你写好文章，减少 80% 的重复工作！”

视觉特效：使用剪映的放大镜特效，强调“3 秒生成”字样，增强视觉吸引力。

第二部分（16～30 秒）：

AI 语音转文字，提高会议效率

画面：手机或计算机屏幕上显示 AI 语音识别字幕，实时转换文字。

字幕：“开会不用手写，AI 帮你自动记录！”

配音：“开会太费劲？ AI 实时转录，会议纪要 1 秒完成！”

视觉特效：剪映的音效波形动态，模拟 AI 语音识别过程，让内容更具科技感。

第三部分（31～45 秒）：

AI Excel 数据分析

画面：AI 识别数据并生成可视化图表，屏幕上展示分析报告。

字幕：“Excel 数据分析？交给 AI 一键搞定！”

配音：“数据太复杂？ AI 让 Excel 变得超级智能，帮你自动生成数据报告！”

视觉特效：剪映的图表动画特效，让数据可视化更加直观。

结尾（46～60 秒）：

互动引导＋观众行动号召

画面：回顾 AI 提高效率的三大应用场景，搭配特写画面。

字幕：“想提升职场效率？评论区说说你最想让 AI 帮你做什么！”

配音：“AI 真的能帮你少加班，你最想让 AI 帮你做哪件事？评论区告诉我！”

视觉特效：剪映的弹幕互动特效，增强观众参与感，提高互动率。

DeepSeek 自动提炼核心信息，将复杂的长文转换为适合 60 秒短视频的精简内容；自动生成剪辑分镜脚本，包括画面建议、字幕、配音、视觉特效，大幅提升剪辑效率；优化剪辑节奏，确保画面切换、背景音乐、动态特效符合短视频观看习惯；增强互动设计，如弹幕、快问快答、评论引导，提升用户参与度，提高平台推荐权重。

第 2 步：进入剪映 App 选择“AI 生成”功能，选择图片或视频生成后，将 DeepSeek 生成的分镜建议粘贴至“画面描述”输入框，然后选择模型及画面比例后，单击“生成”或“再次生成”按钮完成分镜设计。最后在右侧生成记录出现的备选中选择合适的图片或视频，单击后即可收纳入视频轨道进行编辑，如图 4-1 所示。

图 4-1　根据 DeepSeek 提供的分镜建议在剪映生成素材

这种智能化的剪映分镜生成方法适用于短视频创作、自媒体内容改编、知识博主视频制作、品牌营销短视频制作等多个场景，可以帮助创作者高效完成内容转化，实现更广泛的传播效果和更大的商业价值。

4.2.4 DeepSeek + 小红书：图片自动配文案

在小红书运营中，图文结合是影响内容吸引力和用户互动率的核心因素。一张高质量的图片如果没有恰当的文案配合，很难有效传递信息、吸引用户点击，甚至可能影响平台的推荐权重。然而，许多创作者在配文案时常出现内容生硬、缺乏情绪感染力、无法精准表达图片核心信息等问题，导致笔记曝光量和用户互动度下降。DeepSeek 具备智能文本生成能力，可以根据用户定位和小红书推荐机制，自动生成精准且富有吸引力的文案，帮助创作者提升内容表现力，增强用户共鸣，提高平台推荐权重。

小红书的内容主要涵盖时尚穿搭、美妆护肤、健身塑形、旅行攻略、生活方式、职场经验等领域，配文需要精准传达图片的核心信息，并与用户的兴趣点高度契合。例如，创作者希望为一张日系少女风穿搭的照片搭配文案，以提高用户收藏率和互动率，创作者选择使用 DeepSeek 来生成文案。

提示词采用“创意生成：主题 + 风格 + 限制”公式，先确定文案主题（主题），再设定文案风格（风格），最后限定字数和互动策略（限制）。

☆ 用户提问：

请基于以下图片描述，生成适用于小红书的高互动率文案，要求风格自然、有共鸣感，并适合目标用户群体。

图片描述：一位穿着米色针织衫 + 碎花长裙的少女，站在秋天的银杏树下，背景是金黄色落叶。

风格及氛围描述：温柔、日系、文艺感十足，适合秋冬穿搭。18 ~ 30 岁女生，喜欢小众时尚、文艺风格、温柔感穿搭。

☆ DeepSeek 回答：

文案 1（情绪渲染型）

秋天真的太浪漫了吧！穿上这套米色针织衫 + 碎花裙，站在银杏树下，感觉自己像是日剧女主角，真的超级温柔又治愈，姐妹们谁懂！这样穿去约会，真的太加分了！

文案 2（穿搭推荐型）

秋冬日系穿搭公式来啦！米色系针织衫 + 碎花裙 = 温柔感满分！再加上一

双棕色小皮鞋，立马变身秋日氛围感女主角。喜欢日系风的姐妹们一定要试试这套，不挑身材还特别显温柔！

文案 3（互动引导型）

这套秋日穿搭你给几分？一到秋天就想穿上米色针织衫＋碎花裙，真的太温柔了！你们的秋冬穿搭必备单品是什么？评论区告诉我！

通过 DeepSeek 创作者可以快速得到精准适配小红书的图片搭配文案，确保文案不仅符合目标用户喜好，还能增强互动性，提高平台推荐权重。

DeepSeek 具备强大的智能解析能力，能够精准提取图片中的核心视觉元素，并生成符合内容调性的文案。它不仅能根据不同需求自动生成多种类型的文案，包括情绪渲染型、穿搭推荐型、互动引导型等，还能调整表达方式，使文案更加口语化，贴近小红书用户的阅读习惯，增强互动性。此外，DeepSeek 还能结合平台推荐机制，智能融入热门关键词和互动引导元素，提升笔记的曝光率，增加自然流量，帮助创作者高效运营，实现更优质的内容转化。

4.2.5　DeepSeek + 即梦 AI：文生图提示词设计

在 AI 绘画领域，文生图提示词的精准度决定了生成图像的质量和风格。即梦 AI 作为一款高质量的 AI 绘画工具，能够将文本描述转化为精美的视觉作品，如图 4–2 所示。然而，许多用户在使用即梦 AI 时，常常面临提示词描述不清、风格难以把控、细节缺失等问题，导致生成的图像与预期效果相差甚远。DeepSeek 具备智能文本解析、风格匹配和关键词优化能力，能够为即梦 AI 绘画生成高质量的提示词，使用户轻松获得符合预期的图像，从而提高创作效率，优化 AI 绘画体验。

图 4–2　即梦 AI 官网首页

在 AI 绘画中，清晰的提示词结构能帮助即梦 AI 理解用户需求，生成更精准的图像。因此，在编写提示词时，应包含以下核心要素。

- 主体（Main Subject）：图像的主要元素，如人物、动物、风景、物品等。
- 场景（Setting）：图像发生的背景或环境，如城市、森林、赛博朋克世界等。
- 风格（Style）：绘画的视觉风格，如赛博朋克、油画、二次元、未来主义等。
- 细节（Details）：图像的具体特征，如光影效果、服饰细节、表情等。
- 构图（Composition）：图像的整体构造，如全景、特写、俯视角等。

图 4-3 是一张山间木屋图片，下面以其为例进行逐项分析。

图 4-3　山间木屋图片

- 主体：两座木屋，前景的木屋更加突出，具有古旧的质感，表面斑驳，屋顶铺满青苔，给人一种时间沉淀的感觉。后方还有另一座较大的木屋，增加了层次感。
- 场景：一片广阔的山脉和草地，呈现出乡村田园风格。远处的雪山巍峨，部分山顶仍有积雪，展现出高海拔地区的特征。整体场景充满宁静与自然的气息。

- 风格：偏向自然摄影，色调温暖柔和，略带复古感。光线的运用增强了画面的层次，使其呈现出一种梦幻般的田园景象。这种风格适合用作乡村风光摄影或田园风主题的视觉素材。
- 细节：光影效果为暖色调的阳光洒落在木屋和草地上，使画面更具层次感和温暖氛围。材质细节方面，木屋的表面纹理清晰，木板显得陈旧斑驳，屋顶的瓦片和草地的质感都十分真实。远景细节中，背景山脉呈现出淡雅的蓝紫色调，与前景的暖色形成对比，增强了空间深度。
- 构图：前景的木屋与远处的山脉形成鲜明对比，创造出远近景的视觉层次。木屋是画面的视觉中心，引导观众目光集中于此。木屋位于画面的黄金分割点，搭配远山和云层，使整体构图和谐美观。

在进行逐项分析后，读者可对绘画提示词的构成有更加直观的认识，以便编写出更优秀的提示词。以下为利用 DeepSeek + 即梦 AI 绘图的具体步骤。

第 1 步：以“未来都市中的赛博朋克女战士”为例，用户希望生成一张具有强烈科技感和未来氛围的插画，但不清楚如何精准描述，于是通过 DeepSeek，采用“创意生成：主题 + 风格 + 限制”公式，先定义图像主体为女战士（主题），再确定画面风格为高质量的赛博朋克风格（风格），最后细化生成要求，如主体、场景、风格、细节及构图，同时符合即梦 AI 绘画方式（限制）。

☆ 用户提问：

请基于“未来都市中的赛博朋克女战士”这一主题，生成高质量的即梦 AI 绘画提示词，确保描述完整，清晰介绍主体、场景、风格、细节及构图，并符合即梦 AI 的最佳生成逻辑。

☆ DeepSeek 回答：

优化后提示词示例：

赛博朋克风格的女战士，身穿黑色高科技装甲，带有蓝色 LED 光条，银色短发，机械义眼，冷酷表情，站立在霓虹灯闪烁的未来都市街头，夜晚，城市背景充满悬浮车辆和巨型全息广告牌，赛博朋克科幻风，强烈的蓝紫色光影对比，高细节，电影感，超现实主义。

DeepSeek 能轻松生成符合即梦 AI 绘画逻辑的高质量提示词，确保图像精准、细节丰富，减少生成误差，提高作品质量。

第 2 步：进入即梦 AI 平台，根据 DeepSeek 提示词生成图片。即梦 AI 生成了一系列类似的照片，可进行进一步挑选，如图 4–4 所示。

图 4-4　即梦 AI 根据 DeepSeek 提示词生成的图片

DeepSeek 具备精准解析用户需求的能力，能够智能提取主体、场景、风格、细节和构图等关键信息，使提示词描述更加完整；同时，它能够自动优化提示词结构，调整关键词顺序，增强描述逻辑，从而提高即梦 AI 对文本的识别准确性；此外，DeepSeek 还能根据不同创作需求提供多种风格版本的提示词，包括详细版、简洁版和艺术风格版，以适应不同的视觉呈现需求。通过增强图像细节，能够使 AI 捕捉到更多视觉信息，确保生成画面质量更高，风格更具一致性，从而提升最终作品的表现力和创作效率。这种智能化的提示词优化方法适用于数字艺术、插画创作、概念设计、品牌视觉营销等多个领域，能够帮助用户高效创作符合预期的 AI 绘画作品，提高作品的视觉吸引力和市场价值。

4.3　个人 IP 打造

“个人 IP 打造”为读者揭示如何通过 AI 工具与策略，塑造独特且具有影响力的个人品牌。首先，通过人设定位分析，帮助读者明确自身优势与目标受众，打造清晰、有辨识度的个人形象；其次，粉丝增长策略为读者提供从内容创作到互动运营的全方位方法，快速积累忠实粉丝；最后，直播话术智能优化教读者利用 AI 工具设计吸引人的话术，提升直播间的互动与商业转化效果。本节内容将帮助读者从定位到运营，系统性地构建个人 IP，实现影响力的持续增长与变现。

4.3.1　人设定位分析

在内容创作和品牌建设中，个人 IP 是影响力、差异化和长期发展的关键。

一个清晰且独特的人设定位，能够帮助创作者在众多竞争者中脱颖而出，精准吸引受众，增强粉丝黏性，建立个人品牌的长期价值。然而，许多内容创作者在打造个人 IP 时容易陷入定位模糊、风格不稳定、目标受众不明确等问题，导致账号成长受限，内容缺乏长期吸引力。DeepSeek 具备强大的数据分析和文本优化能力，能够精准分析创作者的人设特征、行业竞争态势和受众需求，帮助打造清晰、有吸引力的个人 IP，确保内容风格与品牌策略高度一致。

打造个人 IP 的第一步是明确自身的核心领域，确保内容方向具有长期价值。以一位希望成为“AI 科技解读者”的创作者为例，他需要判断该领域的竞争情况，并找到适合自己的细分定位。提示词采用“思路比较 + 优缺点分析”模板，先对不同人设定位进行对比（思路比较），再分析每种定位的优势与局限（优缺点分析）。

☆ 用户提问：

请分析“AI 科技解读”领域的个人 IP 定位，包括现有市场竞争格局、头部创作者风格，以及适合新人的差异化切入点。

☆ DeepSeek 回答：

现有市场竞争格局显示，随着 AI 技术的快速发展，AI 科技解读领域吸引了大量创作者，市场竞争激烈。内容形式涵盖短视频、图文、直播、播客等多种形式，受众包括科技爱好者、行业从业者、投资者以及普通大众。抖音、B 站、知乎、微信公众号、YouTube 等平台是主要的内容分发渠道，头部创作者多集中在这些平台。内容类型主要包括技术原理科普、行业趋势分析、AI 工具测评、商业应用案例解读等。

头部创作者风格多样，技术深度型以专业背景和技术解读为核心竞争力，内容偏向硬核科普，适合高学历或有技术背景的受众；商业应用型聚焦 AI 在商业场景中的应用，结合行业案例和趋势分析，吸引企业管理者、投资者和创业者；大众科普型以通俗易懂的语言和生动的形式解读 AI 技术，适合普通大众；工具测评型专注于 AI 工具的使用体验和测评，帮助用户快速上手各类 AI 应用，吸引职场人、学生等受众。

适合新人的差异化切入点包括垂直细分领域、跨界结合、地域化视角、实操教学、热点追踪以及互动与社区。

新人可以选择 AI 科技中的细分领域深耕，如“AI + 教育”“AI + 医疗”“AI+设计”等，避开与大而全的头部创作者直接竞争。通过聚焦某一特定领域，新人可以快速建立专业形象，吸引特定受众。

将 AI 科技与其他领域结合，例如“AI 与艺术创作”“AI 与心理学”“AI 与金融投资”，吸引特定兴趣群体。这种跨界结合不仅能拓宽内容边界，还能吸引非传统科技受众的关注。

从本地化或地域化视角解读 AI 科技，例如“中国 AI 产业趋势”“东南亚 AI 市场机会”，满足特定地区受众的需求。这种地域化视角可以帮助新人切入未被充分开发的市场，形成独特的竞争优势。

专注于 AI 工具的实际操作教学，提供从入门到精通的系列教程，吸引想要学习 AI 技术的用户。这类内容实用性强，容易积累忠实粉丝。

紧跟 AI 领域的热点事件和技术突破，快速产出解读内容，抢占流量先机。例如，针对 ChatGPT、DeepSeek 等热门工具的更新进行深度分析，吸引关注热点的用户。

通过直播、问答、社群等形式增强与粉丝的互动，打造高黏性的粉丝社区，形成独特的个人品牌。互动不仅能提高粉丝忠诚度，还能为内容创作提供灵感和反馈。

总结来看，“AI 科技解读”领域虽然竞争激烈，但仍有大量差异化机会。新人可以从垂直细分、跨界结合、地域化视角、实操教学等角度切入，结合自身优势和兴趣，打造独特的个人 IP 定位。同时，注重内容质量和粉丝互动，逐步积累影响力，在市场中脱颖而出。

DeepSeek 的回答通过全面的市场分析、清晰的风格总结和实用的差异化策略，完美适配“人设定位分析”的需求。它不仅帮助用户快速了解行业现状（“受众包括科技爱好者、行业内从业者、投资者以及普通大众”）和竞争格局（“市场竞争激烈”），还通过提供具体的差异化切入点和执行建议，为新人打造独特 IP 定位提供了有力支持。

利用 DeepSeek，自媒体创作者可以精准打造个人 IP，从行业分析、人设风格、目标受众、内容传播策略等多个维度，构建清晰、可持续发展的个人品牌形象。DeepSeek 不仅能够提供数据支持，帮助创作者在竞争中找到独特切入点，还能优化表达风格，使内容更具吸引力，增强粉丝黏性。

这一工具适用于短视频创作、社交媒体运营、个人品牌营销、知识博主等多个领域，帮助创作者明确自己的市场定位，优化内容策略，实现流量增长和长期价值积累，使个人 IP 更具影响力和商业价值。

温馨提示

当不知道如何开口提问时，不妨先告诉 DeepSeek 自己“正在做什么”，比如“我在准备一个面试 PPT，需要你帮我整理内容思路。”和“帮我做个 PPT”这样模糊的提示相比，更容易获得贴合需求的回应。

和人一样，DeepSeek 也需要上下文来更好地理解对话目的。多提供一点背景信息，DeepSeek 就能更好地理解对话目的，回答也更加准确。把它当作一个愿意听自己唠叨的聪明搭档，可以使沟通更顺畅。

4.3.2　粉丝增长策略

在个人 IP 打造过程中，粉丝增长是决定品牌影响力和商业价值的关键。拥有一群忠实且活跃的粉丝，能够让内容传播更广、影响力更深，并为后续的变现和合作提供坚实的基础。然而，许多创作者在增长粉丝时，往往面临增长速度缓慢、粉丝活跃度低、用户流失率高、涨粉方式单一等问题，导致账号难以突破流量瓶颈。DeepSeek 具备强大的数据分析和用户洞察能力，能够针对不同平台、不同内容形式，为创作者制定精准的粉丝增长策略，优化运营模式，提高粉丝转化率，构建更有黏性的个人 IP 生态。

粉丝增长的第一步是确定目标受众，确保内容创作能够精准匹配潜在粉丝的需求。许多创作者之所以难以吸引粉丝，往往是因为内容没有针对性，导致用户难以产生共鸣。以一位职场成长博主为例，他希望精准增长粉丝群体，但不清楚目标用户的具体特征。于是采用“分阶段引导：目标 + 步骤 + 衔接”公式，先设定粉丝增长目标（目标），再制定增长路径（步骤），最后确保内容与受众匹配（衔接）。同时还采用了角色设定策略，告知 DeepSeek 自己为一个职场成长博主，以保障 DeepSeek 生成的答案符合自己需要。

☆ 用户提问：

我是一个职场成长博主，请基于“职场成长”主题，分析目标受众的核心特征，包括年龄、职业、兴趣点、内容偏好，并提供针对性粉丝增长策略。

☆ DeepSeek 回答：

职场成长博主的目标受众分析与粉丝增长策略

目标受众核心特征：

主要受众年龄集中在 22～35 岁，包括初入职场的年轻人、职场中坚力量以及寻求突破的资深职场人。初入职场的年轻人多为应届毕业生或初级职员，关注如何快速适应职场环境；职场中坚力量如项目经理或部门主管，关注职业发展与效率提升；资深职场人如企业中层管理者或创业者，关注职业转型与领导力提升。

目标受众的兴趣点主要集中在职场技能提升、职业发展规划、心理与情商管理以及行业趋势与工具。职场技能提升包括时间管理、沟通技巧与办公软件使用；职业发展规划涉及晋升路径、跳槽策略与个人品牌打造；心理与情商管理涵盖职场压力管理、人际关系处理与自我激励；行业趋势与工具则包括 AI 办公工具、远程协作办公与行业动态分析。

受众偏好实用性强、互动性强、形式多样且能引发情感共鸣的内容。实用性内容如具体操作指南、案例分析与工具推荐；互动性内容如问答、直播与社群讨论；形式多样化包括短视频、图文、长文与播客；情感共鸣内容如职场故事、成长经历与励志内容。

针对性粉丝增长策略：

根据受众的不同需求提供针对性内容，例如为新人提供职场生存指南；为中坚力量提供高效团队管理技巧；为资深职场人提供职业转型与领导力提升方法。紧跟职场热点话题，如 AI 工具在职场中的应用或远程办公效率提升，吸引关注热点的用户。打造系列专题，如 21 天职场技能提升计划或职场情商修炼手册，增强用户黏性。鼓励粉丝分享职场经验或提问，通过互动增强参与感。

通过短视频平台发布实用技巧类内容，利用直播进行实时互动与答疑。在微信公众号、知乎等平台发布深度分析文章，满足喜欢阅读的用户需求。针对通勤用户推出职场成长类播客，提供轻松的学习方式。

建立职场成长社群，定期分享干货内容，组织线上活动如职场经验分享会，增强粉丝黏性。与职场类工具如办公软件或在线学习平台合作，进行联合推广或内容植入。与其他职场类博主或行业 KOL 联动，扩大影响力。

通过平台数据分析用户偏好，优化内容方向与发布频率。对不同形式、标题与封面进行测试，找到最受欢迎的内容模式。

回答围绕着个人 IP 打造展开，分为“目标受众核心特征”和“针对性粉丝增长策略”两部分，能够帮助创作者精准定位自己的位置和受众人群，根据具体的建议进行针对性的策略优化，帮助新人突破涨粉瓶颈期。

创作者可以精准分析目标受众、优化内容结构，并制定科学的增长策略，使粉丝增长更加可控和高效。DeepSeek 不仅能够提供数据驱动的策略支持，还能帮助创作者调整内容方向，使其符合用户需求，提高粉丝留存率和互动度。

这一工具适用于短视频创作者、知识博主、社交媒体运营者、品牌营销人等多个领域，可以帮助他们打造强有力的个人 IP，实现粉丝从零到百万的高效增长，扩大内容影响力，同时提升品牌长期价值。

4.3.3 直播话术智能优化

在个人 IP 打造过程中，直播已成为增强用户互动、提升粉丝黏性、促进商业变现的重要方式。然而，许多主播在直播时容易出现表达不流畅、互动冷场、话术单调、转化率低等问题，影响直播效果。DeepSeek 具备强大的文本优化和实时互动分析能力，能够根据直播场景、目标受众和营销需求，优化直播话术，使其更具吸引力、互动性和商业转化能力，帮助主播提升直播质量，提升观众留存率，提高转化效果。

直播的前 30 秒是决定用户是否停留的关键时刻，一个吸引人的开场话术可以有效提升观众留存率。提示词采用“分段剖析 + 最终结论”模板，先拆解出直播话术的开场阶段（分段剖析），再优化表达方式和互动设计（最终结论）。

☆ 用户提问：

请优化以下直播开场话术，使其更具吸引力，增强互动感，并适用于抖音直播间。

原始话术：“大家好，欢迎来到我的直播间，今天我们聊聊如何用 AI 提高工作效率。”

☆ DeepSeek 回答：

“嘿，小伙伴们！欢迎来到我的直播间！今天我们要聊一个超实用的话题——如何用 AI 让你的工作效率翻倍！是不是经常觉得时间不够用？任务多到爆炸？别担心，今天我就带你解锁 AI 的神奇技能，让你从‘忙到飞起’变成‘效率王者’！”

“在开始之前，先来个小互动——评论区告诉我，你觉得 AI 能帮你解决哪些工作难题？是写不完的邮件？还是整理不完的会议记录？或者是你想学但还没时间研究的新工具？把你的烦恼打出来，我会在直播中一一解答！”

“准备好了吗？点个关注，我们马上开始！别忘了分享给你的同事和朋友，一起变身职场效率达人！”

DeepSeek 的回答通过轻松活泼的语言风格、巧妙的互动设计和实用的行动引导，完美适配用户的需求。它不仅帮助主播快速吸引观众注意力，还通过评论区互动和行动引导的方式，提升直播间活跃度和粉丝转化率。接下来可以继续拆解其他段落的直播话术进行持续优化。这种方式适合需要提升直播效果的创作者，真正实现“吸引注意力、增强互动、提升转化”。

通过 DeepSeek，主播可以优化直播话术，使其更加吸引人、互动性更强、商业转化效率更高。DeepSeek 能够智能优化开场话术、提升互动效果、促进销售引导，让直播内容更加流畅，增强观众留存率，提高变现效率。这一工具适用于抖音、快手、淘宝直播、小红书直播等多个平台，能够帮助主播打造更具吸引力的个人 IP，提升直播带货和粉丝增长的效果。

4.4 商业闭环

本节聚焦如何通过 DeepSeek 实现内容变现与商业价值最大化。课程大纲生成帮助快速设计结构化、系统化的课程内容，无论是知识付费还是教育培训，都能轻松上手；直播带货话术则通过 AI 优化，提供吸引观众、提升转化率的实用技巧，让直播带货更加高效。本节内容将为读者提供从课程设计到直播变现的完整解决方案，帮助读者在内容创作的基础上，构建可持续的商业闭环，实现内容与商业的双赢。

4.4.1 课程大纲生成

在知识付费、个人 IP 变现和企业培训中，系统化的课程设计是确保用户持续学习、增强品牌影响力、提升转化率的关键。高质量的课程不仅能够吸引学员，还能构建商业闭环，实现长期收益。然而，许多内容创作者在设计课程时常出现知识体系不完整、内容缺乏层次感、用户体验不佳等问题，导致学员学习效果不理想，甚至影响课程口碑和复购率。

DeepSeek 具备强大的知识整合和结构化输出能力，能够根据用户需求、市场趋势、行业痛点等因素，快速生成科学合理、内容清晰、具有商业价值的课程大纲，确保课程结构紧密衔接，提高学习体验，提升用户留存率，增强其付费意愿。

课程设计的第一步是明确学习目标，确保课程内容紧密围绕目标用户的需求展开。例如，一位自媒体博主计划推出“短视频账号运营”课程，他希望课程既能吸引零基础学员，又能提供进阶策略。

☆ 用户提问：

请为“短视频账号运营”生成课程大纲，包括基础入门、账号定位、内容创作、流量增长和变现策略五个模块，每个模块提供 3 ~ 5 个具体知识点，并确保课程体系完整。

☆ DeepSeek 回答：

第一模块：短视频运营基础入门

1. 了解短视频平台（抖音、快手、小红书）的推荐机制。
2. 选择合适的内容赛道，精准定位目标受众。
3. 账号搭建与基础优化，提升权重。

第二模块：账号定位与人设打造

1. 确定个人 IP 定位，打造独特账号风格。
2. 选定核心内容方向，提高粉丝黏性。
3. 分析竞争对手，学习行业头部账号的运营策略。

第三模块：短视频内容创作

1. 短视频选题策划，如何挖掘高热度选题。
2. 视频脚本撰写，提升内容吸引力。
3. 拍摄技巧与剪辑优化，提高用户完播率。

第四模块：流量增长与算法破解

1. 短视频平台推荐算法解析，如何进入流量池。
2. 如何提高视频完播率、互动率，提升播放量。
3. 直播 + 短视频联动，提高账号曝光度。

第五模块：短视频商业变现策略

1. 广告、电商、知识付费等多种变现模式解析。
2. 如何与品牌方合作，实现商业变现。
3. 会员社群运营，提升用户复购率。

根据 DeepSeek 的回答，课程设计者可以快速构建结构完整、逻辑清晰、符合市场需求的课程大纲，确保内容体系化，提升学员学习体验，增强用户黏性，最终实现商业变现。

此外，DeepSeek 还能优化课程内容，使其更具吸引力和互动性，如增加案例教学、实战演练、互动测评等模块，提高学员参与感，减少学习疲劳，提高课程完课率并促进口碑传播。

这一工具适用于知识付费、自媒体培训、企业内训、个人 IP 商业化等多个领域，可帮助创作者和教育机构打造专业、高效的课程体系，构建长期稳定的商业模式，让内容价值最大化，实现知识的可持续变现。

4.4.2 直播带货话术

在电商直播中，话术决定了用户的停留时长、互动热度和购买转化率。高效的直播话术不仅要吸引用户，还要引导他们产生购买行为，从而提升整体销售额。然而，许多主播在直播带货时常出现语言表达单调、促销氛围不够、用户购买意愿低等问题，导致直播商业转化效果不佳。DeepSeek 具备智能文本优化和用户互动分析能力，能够根据直播产品、目标受众和促销策略，提供个性化的直播带货话术，提高观众留存率和下单转化率。

直播的前 10 秒是决定用户是否被吸引的关键时间段，一个有吸引力的产品介绍可以大幅提升观众兴趣。本小节的提示词采用"角色扮演 + 问答互动"模板，先设定直播场景和受众特征（角色扮演），再模拟主播与观众的互动，引导下单（问答互动）。

☆ 用户提问：

我是一个主播，请为"智能扫地机器人"生成几段直播带货话术，使其更具吸引力，并突出产品亮点。

☆ DeepSeek 回答：

话术一：开门见山，直击痛点

"家人们！是不是每天下班回家累到不想动，但看到地上的灰尘和头发又不得不打扫？别担心，今天给大家带来一款懒人神器——智能扫地机器人！它不仅能帮你搞定地面清洁，还能自动规划路线、避开障碍，甚至连沙发底、床底这些死角都不放过！从此告别弯腰拖地，躺着就能拥有干净的家！"

"这款机器人还支持手机 App 远程控制，上班时打开手机就能让它干活，回家就能看到干净的地板！现在下单还有超值优惠，赶紧点击下方链接抢购吧！"

话术二：突出智能功能，制造场景感

"有没有小伙伴和我一样，家里有宠物或者宝宝，地上总是有毛发、饼干屑，打扫起来特别头疼？今天推荐的这款智能扫地机器人，绝对是你的救星！它不仅能吸尘、拖地，还能智能识别地毯和地板，自动调节清洁模式，再也不用担心地毯被拖湿！"

“最厉害的是，它搭载了激光导航技术，家里再复杂的地形也能轻松搞定，不会迷路也不会撞墙！而且噪声超低，宝宝睡觉时也能安心使用！现在下单还送滤网和拖布，性价比超高，赶紧抢！”

话术三：对比竞品，突出性价比

“家人们，市面上扫地机器人很多，但为什么我推荐这款？因为它不仅价格亲民，功能还特别强大！别的机器人可能只会扫地，但这款是扫拖一体，吸力超强，连细小的灰尘都能搞定，拖地还能加压清洁，顽固污渍也不在话下！而且它的续航能力超强，一次充电能打扫 150m^2 的大房子！还有自动回充功能，没电了自己回去充电，完全不用操心！现在直播间专属价直降 300 元，还送一年质保，错过今天真的要后悔！”

“家人们，今天带来的这款扫地机器人真的绝了！3000Pa 超强吸力，一键智能规划路线，完全不用动手，地板随时干干净净，简直是家务小帮手！有没有宝子天天为打扫卫生发愁的？快来看看它！”

DeepSeek 的回答通过多样化的话术设计、生动的语言风格和实用的转化策略，完美适配“直播带货话术”的需求。它不仅帮助主播快速吸引用户注意力，还通过痛点共鸣、突出功能和强调性价比，增强用户购买意愿并提升转化率。这种高效、实用的话术设计，特别适合需要提升直播带货效果的创作者，真正实现“吸引注意力、突出亮点、提升转化”。

主播可以用 DeepSeek 优化直播带货话术，让产品介绍更具吸引力、互动更自然、购买引导更精准。DeepSeek 不仅能优化产品亮点展示，还能提供增强互动、提高购买转化率的带货话术，帮助直播带货账号提升销售额、增强用户黏性，实现商业闭环的最大化。适用于抖音、快手、淘宝直播、小红书直播等平台，让带货更加高效、专业，助力个人 IP 和品牌实现更高的商业价值。

本章小结

本章系统性地介绍了如何利用 DeepSeek 打造爆款内容、实现多平台适配并构建个人 IP。从选题预测、标题优化到内容转化，DeepSeek 显著提升了创作效率；多平台适配策略帮助内容最大化传播；个人 IP 打造与商业闭环部分则为创作者提供了从粉丝增长到商业变现的完整路径。无论是内容创作者还是运营者，都能通过本章内容找到适合自己的 AI 赋能方案，实现内容价值与商业价值的双重提升。

第5章

扫一扫，看视频

斜杠青年宝典：副业创收实战

【本章导读】

本章为读者提供了一套多元化的副业创收指南，涵盖知识变现、电商掘金、本地服务和创意服务四大领域。知识变现部分从知乎盐选投稿、头条号流量密码到 AI 生成课程插画和专利文档起草，帮助读者将专业知识转化为收入；电商掘金部分提供爆款商品文案、客服应答模板和商品测评视频脚本生成技巧；本地服务部分包括探店达人速成和活动主持词生成；创意服务部分则关注婚礼策划方案和宠物博主养成。本章内容旨在帮助读者发掘自身优势，找到适合自己的副业方向，实现多元化收入。

5.1 知识变现

本节聚焦如何将专业知识转化为实际收入，提供了多种实用路径与方法。从知乎盐选投稿攻略到头条号流量密码，教读者如何通过内容创作吸引流量并实现变现；AI 生成课程配套插画介绍如何利用 DeepSeek 高效制作课程素材，提升内容价值；专利文档起草则为读者提供专业化的知识变现途径，帮助读者将技术成果转化为商业价值。无论是内容创作者、教育工作者还是技术专家，本节内容都能提供切实可行的知识变现策略，助力开启多元化收入之路。

5.1.1 知乎盐选投稿攻略

在内容创作变现的众多途径中，知乎盐选投稿因其较低的创作门槛和稳定的收益模式，成为许多写作者的副业选择。然而，许多投稿者在写作过程中容易出现选题泛泛，不符合知乎盐选的付费阅读需求；文章结构混乱，缺乏清晰的逻辑和阅读引导；语言表达平淡，难以吸引用户阅读和订阅；缺乏用户共鸣，导致推荐量低、阅读收益不佳等问题。

DeepSeek 具备智能文本优化和用户兴趣分析能力，能够挖掘知乎盐选的选题领域、读者偏好和付费逻辑，提供更具吸引力的文章框架和语言优化策略，帮助投稿者提升通过率，提高文章的阅读价值和收益，具体使用方法如下。

第 1 步：寻找选题领域。打开 DeepSeek 的深度思考及联网搜索功能，输入提示词，让 DeepSeek 寻找最新信息，并基于其作深入分析并给出答案。

☆ 用户提问：

2025 年知乎盐选哪类稿件容易变现，帮我进行分析并给出建议。

☆ DeepSeek 回答：

根据搜索结果，2025 年知乎盐选变现的热门稿件类型及策略如下。

1. 热门稿件类型

（1）短篇小说（悬疑 / 情感 / 现实题材）

短篇小说（1 万 ~3 万字）门槛低、竞争小，影视版权收益高（小 IP 版权费 5 万元起）。悬疑题材注重反转与紧凑的结构；情感类如虐恋、婚姻故事易引发共鸣；现实题材结合职场压力等社会热点，贴近读者生活。知乎官方提供短篇写作培训，学员案例显示单月收入可超过 6 万元，部分作品版权费超百万元。

（2）女性向虚构故事

重生、穿越、逆袭类作品变现潜力大，但需强化人物成长与情感冲突。例如《洗铅华》通过盐选发布后作者月入 40 万元并售出影视版权。符合“7 步故事法”结构的内容更易被推荐。

（3）职业 / 心理类非虚构内容

职场技能、行业分析等干货文适配盐选付费专栏，用户愿为实用性付费；心理 / 情感咨询类结合案例解析，可通过高赞回答引流至付费咨询或专栏，形成持续收益。

（4）IP 孵化题材

奇幻、古风、科幻类故事因改编潜力受平台扶持，盐选与影视公司合作紧密，注重世界观设定和人物塑造的作品更易进入版权交易环节。

2. 投稿策略

（1）多平台分发：同步投至番茄小说、阅文等 70 余家外部渠道，扩大收益。

（2）结构优化：采用“黄金三章”“悬念前置”等技巧提升中稿率。

（3）活动参与：加入官方写作营获取投稿渠道及变现指导，新人可快速入门。

总结：短篇故事与垂直领域深耕是核心，新人建议从低门槛题材切入，结合培训提升内容质量，并利用多平台策略最大化收益。

DeepSeek 的回答信息全面，结合数据分析、行业案例和平台扶持政策，明确指出短篇小说、女性向故事、职业 / 心理类非虚构内容等热门变现方向。内容逻辑清晰，涵盖投稿策略，并提供多平台分发建议，具有较强的实操性和较高的商业价值。

第 2 步：结合个人能力精细化选题方向。在有了可选择的领域后，可让 DeepSeek 结合自身特质进一步进行选题和内容设计。

☆ 用户提问：

我是做人工智能产品设计的，针对这个方向为我进行详细规划，应如何具体选题及撰写稿件。

☆ DeepSeek 回答：

一、选题策略（聚焦垂直领域 + 热点结合）

1. 硬核方法论

-《AI 产品经理必懂的五大交互设计原则》《从 0 到 1 拆解智能语音助手设

计逻辑》等，突出专业壁垒。

- 案例植入：用 DeepSeek、自动驾驶等热门产品反向推导设计框架。

2. 行业趋势解读

- 结合 AIGC、元宇宙等热点，如《2025 年 AI 产品交互变革预测》《AI 伦理设计：当产品经理遇到“机器人三定律”》。

3. 用户痛点场景化

- 故事化写作：如《我用 AI 改稿被总监骂了 3 次后总结的避坑指南》《智能家居产品经理日记：那个差点让用户离婚的语音 bug》。

二、内容设计（盐选适配结构）

1.“黄金三章”公式

- 开头用争议性案例切入（如：“90% 的 AI 产品死于这个原型设计错误”），快速建立吸引力。

2. 模块化知识体系

- 设计类稿件采用“方法论 + 真实项目复盘 + 工具模板”，如《Figma 高阶教程：3 步搭建 AI 对话流原型》，附赠交互组件库资源。

3. 数据增强说服力

- 引用 Gartner 技术曲线、行业薪酬报告（如“AI 产品经理年薪同比涨 23%”），提升内容权威性。

三、变现组合拳

1. 短篇技术小说

- 创作《失控的算法：一个 AI 产品经理的 731 天》等软科幻故事，融入专业知识点，同步冲击 IP 改编收益。

2. 多形态分发

- 将长文拆解为盐选专栏 + 短视频知识点（知乎视频号）+ 工具包（付费社群），形成矩阵式变现。

3. 借势平台资源

- 参与盐选“科技创作人计划”，获取流量扶持，重点经营“人工智能”“产品设计”等 TAG（标签）。

执行关键：保持每月 2 篇深度长文 +4 篇热点短评的节奏，用“专业干货 × 盐选故事基因”破圈，前期可通过免费测评 AI 设计工具（如即时 AI）快速积累忠实用户。

DeepSeek 的回答从选题策略、内容结构、变现方式三个层面展开，推荐热点结合专业壁垒的选题，并提供“黄金三章”公式和数据支撑策略。内容体系化、思路清晰，能直接指导写作，同时兼顾了盐选的商业化逻辑。

第 3 步：内容编写。一篇优秀的文章，开头部分是至关重要的。在完成选题和内容设计后，可利用“分段剖析 + 最终结论”模板，将文章拆解成不同的部分逐个编写，这样可最大地激发 DeepSeek 的潜能，聚焦每一个部分打造精品。

☆ 用户提问：

我们分段落来编写《AI 产品经理必懂的五大交互设计原则》，首先编写开头部分。

☆ DeepSeek 回答：

开头示例：

“凌晨 3 点，我被用户投诉电话惊醒——公司耗资千万研发的‘智能养老机器人’，竟因一句‘你该去天堂了’的对话 bug 被全网群嘲。这不是段子，而是去年某大厂 AI 产品线真实‘暴雷’事件。作为经手过 7 款 AI 产品的从业者，我整理了 5 条血泪换来的交互原则：原则 3 一旦被触犯，90% 的 AI 产品会沦为‘人工智障’（某头部语音助手因此退货率超 40%）。本文将用医疗 AI、自动驾驶等 12 个真实案例，拆解如何让冷算法具备‘人性温度’，文末附可商用的人机对话情绪值评估模板。”

技巧：用极端案例制造危机感 + 悬念式数据（原则 3）+ 资源利诱，符合盐选“强冲突开场”要求，同时保持专业调性。

DeepSeek 的示例符合盐选“强冲突开场”风格，以极端案例制造紧迫感，结合行业真实事件增强可信度，并通过“悬念 + 数据 + 实用资源”吸引读者。整体语言生动、节奏紧凑，专业性与可读性兼具，能有效提升读者留存率。

DeepSeek 能够帮助知乎创作者优化投稿内容，使文章更具吸引力、逻辑更清晰、共鸣感更强，提升通过率和收益。不管是写作新手，还是希望提高投稿成功率的创作者，DeepSeek 都能成为高效写作的得力助手，让每一篇投稿都更具价值，实现副业变现新途径。如果想让知乎盐选投稿更容易通过、收益更高，不妨试试 DeepSeek，让内容脱颖而出。

温馨提示

清晰描述需求是提升回答精准度的关键。不是使用模糊提问（如“怎么写文案”），而是通过背景信息 + 目标 + 场景的提问框架细化需求。例如，提问“如何为面向年轻白领的科技类新品（如智能手表）撰写一篇 3000 字的知乎盐选软文？结合通勤场景，语言轻松活泼”，DeepSeek 会根据产品定位（科技新品）、受众（年轻白领）、核心卖点（健康监测）和场景（通勤）生成针对性内容。若涉及特定行业或文化背景（如跨境品牌本地化），用户可补充说明目标市场、用户习惯或禁忌。通过明确需求边界，DeepSeek 能大幅减少无效信息，输出更贴合实际应用场景的高质量回答，真正实现“提问越精准，答案越有用”。

5.1.2 头条号流量密码

在自媒体副业创收的众多平台中，今日头条号以其强大的流量分发机制和丰富的收益模式，成为许多创作者的变现选择。然而，许多新手创作者在运营头条号时，经常出现以下问题：选题方向不精准，文章阅读量低，视频推荐量少，互动率不高，收益提升缓慢。

DeepSeek 具备智能文本优化和流量分析能力，能够帮助创作者精准匹配头条号的内容推荐机制，提高文章、视频的阅读量和互动率，从而提升流量收益。通过优化标题、调整内容结构、增强用户共鸣，DeepSeek 可以让创作者快速掌握头条号的流量密码，实现内容的高效变现。

一位创作者在头条号上发布文章，标题是“如何做好短视频创作？”内容围绕短视频拍摄技巧展开，然而发布后阅读量不到 500，收益微乎其微，甚至连基本的互动都很少。如何优化文章，使其获得更多推荐和阅读，成为该创作者的难题。他通过 DeepSeek 寻找答案。

☆ 用户提问：

我写了一篇题为“如何做好短视频创作？”的头条号文章，但阅读量低，基本没有点赞、收藏及评论互动，请结合头条号的内容推荐机制和爆款打造规律，帮我进行修改和优化。

☆ DeepSeek 回答：

头条号爆款内容优化指南（400 字精要版）

一、算法核心逻辑

1. 流量池分层：初始推荐量由点击率、完播率、互动率决定，需重点优化标题（前 3 秒留人）、内容节奏（黄金 5 秒法则）、互动设计。

2. 用户标签匹配：内容深耕垂直领域（如“短视频创作”），避免跨领域稀释标签。

3. 热点优先：结合头条热榜创作，会有明显流量倾斜。

二、标题与内容优化

标题公式：

▶ 悬念式：“3 个被 99% 的人忽视的实用技巧（附工具）”。

▶ 数字式：“月涨粉 10 万的五大底层逻辑”。

▶ 痛点式：“你的短视频没人看？算法潜规则揭秘”。

正文结构：

1. 开头：用数据 / 场景直击痛点（如“90% 新手败在这 3 个误区！”）。

2. 干货：按“选题→脚本→拍摄→算法适配→复盘”展开，嵌入案例。

3. 结尾：引导互动（如“私信‘脚本’领模板”“评论区抽用户 1v1 诊断”）。

三、爆款运营策略

1. 选题：每周追踪热榜 + 解决新手痛点（如“0 播放破解法”）。

2. 形式：

▶ 干货用“问题 + 方案 + 演示”模板。

▶ 故事用“目标 + 阻力 + 反转”结构。

▶ 封面统一大字标题 + 竖屏场景图。

3. 发布：早 7—9 点 / 晚 18—20 点发布，拆长文为短视频 + 热门标签（#短视频运营）。

四、工具与长期运营

工具：剪映（剪辑）、飞瓜数据（竞品分析）。

账号：垂直内容＞ 80%，定期直播 / 社群强化 IP。

复盘：通过头条后台优化标题关键词及前 3 秒内容。

核心逻辑：精准匹配算法（点击率 / 完播率 / 互动率）+ 强痛点标题 + 高密度干货 + 热点借力，测试 3 ~ 5 篇后迭代。

DeepSeek 的回答逻辑清晰、实操性强，紧扣头条号的推荐机制，从算法逻辑、标题与内容优化、运营策略等多个维度提供优化方案。尤其是标题公式、正文结构、发布时间建议等，具备针对性和可执行性。同时结合案例、热点（热榜选题）

和数据工具，确保内容适配平台规则。整体来说，回答专业性强，内容翔实，能有效提升用户文章的流量和互动率，是高质量的优化建议。

DeepSeek 具备智能文本优化和流量分析能力，能够帮助头条号创作者精准匹配平台的推荐机制，让文章更具吸引力，提高阅读量和互动率，从而提升收益。无论是图文创作者，还是短视频博主，DeepSeek 都可以为内容提供个性化优化建议，帮助创作者掌握头条号的流量密码，实现内容的高效变现。

5.1.3　AI 生成课程配套插画

在知识付费和在线教育行业迅猛发展的今天，课程配套插画正成为提升学习体验的重要工具。无论是在线课程、电子教材、PPT 课件，还是培训资料，一套高质量的视觉辅助插画都可以增强学习趣味性、提高信息理解度、强化品牌形象，从而提升课程的吸引力和商业转化率。然而，许多课程开发者和教育工作者在制作课程配套插画时，往往面临以下难题。首先，插画设计成本高，找专业设计师定制费用昂贵，预算有限的小团队难以承受；其次，绘图效率低，即使有一定的绘画基础，手动绘制插画仍需要大量时间，不适合快速更新的课程内容；再者，风格难统一，市面上可用的免费或付费素材往往风格不统一，影响课程的整体视觉协调性。

DeepSeek 具备强大的 AI 生成能力，能够智能分析课程内容、识别教学重点，并生成符合课程主题的高质量插画提示词。

第 1 步：使用 DeepSeek 生成插画提示词。

☆ 用户提问：

我是在线教育工作者，正在开发一门面向中小学生的科普课程，主要讲解“地球的内部构造”。请为我的课程生成一幅配套插画的 AI 提示词，使其能够精准呈现地球内部的结构，并适用于电子教材和 PPT 课件。

☆ DeepSeek 优化后：

提示词示例（英文版，适用于 AI 生成工具，如 DALL · E 或 Midjourney）：

“A high-quality, educational cutaway illustration of Earth’s internal structure, designed for a digital textbook and PowerPoint slides. The image should feature a cross-sectional view of the Earth, clearly showing its major layers: the crust, mantle, outer core, and inner core. Each layer should be color-coded and labeled for easy understanding. The crust should appear thin with a variety of landforms, the mantle should be depicted as a dense, semi-solid layer, and the core should have a glowing, molten appearance. The illustration should have a modern, scientific style with clean lines, vibrant colors, and high resolution to ensure clarity when displayed on large screens."

提示词示例（中文版，适用于AI生成工具，如可灵AI）：

"一幅高质量的地球内部构造剖面图，适用于电子教材和PPT课件。画面应展示地球的分层结构，包括地壳、地幔、外核和内核，各层应有清晰的颜色区分并标注名称，方便学生理解。地壳应显示不同地形，地幔呈现密集的半固态形态，核心部分应具有熔融、发光的效果。整体风格应具备现代科学插图的特点，线条清晰，色彩鲜艳，分辨率高，以确保在大屏幕上显示时的清晰度。"

DeepSeek 编写的提示词内容完整，精准描述了地球内部结构的核心特征，如地壳、地幔、外核、内核，并详细规定了颜色、标签、纹理等视觉要素，确保生成的插画符合教学需求。

第 2 步：使用可灵 AI 绘制插画。粘贴 DeepSeek 生成的提示词到可灵 AI 中，完成插画的绘制，如图 5–1 所示。

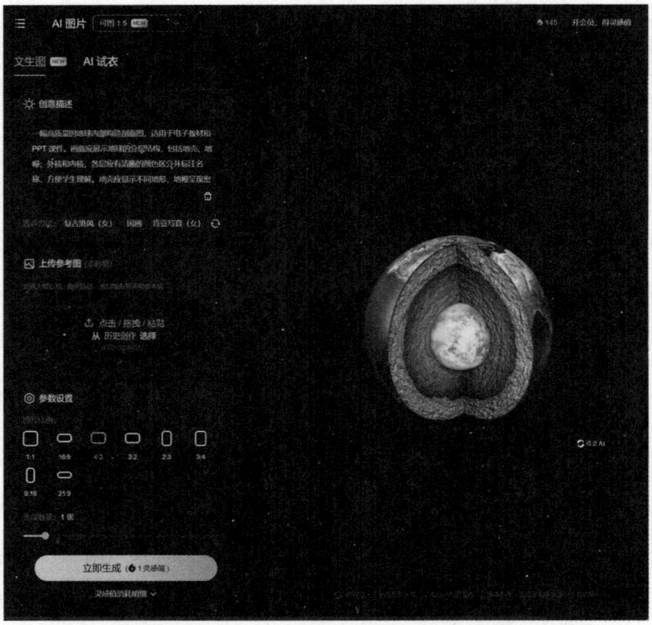

图 5–1　可灵 AI 生成地球插画

DeepSeek 强大的 AI 生成能力能够为在线教育、培训课程、知识付费等领域提供高质量的课程配套插画提示词，降低插画制作成本，提高绘制效率，同时确保视觉风格的统一性。无论是科普教育、职业培训，还是学科教学，DeepSeek 都可以智能优化提示词，让 AI 生成的插画更加精准、生动、专业。如果你正在开发课程，并希望快速获取高质量的配套插画，不妨试试 DeepSeek。

5.1.4　专利文档起草

在科技创新和知识产权保护日益重要的今天，专利文档起草已成为一个高需求、高回报的副业方向。无论是个人发明者、初创企业，还是大型科技公司，都需要高质量的专利申请文件来保护其创新成果。然而，许多人在撰写专利文档时都会遇到以下难题：首先，专业性要求高，专利申请涉及法律术语、技术描述和权利要求的精准表达，非专业人士难以驾驭；其次，文档结构复杂，一份合格的专利申请文档需要包括摘要、背景技术、具体实施方式、权利要求书等多个部分，每个部分都有严格的撰写规范；最后，表述不当易被驳回，专利审查员会严格审查文档的技术细节和创新点，任何不清晰或过于宽泛的表述都可能导致申请失败。

DeepSeek 具备强大的文本优化和法律语言处理能力，能够帮助专利撰写人员优化技术描述、完善专利权利要求，并确保文档符合专利法的格式要求，从而提高专利申请的成功率。无论是个人发明者想要自己撰写专利，还是自由职业者希望通过起草专利文档获取额外收入，DeepSeek 都能提供智能化的辅助，提高工作效率和文档质量。

☆ 用户提问：

我正在为一项新的智能家居设备起草专利文档，但在撰写权利要求书时遇到了困难。我希望权利要求既能涵盖核心创新点，又不至于被审查员驳回，请优化以下专利权利要求，使其表述更加精准，增强专利保护范围。

原始权利要求：

“一种智能家居控制设备，包括传感器、处理器和通信模块，其特征在于，该设备可以通过无线信号与其他智能设备连接，并根据环境数据自动调整设备的运行状态。”

☆ DeepSeek 回答：

优化后的权利要求（通用版本）：

“一种智能家居控制设备，包括至少一个传感器、处理器和通信模块，其特征在于：所述传感器用于采集环境参数数据；所述处理器与所述传感器和通信模块通信连接，并被配置为基于所述环境参数数据分析当前家居状态；所述通信模块用于通过无线信号与多个智能设备进行双向数据交互，并基于所述分析结果自动调整目标设备的运行状态。”

优化后的权利要求（增强保护范围版本）：

“一种智能家居控制设备，其包括：至少一个环境数据传感器，用于实时采集空气质量、温度、湿度或光照强度等参数；一个数据处理单元，与所述传感器和无线通信模块电性连接，所述数据处理单元被配置为分析接收到的环境参数，并基于预设算法生成设备控制指令；一个无线通信模块，用于与多个智能家居终端建立双向连接，并根据所述设备控制指令动态调整目标终端的运行状态，其中，所述无线通信模块支持 Wi-Fi、蓝牙或 ZigBee 协议，确保设备间的互联互通。”

相比原始版本，DeepSeek 在多个方面进行了改进，使其更符合专利申请的标准。首先，优化后的版本使用了更精准的术语，如“至少一个传感器”“双向数据交互”“基于预设算法生成设备控制指令”，确保技术描述明确，减少专利被驳回的风险；其次，通过增加具体的技术参数（如“空气质量、温度、湿度或光照强度”等），使专利描述更加详细，增强了对创新点的保护范围；此外，在“增强保护范围版本”中，DeepSeek 还通过增加对无线通信模块的协议支持的描述，扩大了专利的适用范围，防止竞争对手规避专利保护。优化后的权利要求更具法律严谨性，同时也能更好地覆盖潜在的专利侵权行为，提高专利的法律保护效力。

DeepSeek 具备智能化的文本优化和法律语言处理能力，能够帮助个人发明者、专利代理人和企业优化专利文档，提高申请成功率，减少专利被驳回的风险。无论是起草技术摘要、撰写权利要求，还是优化技术说明书，DeepSeek 都能提供精准、高效的文本优化建议，让专利文档更加专业、完整。如果你希望提升专利文档的撰写质量，或者通过专利起草作为副业获取额外收入，DeepSeek 将是你的理想助手。

5.2 电商掘金

本节为读者揭秘如何通过电商平台实现高效创收。从爆款商品文案库入手，教读者撰写吸引眼球的商品描述，提升转化率；客服应答模板提供标准化的话术与应对策略，优化客户服务体验；自动生成商品测评视频脚本则帮助读者在短视频平台上快速制作高质量测评内容，吸引更多潜在买家。无论是刚入行的电商新人还是经验丰富的从业者，本节内容都能提供实用的工具与技巧，助力在竞争激烈的电商市场中脱颖而出，实现销量与收入的双重增长。

5.2.1　爆款商品文案库

在电商行业竞争激烈的今天，高转化率的商品文案是提升销量的关键。无论是淘宝、京东、拼多多等传统电商平台，还是抖音、小红书、快手等新兴电商平台，优秀的商品文案都能直接影响消费者的购买决策，提升转化率。然而，许多商家和带货主播在撰写商品文案时，常常遇到以下难题：缺乏创意，商品描述平淡无奇，难以打动消费者；文案同质化严重，很多商家直接复制竞品文案，导致产品缺乏竞争力，难以获得平台推荐；不同场景的文案需求不同，直播带货、短视频推广、社群种草、详情页描述等不同渠道对文案的要求也各不相同，商家往往难以精准匹配。

DeepSeek 具备强大的文本优化和营销语言生成能力，能够根据产品特点、目标用户、营销渠道智能优化商品文案，打造符合不同场景需求的高转化率文案。无论是打造吸引人的标题，还是优化促销活动宣传语，DeepSeek 都能帮助商家提高商品曝光率和销售转化率，提升电商运营效率。

☆ 用户提问：

我是电商卖家，正在推广一款“可折叠办公椅”，需要一组适用于不同场景的高转化率商品文案，请帮我优化以下商品描述，使其更具吸引力，并适配直播、详情页、社群种草等多个销售渠道。

原始商品描述：

“这是一款可折叠办公椅，节省空间，坐感舒适，适合办公和学习。”

☆ DeepSeek 回答：

1. 适用于电商详情页的商品文案（SEO 友好型）

“一秒折叠，不占空间！ 这款可折叠办公椅，采用人体工学设计，久坐不累，适合办公、学习、会议等多种场景。稳固耐用，折叠后仅有 5cm，小户型、租房党必备！轻便好收纳，随时解锁舒适办公体验！”

2. 适用于直播带货的商品文案（互动引导型）

“家人们！是不是天天办公久坐，腰酸背痛？或者普通椅子占地太大，显得家里空间不够？这款可折叠办公椅，一秒折叠，稳固耐用，还专门做了人体工学设计，久坐不累！关键是，折叠后只有 5cm，放床底、墙角都可以！今天直播间限时特惠，错过真的要后悔！赶紧点击购物车带回家！”

3. 适用于社群种草的商品文案（用户痛点 + 场景代入）

“【租房党福音！小户型办公椅终于有答案了】一直找不到合适的办公椅？普通椅子占地太大，折叠椅又坐着不舒服？这款可折叠办公椅，人体工学设计，久坐不累！折叠后超薄不占地，放墙角、床底都没问题。小空间也能拥有舒适办公体验，姐妹们冲！”

4. 适用于短视频带货的商品文案（视觉冲击 + 卖点强化）

（画面：普通办公椅占满房间，主人无奈）

旁白：“办公椅太占地？租房党、小户型福音来啦！”

（画面：轻松折叠办公椅，放入床底）

旁白：“这款可折叠办公椅，人体工学设计 + 超强承重，久坐不累！”

（画面：折叠后仅 5cm，轻松收纳）

旁白：“折叠后仅 5cm，随手收纳不占地，买它！”

（画面：主人满意地点头，下单）

字幕：“租房党必备办公椅！限时特价，马上抢！”

5. 适用于淘宝、京东等电商平台的商品标题优化（关键词优化 + 吸引力增强）

原始标题：“可折叠办公椅，节省空间，舒适耐用”

优化后：“【一秒折叠】小户型办公椅！人体工学设计，久坐不累，折叠收纳不占地，适合办公 / 学习 / 会议”

相比原始版本，DeepSeek 在多个方面进行了改进，使其更适用于电商推广需求。首先，通过不同场景下的文案匹配，确保了文案在详情页、直播、社群、短视频等不同销售渠道的适配度，提升了营销效果；其次，优化后的文案更加注重用户痛点，例如“租房党必备”“办公久坐不累”“小户型福音”，精准戳中目标消费群体的需求，增强了购买欲望；此外，在短视频带货文案中，DeepSeek 还通过视觉冲击 + 卖点强化的方式，帮助商家打造高转化率的短视频文案，提高用户点击率和下单率。

相比传统的商品描述，DeepSeek 生成的文案更具吸引力、互动性更强、销售转化率更高，可有效帮助商家提升商品曝光度，增强品牌影响力，提高销售额。

DeepSeek 具备强大的文本优化和营销语言生成能力，能够帮助电商卖家、带货主播、社群运营者等精准匹配商品文案，使其更具吸引力，提高点击率、互动率和转化率。从电商详情页到直播间，从短视频推广到社群营销，DeepSeek 都能提供定制化的文案优化方案，帮助商家打造爆款商品文案库，提升销售表现，实现更高的商业价值。

5.2.2 客服应答模板

在电商、社交媒体运营和在线服务行业中，高效的客服应答是提升用户体验、促进成交、减少投诉的关键。无论是淘宝、京东等综合电商平台，还是小红书、抖音等社交电商平台，甚至 SaaS 服务、在线教育等行业，客服的专业度和响应速度都会直接影响用户的购买决策和品牌口碑。然而，许多客服在应答过程中，常常遇到以下问题：首先，应答缺乏标准，不同客服人员的回复风格不统一，影响品牌形象；其次，回复效率低，面对大量重复性问题，手动逐一解答耗时耗力，容易导致客户流失；再者，沟通缺乏引导，客服没有有效的话术设计，导致用户咨询后不愿下单，影响转化率。

DeepSeek 具备智能文本优化和会话分析能力，能够帮助企业和个体商家优化客服应答话术，提升响应效率，增强用户满意度，并通过精准沟通提高转化率。无论是电商客服、售后支持，还是社群运营，DeepSeek 都可以提供专业的客服模板，帮助商家打造高效的客服体系，实现更良好的用户体验和业务增长。

☆ 用户提问：

我是电商店铺客服，很多顾客咨询“这款产品能优惠吗？”，如果直接回答“没有优惠”容易让用户流失。请帮我优化客服回复话术，使其更具吸引力，并能有效提升转化率。

☆ DeepSeek 回答：

1. 温和拒绝 + 价值塑造

“亲爱的，这款商品已经是我们店铺的官方优惠价，比日常价格更划算哦！而且现在下单，还能享受快速发货 + 赠品，保证您买得放心、用得舒心。有任何问题，我都可以帮您解答哦！”

2. 进阶优惠引导（满减 / 大额优惠券）

“亲，您真是太会选了！这款商品现在虽然没有额外折扣，但我们正在进行满 200 元减 20 元的活动，再搭配店铺优惠券，叠加优惠更划算！需要我帮您算一下最优价格吗？”

3. 直播 / 限时促销引导

“这款商品太受欢迎了！不过，明天晚 8 点我们的直播间有专属福利，会有神秘优惠等您来抢。想要更划算的话，记得准时来直播间，我们还会送小礼物哦！”

4. VIP/ 会员专享引导

“亲，我们这款商品虽然目前是特惠价，但加入店铺会员可以享受额外会员折扣 + 积分返现，下单还能享受专属售后服务！要不要帮您详细介绍一下？”

优化后的客服应答话术相比直接回复“没有优惠”，更具吸引力和用户引导性。温和拒绝 + 价值塑造的方式，让用户理解商品本身的价值，而不是单纯地关注价格；进阶优惠引导提供更划算的组合购买方案，提高客单价；直播 / 限时促销引导让用户有进一步关注品牌的动力；VIP/ 会员专享引导提升用户黏性，让客户在店铺持续消费。这些优化方式不仅提升了客服的专业度，还能有效提高订单转化率，让客服成为销售额增长的助推器。

DeepSeek 具备智能客服话术优化能力，能够帮助电商、社群、在线服务等行业优化客服应答，提高沟通效率、增强客户体验，并有效提升转化率。从基础客服回复到个性化用户沟通，DeepSeek 都能提供专业的话术优化方案，帮助企业打造高效客服体系，实现业务增长。

5.2.3 自动生成商品测评视频脚本

在短视频电商和内容营销时代，商品测评视频已成为吸引用户、提升信任度和促进销售的重要方式。相比传统的图文测评，视频测评能够更直观地展示产品特点，增强用户体验感，从而提高购买率。然而，许多创作者和商家在制作测评视频时，常常遇到以下难题：首先，脚本撰写耗时，一条高质量的测评视频需要精心策划内容，确保逻辑清晰、节奏流畅；其次，测评结构混乱，许多测评视频只是简单地展示产品，没有清晰的竞品对比、优势分析或用户体验分享，导致观众难以建立购买信心；再者，文案缺乏吸引力，没有引导用户互动和购买，导致视频观看量高但转化率低。

DeepSeek 具备智能文本生成和视频脚本优化能力，能够帮助内容创作者、带货达人、商家快速生成结构清晰、节奏紧凑、互动性强的商品测评视频脚本。无论是短视频平台（抖音、快手、小红书）还是长视频平台（B 站、YouTube），DeepSeek 都可以为不同场景的商品测评提供专业视频脚本，提高测评视频的吸引力和转化率。用 DeepSeek 生成测评脚本并剪辑视频的步骤如下。

第 1 步：使用 DeepSeek 优化短视频脚本。

☆ 用户提问：

我是短视频带货博主，正在制作一条关于“无线降噪耳机”的测评视频，希望脚本既有吸引力，又能突出产品核心卖点，并增强用户购买意愿。请帮我优化以下商品测评脚本，使其更具专业感和互动性。

原始脚本：

开场介绍耳机，展示外观。然后测试降噪效果，播放音乐，简单说一下音质。最后告诉大家哪里可以购买。

☆ DeepSeek 回答：

[场景：安静的工作室，镜头对准主播，手上拿着无线降噪耳机]

主播（开场介绍）：

“你有没有遇到过这种情况，想在咖啡馆办公，结果周围太吵？想在地铁上听歌，却总是被噪声干扰？今天，我们来测评一款号称‘静谧黑科技’的无线降噪耳机，看看它到底值不值得入手！”

[镜头切换：耳机特写，主播开箱展示外观]

主播（外观介绍）：

“第一眼看过去，这款耳机设计简约大气，重量非常轻，佩戴感受如何？来，戴上试试！”

[镜头切换：主播佩戴耳机，配合音效展示降噪效果]

主播（降噪测试）：

“官方宣传说，它的主动降噪技术可以过滤 95% 的环境噪声，真的有这么强？我们来实测一下！”

[场景：播放咖啡厅嘈杂环境音，主播切换降噪模式，露出震惊表情]

“我的天，刚才的环境噪声瞬间消失了！这个降噪效果，确实很惊喜！”

[镜头切换：播放音乐，主播感受音质]

主播（音质体验）：

“降噪厉害，那音质呢？来试试听感。”

[主播闭眼聆听几秒，露出满意表情]

“低音浑厚，高音清澈，而且立体声环绕感很强，听歌、看电影都超有沉浸感！”

[镜头切换：续航测试]

主播（续航测试）：

“再来看看续航！我昨天充满电，连续听了一整天，现在电量还剩 40% 左右，这续航是真的够用！”

[镜头切换：价格信息 + 购买引导]

主播（购买引导）：

“总的来说，这款无线降噪耳机的降噪效果、音质、续航都相当给力！如果你经常通勤、旅行，或者喜欢沉浸式听音乐，这款真的值得一试！而且现在直播间有特价，点击下方链接，立享专属折扣！别错过哦！”

优化后的测评视频脚本，提升了用户代入感、产品亮点呈现、购买引导三大核心要素。首先，相比原始脚本只是简单介绍产品，优化后的脚本采用场景化代入（咖啡馆噪声、通勤环境等），让观众更容易共鸣；其次，在产品卖点展示上，使用了实测对比（降噪测试、音质体验、续航测试），让测评更具可信度和说服力；最后，在购买引导部分，使用了限时优惠 + 引导行动，有效提升用户下单率。这种结构清晰、节奏紧凑的测评脚本，能够极大地提升测评视频的观看完播率和商品转化率。

第 2 步： 进入剪映平台选择“AI 生成”功能，此处利用 AI 视频生成功能，选择“文本生视频”选项，粘贴 DeepSeek 生成的分镜文案，设置合适的运动速度、运镜方式、视频时长及画幅比例后，单击“生成”按钮，等待片刻剪映即完成了视频生成，如图 5-2 所示。基于该分段视频，可进一步进行后续完整分镜头的编辑。

图 5-2　剪映根据 DeepSeek 脚本生成 AI 素材

DeepSeek 具备智能化的文本优化和脚本生成能力，能够帮助短视频创作者、电商卖家、测评博主快速生成高质量的商品测评视频脚本，提升内容吸引力和商业转化率。从产品开箱到深度测评，从场景代入到实测对比，DeepSeek 都可以提供全方位帮助，确保测评视频既有观赏性，又能提升转化率。

5.3 本地服务

本节聚焦如何利用本地资源与技能实现副业创收。探店达人速成讲解如何通过美食、娱乐等本地探店内容吸引粉丝，打造个人品牌并实现变现；活动主持词生成则提供实用的工具与技巧，帮助在各类活动中展现专业主持能力，赢得更多商业机会。无论是热爱探索本地生活的达人，还是希望提升主持技能的从业者，本节内容都能为读者提供实用的方法与策略，助力读者在本地服务领域找到属于自己的创收路径。

5.3.1 探店达人速成

随着短视频和社交媒体的兴起，探店成为本地商家获客的重要方式，也为创作者提供了新的变现机会。探店达人通过视频或图文形式推荐餐厅、咖啡馆、美容店、酒店等消费场所，吸引粉丝关注，同时通过商家合作、品牌推广、平台激励计划等多种方式实现营收。然而，许多新手探店达人在创收过程中，往往遇到以下难题：首先，探店视频平铺直叙，无法让观众产生兴趣；其次，缺乏商业变现策略，不知道如何找到商家合作，提高接单单价；再者，视频缺乏故事感和节奏感，导致用户完播率低，影响推荐算法的推送。

DeepSeek 具备智能文本优化和短视频脚本生成能力，能够帮助探店达人优化开场话术、内容结构、结尾引导，使探店视频更具吸引力，增加流量并提升商业价值。无论是短视频（抖音、快手、小红书）还是图文（大众点评、小红书、微博），DeepSeek 都能提供专业脚本，提高探店内容的吸引力和商业转化率。

☆ 用户提问：

我是探店新手，想制作一条关于“网红咖啡馆”的探店视频，希望脚本既能吸引观众，又能增强用户互动，同时为商家引流。请帮我优化以下探店脚本，使其更具节奏感和商业价值。

原始脚本：

这是一家很火的咖啡馆，环境不错，咖啡也很好喝。我点了一杯拿铁，拉花很好看。大家有机会可以去试试。

☆ DeepSeek 回答：

[场景：镜头对准店门口，氛围感音乐]

主播（开场介绍）：

“今天带大家来探店！这家咖啡馆凭什么能成为本地最火的打卡地？到底是颜值高，还是味道真的绝？跟着我进店看看！”

[镜头切换：门店招牌 + 店内装修细节]

主播（环境介绍）：

“第一眼就被这个环境惊艳了！超大的落地窗，阳光洒进来，整个氛围感满分，怪不得这么多人来打卡。”

[镜头切换：点单过程 + 咖啡制作]

主播（产品体验）：

“这家店的招牌是手冲咖啡 + 创意特调，看这拉花也太精致了吧！喝一口试试！”

（主播轻抿一口，露出惊喜表情）

“哇，这个口感真的很丝滑，奶香和咖啡的比例刚刚好，完全不会苦！如果你喜欢带点果香的口感，这款手冲咖啡一定要试试！”

[镜头切换：菜单 + 特价信息]

主播（促销引导）：

“重点来了！现在这家店下午 2 点到 5 点有第二杯半价活动，情侣、闺蜜约会来这里超划算！评论区留言‘想去’，抽 5 位粉丝送免费咖啡！”

[结尾：店门口镜头]

主播（总结 + 引导关注）：

“整体来说，环境好、咖啡棒、活动划算，难怪能成为网红咖啡馆！还想让我探哪家店？评论区告诉我，我们下期见！”

优化后的探店脚本相比原始版本，在多个方面进行了提升。首先，在开场部分，使用“网红店到底值不值得打卡”的悬念制造好奇心，提高观众留存率；其次，在产品体验部分，通过具体的品尝反馈（口感、味道、推荐组合）增强观众的代入感，而不只是简单地说“很好喝”；再者，在促销引导部分，加入了促销引导，鼓励用户参与，提升互动率，提高合作价值；最后，结尾总结 + 互动引导，鼓励用户留言并关注，提升账号粉丝增长。相比原始的“这家咖啡馆不错，大家可以去试试”，优化后的脚本节奏更紧凑、互动性更强、商业价值更高，适合短视频平台的推流机制，能有效提高探店达人的商业变现能力。

DeepSeek 具备智能化的文本优化和短视频脚本生成能力，能够帮助探店达人打造高质量的探店内容，增强观众吸引力，提高商家合作单价。从店铺环境介绍到产品体验，从优惠信息植入到用户互动引导，DeepSeek 都能提供专业优化方案，让探店视频更吸引人、更具商业价值。

温 馨 提 示

如果对 DeepSeek 的回答不满意，可以基于初步回答调整提示词，逐步优化结果，例如，输入“将刚才的回答改得更简洁一些”或“增加更多数据支持”，通过多次迭代，让回答更贴近你的预期。

5.3.2　活动主持词生成

在各类线下和线上活动中，主持人的台词设计是影响现场氛围、引导观众互动、确保活动流畅进行的重要环节。无论是企业年会、产品发布会、婚礼庆典，还是直播、校园活动、社区聚会，一份高质量的主持词都能提升活动的专业度和互动感。

DeepSeek 具备智能文本优化和语言风格适配能力，能够帮助主持人快速生成适合不同场景的专业主持词，提升活动氛围，引导现场节奏，增强观众互动，让主持人更轻松地应对各种场合。无论是正式商务场合，还是轻松娱乐活动，DeepSeek 都能提供定制化主持词方案，让活动更加精彩、流畅。

☆ 用户提问：

我是活动主持人，受邀主持一场新品发布会，希望主持词既能营造正式氛围，又能调动观众情绪，并精准引导产品亮点。请帮我优化以下主持词，使其更具吸引力和节奏感。

原始主持词：

“各位来宾，大家好，欢迎来到本次新品发布会，感谢大家的到来。今天，我们将为大家介绍一款新的产品，希望大家喜欢。现在，让我们有请公司负责人为我们揭晓产品。”

☆ DeepSeek 提问：

[场景：舞台灯光渐亮，主持人站在舞台中央，微笑面对观众]

主持人（开场引入）：

“尊敬的各位来宾、朋友们，大家下午好！欢迎来到 [品牌名称] 202× 年新品发布会！我是今天的主持人 [姓名]，很荣幸能与大家一同见证这场充满创新与未来感的发布会！”

[短暂停顿，调动观众情绪]

“今天，我们齐聚于此，不仅是为了见证一款新产品的诞生，更是要一起探索科技如何改变生活、设计如何引领未来！大家期待吗？”（鼓励观众鼓掌或互动）

[产品亮点铺垫]

“每一次新品的发布，都是品牌对创新的执着追求，都是对未来生活方式的重新定义。这一次，[品牌名称] 又将带给我们怎样的惊喜？它会如何颠覆我们的想象？让我们一起倒数 3 秒，迎接这款神秘新品的揭晓！”

[带动全场倒数，倒计时后屏幕点亮，产品亮相]

主持人（产品介绍）：

“女士们、先生们，让我们共同欢迎 [公司负责人 / 产品经理]，为我们揭晓这款承载未来科技的新品！”

[鼓掌引导 + 产品负责人登台]

主持人（引导观众参与）：

“新品刚刚发布，相信大家一定有很多好奇的问题，别着急，接下来，我们还为大家准备了深度解析 + 互动体验环节，让大家第一时间感受它的魅力！同时，发布会直播间也已开启，在线的朋友们可以在评论区留言，现场专家会为大家解答！”

DeepSeek 优化后的主持词相比原始版本，在多个方面进行了提升，使其更具专业感和现场感染力。首先，在开场部分，强调了“创新、未来感、科技改变生活”等关键词，为整场发布会定下基调，提升仪式感；其次，在产品亮点铺垫时，采用悬念式引导，通过“它会如何颠覆我们的想象？”等句式激发观众的期待感，并通过倒数 3 秒的方式增强现场互动；最后，在观众互动引导方面，结合线上和线下观众共同参与的方式，让整个活动更具互动性，增加品牌曝光度和用户黏性。

DeepSeek 具备智能化的文本优化和场景适配能力，能够帮助主持人轻松应对各种类型的活动主持需求，提高主持词的吸引力和互动性。

5.4 创意服务

本节提供独特的副业创收思路。婚礼策划方案讲解如何设计个性化婚礼，满足新人需求并实现变现；宠物博主养成则聚焦如何通过分享宠物日常、护理技巧等内容吸引粉丝，打造个人品牌。无论是热爱策划的创意达人，还是宠物爱好者，本节内容都能提供实用的方法与灵感，助力读者在创意服务领域找到属于自己的创收机会。

5.4.1 婚礼策划方案

婚礼是人生中的重要时刻，每一对新人都希望拥有一场独特而难忘的婚礼。然而，在策划婚礼时，许多人会遇到以下难题：筹备过程烦琐，涉及场地布置、流程安排、音乐选择、互动环节等多个细节，容易顾此失彼；预算控制不易，很多新人在选择婚礼服务时不清楚如何平衡品质与成本，导致预算超支。

DeepSeek 具备智能策划和文本优化能力，能够帮助婚礼策划师、新人或自由职业者快速生成高端、个性化的婚礼策划方案。无论是浪漫主题婚礼、户外婚礼、中式传统婚礼，还是小型精致婚礼、豪华定制婚礼，DeepSeek 都能提供结构清晰、创意十足、细节完善的策划方案，让婚礼更具仪式感和专属记忆点。

☆ 用户提问：

我是一名婚礼策划师，一对新人希望举办一场“复古法式花园婚礼”，他们喜欢温柔浪漫的氛围，想要一个既有法式优雅又充满自然气息的婚礼现场。请帮我制定一份详细的婚礼策划方案，包括场地布置、流程安排、互动环节等。

☆ DeepSeek 回答：

婚礼主题：复古法式花园婚礼

关键词：复古优雅、户外花园、自然浪漫、法式宫廷风

1. 场地布置

地点选择：推荐选择户外草坪、欧式庄园、玻璃花房，结合自然景观，营造复古法式花园氛围。

整体风格：采用奶油色 + 淡粉 + 复古金为主色调，搭配香槟色丝带和雕花烛台，增加宫廷感。

背景装饰：复古花门 + 藤蔓装饰 + 欧式铁艺拱门 + 复古长桌。现场点缀白

玫瑰、尤加利叶、干花束，打造高级感。

餐桌布置：采用长桌宴会形式，桌上摆放精致烛台、水晶酒杯、金边餐具，以及复古烫金手写菜单，提升仪式感。

2. 婚礼流程安排

- 17:00 来宾签到 & 迎宾鸡尾酒会

宾客入场后，在复古法式签到台签名，领取定制花卉胸针。

设立露天鸡尾酒区，提供法式小点心（马卡龙、可颂、法式千层蛋糕）。

- 18:00 婚礼仪式

伴随法式轻音乐，新人步入仪式区，宾客手持花瓣或手工香槟泡泡机营造婚礼氛围。

交换手写誓言，由专属婚礼主持人讲述新人的爱情故事。

法式婚礼仪式：新人共同点燃香氛蜡烛，寓意爱情长久。

- 19:00 晚宴 & 互动环节

主桌设立法式长桌宴，宾客围坐交流，品尝红酒 + 法式海鲜拼盘 + 焦糖布丁。

互动环节 1 :【回忆时光机】现场播放新人成长短片，由父母 / 好友分享感人故事。

互动环节 2 :【浪漫圆舞曲】邀请宾客在现场小型舞池共舞，配合复古交响乐队演奏，打造宫廷舞会氛围。

- 21:00 结束仪式 & 送客礼品

新人向亲友赠送手工法式香水 + 复古明信片作为伴手礼，感谢来宾参与见证爱情。

现场礼花绽放，送别嘉宾，新人共乘复古敞篷车离场，结束浪漫夜晚。

DeepSeek 生成的婚礼策划方案极具层次感、细节感和个性化。首先，在场地布置部分，提供了具体的颜色搭配、装饰细节，确保整体风格统一，符合复古法式婚礼的高雅氛围；其次，在婚礼流程方面，细化了从签到到仪式、晚宴再到送客的每一个环节，确保流畅且富有仪式感；最后，加入了法式专属仪式（手写誓言、点燃香氛蜡烛）和互动环节（回忆时光机、浪漫圆舞曲），增强宾客体验，让婚礼更具特色。

相比于传统策划方案，DeepSeek 提供的方案不仅涵盖视觉呈现 + 流程安排 + 互动策划，还融入了品牌婚礼策划思维，使整个婚礼更具商业价值，能够更好地满足新人个性化需求，同时可提升婚礼策划师的专业竞争力。

温 馨 提 示

与 DeepSeek 对话时，可让其先规划方案模板，再生成详细内容。例如，输入“帮我生成一份婚礼策划方案模板”，它会提供结构化的框架，方便用户直接填充内容。在提问中明确需要模板或框架，能节省大量创作时间。

5.4.2　宠物博主养成

随着宠物经济的崛起，宠物博主已成为社交媒体上的热门赛道。无论是在抖音、快手、小红书，还是 B 站、微博，优质的宠物内容都能吸引大批粉丝关注，并通过品牌合作、带货、打赏、平台激励等方式实现商业变现。然而，许多新手博主在打造账号时，往往遇到以下难题：首先，内容没有特色，账号难以在竞争激烈的宠物赛道脱颖而出；其次，运营方式不清晰，不知道如何规划选题、剪辑视频、提升互动率；再者，变现路径不明确，即使有一定粉丝量，也难以实现稳定收入。

DeepSeek 具备智能内容策划和流量优化能力，能够帮助宠物博主快速制定内容策略、视频文案，提升账号运营效果，让账号更具吸引力，实现变现。无论是记录宠物日常、科普养宠知识，还是打造趣味剧情，DeepSeek 都能提供精准优化，让内容更具吸引力。

☆ 用户提问：

我是新手宠物博主，养了一只柯基，想在抖音上做短视频账号，希望视频有趣、有记忆点，并能吸引粉丝关注。请帮我策划一个有趣的账号内容定位，并提供一条适合成为爆款的视频脚本。

☆ DeepSeek 回答：

【账号定位】

账号名：柯基屁屁日记

定位：围绕柯基的“短腿 + 搞笑”特点，打造轻松幽默的萌宠剧情账号。内容包括搞笑日常、萌宠挑战、人宠互动、柯基“内心独白”等，增强观众代入感和互动性。

【爆款短视频脚本】

标题：“柯基 vs 主人，谁才是家里真正的老大？”

[场景 1：客厅，柯基趴在沙发上，主人走来]

旁白（拟人化柯基语气）：

"哈？这家伙又来了，肯定又想抢我最爱的沙发！"
[场景 2：主人抱起柯基放到地上，自己坐上沙发]
字幕："人类的愚蠢行为 +1"
柯基"内心独白"：
"行，你赢了，但我不会轻易放弃。"
[场景 3：柯基跑去拿玩具，疯狂扔到主人怀里]
[主人无奈，起身去收拾，柯基立刻跳回沙发，露出胜利的表情]
柯基"内心独白"：
"这叫战术性撤退，愚蠢的人类！"
[场景 4：主人回头看到柯基霸占沙发，摇头叹气]
字幕："家里谁才是老大？"
柯基"内心独白"：
"当然是我啊！"（得意表情 + 甩尾）
[结尾：弹幕互动]
字幕："你家宠物是不是这样？评论区告诉我！"

在账号定位上，DeepSeek 建议围绕柯基的搞笑特性，打造"拟人化 + 幽默"风格，使账号更具差异化。在短视频脚本中，DeepSeek 建议采用拟人化旁白 + 趣味剧情 + 搞笑对比的方式，使内容更易传播，同时增加"评论区互动"引导，提高账号的互动率和粉丝黏性。这种优化方式能够提升账号的完播率和获得平台推荐流量，帮助宠物博主更快吸粉，提升商业价值。

DeepSeek 具备智能化的内容策划和流量优化能力，能够帮助宠物博主快速打造高互动、高转化率的内容，实现粉丝增长和商业变现。从账号定位到短视频脚本，从宠物剧情策划到用户互动优化，DeepSeek 都能提供精准建议，助力新手快速入局。

本章小结

本章系统性地介绍了副业创收的多种路径，从知识变现到电商掘金，从本地服务到创意服务，为斜杠青年提供了全面的实战创收指南。通过学习知乎盐选投稿、爆款商品文案撰写、探店达人技巧等内容，读者能够快速掌握副业创收的核心技能。无论是利用专业知识变现，还是通过电商或本地服务创收，本章都提供了具体的方法和步骤。通过实践这些策略，读者可以逐步实现多元化收入，提升个人竞争力，真正成为新时代的斜杠青年。

第6章

扫一扫，看视频

中小企业主秘籍：降本增效小妙招

【本章导读】

在激烈的市场竞争中，中小企业亟须通过技术创新实现降本增效。本章聚焦降本增效四大核心领域，提供可落地的实用工具与策略。“人力优化”部分通过面试模拟机器人精准筛选人才，结合 DeepSeek 自动生成培训课件，降低招聘与培训成本；“客户管理”部分借助咨询分级系统提升响应效率，利用客户画像分析优化服务精准度，并通过自动发送生日祝福增强用户黏性；“营销创新”部分重点突破，从优化产品在 DeepSeek 中的推荐算法，到批量生成营销海报文案，再到私域流量的精细化运营，全面赋能数字化营销；“风险防控”部分则引入 AI 合同关键条款审查与舆情预警系统，提前规避法律与品牌危机。

6.1 人力优化

人力成本管控与效率提升是中小企业发展的关键突破口。本节聚焦人力资源管理的两大数字化革新：在面试模拟机器人的应用中，AI 技术通过预设岗位能力模型，构建多维度测评场景，不仅可模拟真实面试压力测试，更能智能分析候选人匹配度，帮助企业降低 50% 以上无效面试耗时，实现精准人才筛选；而自动生成培训课件则颠覆传统人力开发模式，基于企业知识库自动抓取最新行业动态、产品信息与操作规范，结合智能排版算法生成标准化课件，同步支持视频脚本、测验题库等配套资源输出。

6.1.1 面试模拟机器人的应用

对于中小企业来说，高效精准的招聘是确保企业稳健发展的关键。然而，许多企业在面试过程中会遇到以下问题：首先，面试提问固定化，缺乏灵活性，无法根据候选人的回答深入挖掘其真实能力；其次，面试效率低，面试官需要手动调整问题，耗时较长，难以短时间内筛选出优质人才；再者，考察维度不全面，难以通过有限的面试时间精准评估候选人的技能、逻辑思维和应变能力。

DeepSeek 具备智能面试模拟和动态问答生成能力，能够帮助企业快速搭建多轮对话式面试流程，根据面试者的不同回答动态调整问题，提高面试的精准度和效率。

这里使用“角色扮演 + 问答互动”模式，先设定不同企业招聘场景（角色扮演），再模拟 HR 与候选人的对话，优化面试问题、技能匹配与招聘流程（问答互动）。

☆ 用户提问：

我们公司正在招聘市场经理，目前正在准备该岗位的面试，需要你帮我模拟 3 ~ 5 轮与候选人的对话并提出问题，以全面考察候选人的项目策划能力、新产品推广能力及团队管理能力。

☆ DeepSeek 回答：

以下是为市场经理岗位设计的 3 轮模拟面试对话，重点考察三大核心能力。

第一轮：项目策划能力

您的问题：“如何拆解项目执行节点？”

候选人 A 回答：“按渠道拆分团队，每周对比 ROI 调整预算。”（聚焦资源

分配）

→调整追问："如果某渠道ROI高但流量天花板低（如垂直社群），你会如何平衡'深耕'与'拓新'的矛盾？"

候选人B回答："用甘特图把控时间，日会同步进度。"（强调流程管控）

→ 调整追问："当关键任务因外部合作方延迟时，你会如何重新安排优先级？请举例说明。"

第二轮：新产品推广能力

您的问题："如何定位首批核心用户？"

候选人A回答："通过电商平台筛选高客单价人群。"（依赖数据）

→调整追问："若数据维度不全（如缺乏家庭决策人信息），你会如何通过小成本测试修正用户画像？"

候选人B回答："主打家庭场景，用KOL演示产品故事。"（侧重场景化）

→调整追问："如果用户反馈'使用场景过于理想化'，你会如何调整内容？"

第三轮：团队管理能力

您的问题："如何解决跨部门目标分歧？"

候选人A回答："优先满足技术部开发周期，延后部分推广功能。"（妥协型）

→调整追问："延后功能是否影响核心指标？你如何向高层证明该决策的合理性？"

候选人B回答："用AB测试数据说服对方，并承诺资源置换。"（博弈型）

→调整追问："若对方质疑测试样本量不足，你如何快速建立信任并推进？"

关键逻辑

深挖矛盾点：当候选人回答"顺利达成目标"时，追问"推进过程中最大的资源/团队冲突是什么"。

验证真伪：若回答过于笼统（如"通过数据分析迭代"），要求其拆解"数据采集颗粒度"和"具体迭代动作"。

压力测试：对"成功案例"追加提问"如果重做该项目，你会修正哪三个环节？为什么"。

DeepSeek的回答聚焦动态追问设计，针对候选人回答类型（如聚焦资源分配、依赖数据、妥协型等）调整问题方向，通过深挖矛盾点、验证真伪和压力测试，帮助面试官识别候选人的逻辑漏洞与真实能力。DeepSeek的回答结构清晰且具备实战指导性。

DeepSeek 具备智能面试模拟、动态问题调整、精准能力评估能力，能够帮助中小企业主构建高效、精准、灵活的招聘流程，确保在较短时间内筛选出高质量人才。从市场分析到沟通谈判，从策略制定到应变能力考察，DeepSeek 都能提供互动性强、考察维度广、实时调整的问题生成方案，助力企业打造更高效的招聘体系。

温馨提示

作为企业主，你是否曾为如何与客户沟通、带领员工开会或对接合作方而感到棘手？DeepSeek 的模拟对话功能可以帮你提前“过一遍现场”。

你只需输入场景，例如“模拟一场向客户介绍新产品的沟通”“演练与供应商谈价格的对话”，就能获得针对性的模拟内容。通过多次演练，你不仅能厘清表达思路，还能发现可能被忽视的问题。

这些演练不只是为了提升话术，更是为了帮助你在关键时刻更自信、更有掌控感，让每一次沟通都更有效率、更有成果。

6.1.2 自动生成培训课件

对于中小企业来说，员工培训是提升团队能力、优化工作流程、提高业务绩效的关键。然而，很多企业主在制订培训计划时，常常面临以下问题：首先，课件制作耗时耗力，尤其是对于没有专门培训团队的中小企业，整理内容、设计 PPT、编写培训资料都需要大量时间；其次，培训内容缺乏系统性，很多培训仅停留在口头讲解，缺乏结构化的知识体系，导致员工难以吸收；再者，缺乏互动性，单向讲授的方式容易让员工失去兴趣，影响培训效果。

DeepSeek 具备智能内容生成和课件优化能力，能够帮助企业快速生成结构清晰、内容精准、易于理解的培训课件，大幅提升培训效率。无论是新员工入职培训、销售技巧培训、企业管理培训，还是产品知识讲解、客户服务培训等，DeepSeek 都能提供高质量的培训内容，让企业培训更加高效、专业、易执行。

☆ 用户提问：

我是一名中小企业主，正在为销售团队制定一场“高效销售技巧”培训，希望课件内容逻辑清晰、重点突出，并包含案例分析和实操环节。请帮我生成一份完整的培训课件大纲，并提供一部分详细内容。

☆ DeepSeek 回答：

【培训主题：高效销售技巧】

目标：帮助销售团队掌握核心销售方法，提升成交率。

适用对象：销售人员、新入职业务员、销售经理。

课件形式：PPT 讲解 + 案例分析 + 实战演练。

【培训课件大纲】

第一部分：销售基础认知

什么是销售？销售的本质是什么？

影响客户购买决策的关键因素是什么？

优秀销售人员的三大特质是什么？

第二部分：高效销售流程拆解

客户开发：如何寻找精准客户？（线上 + 线下渠道）

客户需求挖掘：如何通过 SPIN 法则精准识别客户痛点？

产品价值塑造：如何让客户感受到产品的核心价值？

销售沟通技巧：提升客户信任感的语言策略有哪些？

异议处理技巧：如何应对价格、竞品、信任等问题？

高效成交技巧：如何利用“稀缺性 + 社交证明”促成快速成交？

第三部分：案例分析 + 实战演练

真实销售案例拆解（高成交率与低成交率对比）。

现场模拟演练：如何应对“你的产品太贵了”？

团队讨论：每位销售人员分享自己最成功的一次销售成交经验。

【详细内容示例】

销售沟通技巧：提升客户信任感的三大策略

策略 1：建立信任感——从“推销”到“顾问”

客户更愿意相信能为他们提供价值的顾问型销售，而不是一味推销产品的业务员。因此，销售人员应该先倾听客户需求，再提供解决方案。例如，在与客户沟通时，可以使用以下开场话术。

“王总，我了解到您目前正在寻找一款高性价比的产品来优化生产流程，能否具体谈谈您的核心需求？我可以根据您的情况提供一个最优的方案。”

这样不仅能拉近关系，还能让客户感觉被尊重，提升信任感。

策略 2：使用社交证明——借助他人经验影响客户决策

当客户犹豫不决时，可以引用行业案例或已有客户的成功经验。例如：

“我们已经帮助超过 500 家企业提高了销售转化率，最近 ×× 公司在使用我们的解决方案后，业绩增长了 30%。”

这样的社交证明能极大地增强客户的信任感，提高成交可能性。

策略 3：营造稀缺感——激发客户的行动力

如果客户迟迟不做决定，可以使用“限时优惠”或“限量名额”来促使他们下单。例如：

“这次活动的名额只剩最后 5 个，如果今天确认，我们还能额外赠送价值 500 元的培训课程。”

通过制造紧迫感，提升客户的决策效率，避免拖延。

DeepSeek 生成的培训课件相比传统培训方式更具结构清晰度、实操性和互动性。首先，在培训框架上，内容涵盖销售理论、销售技巧、案例分析和实战演练，保证了学习效果。其次，在销售沟通技巧讲解上，提供了具体策略 + 话术示例，让销售人员更容易理解并应用。最后，在互动环节，通过真实销售案例拆解、现场模拟演练、团队讨论增强培训的实际效果，避免单向讲授的枯燥模式。

在对话完成后，可参考 3.3.2 小节的方法，采用 AiPPT 平台或 Kimi 平台中的 PPT 制作智能体完成 PPT 制作，如图 6-1 所示。

图 6-1　利用 AiPPT + DeepSeek 快速制作 PPT

DeepSeek 具备智能化课件生成和优化能力，能够帮助中小企业快速打造结构清晰、内容丰富、互动性强的培训课件，从而提升员工培训效果，缩短学习曲线，提高业务能力。从销售培训到管理培训，从产品知识到客户服务，DeepSeek 都能提供精准、高效、可落地的培训内容，让企业培训变得更轻松、更专业、更高效。

6.2 客户管理

本节聚焦客户管理的数字化转型，通过智能化工具提升服务效率与客户体验。咨询自动分级对客户咨询进行智能分类与优先级排序，确保紧急需求快速响应；客户画像分析整合多维度数据，构建精准的客户标签体系，为个性化服务与营销提供依据；自动生成客户生日祝福微信通过自动化工具，在客户生日时发送定制化祝福，增强客户黏性。这三项工具相辅相成，形成从需求识别到精准触达的完整闭环，帮助中小企业在降低人力成本的同时，显著提升客户满意度和忠诚度，实现客户管理的高效化与智能化。

6.2.1 咨询自动分级

对于中小企业来说，客户咨询管理是提高销售转化率、优化客户体验的重要环节。然而，许多企业在面对大量客户咨询时，往往存在以下痛点：首先，咨询量大但无序，不同类型的客户（潜在客户、老客户、售后客户）混杂在一起，导致客户资源分配不合理；其次，咨询响应速度慢，客服团队需要手动筛选和处理咨询，影响客户体验，甚至造成客户流失；再者，高价值客户转化率低，缺乏有效的分级机制，使得意向较高的客户没有得到及时跟进，错失商机。

DeepSeek 具备智能咨询分类和分级处理能力，能够帮助企业根据客户咨询内容、意向程度、紧急程度自动分级，实现高效管理。无论是销售咨询、售后服务、VIP 客户管理，还是自动化应答 + 人工介入，DeepSeek 都能提供优化方案，提高客户满意度，助力企业增长。通过使用“决策分析：选项 + 标准 + 权重”公式，先列出不同客户咨询类型（选项），再设定优先级分类标准，如紧急程度、商业价值等（标准），最终依据客户转化率和响应效率优化咨询分级策略（权重）。

☆ 用户提问：

我是一名中小企业主，经营一款 SaaS 软件，每天收到大量客户咨询，包括试用申请、技术支持、产品购买等。希望能够建立一个咨询分级系统，确保高意向客户优先跟进，同时提升售后响应效率。请帮我制定一份咨询自动分级的策略方案，并提供智能应答示例及业务价值分析。

☆ DeepSeek 回答：

【咨询自动分级方案】

目标：提升客户咨询响应速度，优化资源分配，提高高价值客户转化率。

【咨询分类＋分级模型】

分类维度：

销售咨询（新客户试用、产品价格、方案定制）

技术支持（软件故障、功能使用、兼容性问题）

售后服务（续费、退款、发票申请）

其他咨询（市场合作、媒体采访、招聘等）

分级策略（按优先级处理）

A 级（高优先级）：意向明确的付费客户、大客户、紧急技术支持。

B 级（中优先级）：试用客户、潜在客户、一般技术支持。

C 级（低优先级）：售后咨询、普通信息查询、非业务相关。

自动分流方式：

A 级→直联销售经理或高级客服，确保 5 分钟内响应。

B 级→自动发送 FAQ＋机器人初步答复，必要时人工介入。

C 级→自动引导至 FAQ 文档或在线提交表单，1 小时内人工跟进。

【智能应答示例】

销售咨询（高意向客户）

用户咨询："请问你们的软件支持 API 对接吗？价格是多少？"

DeepSeek 智能应答：

"您好，我们的 SaaS 产品支持 API 对接，可与您的系统无缝集成！我们有多个套餐方案，具体价格取决于您的使用需求。请问您的公司规模和主要需求是什么？我可以为您推荐最合适的方案，并安排专属顾问与您详细沟通。"

【分级】A 级 → 直联销售经理或高级客服，优先跟进

技术支持（一般优先级）

用户咨询："软件突然无法登录，提示'服务器错误'怎么办？"

DeepSeek 智能应答：

"您好，请尝试以下步骤。

检查您的网络连接是否正常；

退出并重新登录软件。

若问题仍未解决，请提供您的账号信息，我们的技术团队将尽快为您处理。"

【分级】B 级→自动发送 FAQ＋机器人初步答复，若问题未解决，自动转接技术支持团队

售后服务（低优先级）

用户咨询："请问如何申请发票？"

DeepSeek 智能应答：

"您好，您可以在我们的官网后台'订单管理'中申请电子发票。如有特殊需求，请填写发票申请表单，我们会在 1～2 个工作日内处理。"

【分级】C 级→发送 FAQ 文档或在线提交表单，1 小时内人工跟进

【业务价值分析】

DeepSeek 通过智能分级，优化了咨询处理流程，提高了企业的整体运营效率。

缩短高价值客户响应时间，确保潜在客户快速进入销售转化流程。

提升售后效率，减少低优先级咨询对客服资源的占用，降低运营成本。

智能引导客户自助解决问题，减少重复性咨询，提高客户满意度。

DeepSeek 生成的咨询自动分级方案，相比传统的人工分配模式，更具智能化、高效性和精准度。首先，在咨询分类上，清晰划分了不同咨询类型，确保每个问题都能被快速归类。其次，在优先级策略上，通过 A/B/C 分级 + 自动应答 + 人工介入，实现高效分流，让销售、技术、客服各司其职，避免资源浪费。此外，在智能应答上，通过精准的业务引导 + FAQ 来解决问题，降低了重复性咨询的负担，提高了整体服务质量和转化效率。

DeepSeek 具备智能咨询分类、自动应答优化、客户分级管理能力，能够帮助中小企业快速构建高效的客服系统，降低运营成本，提高销售转化率。从销售咨询到技术支持，从售后管理到客户服务，DeepSeek 都能提供专业级优化方案，让企业的咨询管理更加智能、高效、精准。如果你也想让客服团队更加高效，减少客户流失，提高销售转化率，不妨试试 DeepSeek，它会让你的咨询管理体系焕然一新！

6.2.2　客户画像分析

在市场环境竞争激烈的情况下，中小企业精准了解客户的需求是提高销售转化率与优化产品服务的关键。客户画像分析能够帮助企业更好地理解目标用户的行为特征、消费习惯和需求偏好，从而制定更精准的营销策略。然而，许多企业在进行客户画像分析时，往往遇到以下难题：首先，数据收集分散，客户信息零散分布在不同渠道，难以整合；其次，分析维度单一，仅依靠年龄、性别等基础信息，无法深入挖掘客户需求；再者，缺乏精准营销策略，无法根据客户行为调整产品推广方式，导致营销效果不佳。

DeepSeek 具备智能数据分析和行为预测能力，能够帮助企业快速构建精准客户画像，实现分层管理，并提供基于用户特征的个性化营销策略，让企业在低成本的情况下实现更高的转化率和更强的客户黏性。本处采用“信息处理：来源 + 提炼 + 验证”公式，先从客户行为数据、交易记录等信息源收集数据（来源），再整理归纳核心客户特征（提炼），最后通过交叉验证确保客户画像精准度，实现营销精准投放（验证）。

第 1 步： 制定客户画像分析方案。向 DeepSeek 提供背景信息，如自己的角色、所经营的内容，然后提出目标，如“对客户进行精准分析”，并要求 DeepSeek 提供客户画像方案以及营销建议。

☆ 用户提问：

我是一名中小企业主，经营一家在线服装店，希望对客户进行精准画像分析，制定更有效的个性化营销策略。请帮我设计一份客户画像分析方案，并提供个性化营销建议。

☆ DeepSeek 回答：

【客户画像分析方案】

目标：精准定位目标用户，提高销售转化率。

适用行业：电商、零售、SaaS、B2B 等。

1. 客户画像维度

基础信息：年龄、性别、地域分布、职业。

消费习惯：购买频次、客单价、偏好品牌、优惠敏感度。

行为特征：浏览路径、收藏 / 加购商品、放弃购买原因。

社交数据：互动内容、评价反馈、推荐来源。

2. 客户分层

高价值客户（VIP 用户）：消费频率高，忠诚度强 → 提供专属折扣、会员特权。

价格敏感客户：偏好促销，追求性价比 → 推出限时折扣、组合套餐。

潜在客户：有浏览行为但未下单 → 推送定制化优惠券，增加购买意愿。

3. 个性化营销策略

高价值客户→定期推送新品、会员专享折扣，提升复购率。

价格敏感客户→设立满减活动、限时抢购，提高客单价。

潜在客户→发送个性化推荐 + 限定优惠，促使转化。

第 2 步：提供样本，测试 DeepSeek 生成的客户画像准确度。此时可以提供简单样例进行初步测试。

☆ 用户提问：

这个月下单的有 3000 人，女性有 2500 人，分布在一线城市的比较多，其中有 200 人回购，请你帮我分析一下。

☆ DeepSeek 回答：

根据你提供的数据，我们可以初步分析出以下客户画像。

1. 性别分布

女性客户为主：女性客户有 2500 人，占比约 83.3%，男性客户有 500 人，占比约 16.7%。这表明你的店铺主要吸引女性消费者，服装风格或营销策略可能更符合女性需求。

2. 地域分布

一线城市集中：大部分客户来自一线城市。一线城市的消费者通常具有较高的消费能力和时尚敏感度，愿意为品质和设计买单。你可以进一步分析这些城市的具体分布（如北京、上海、广州、深圳等），以便制定更有针对性的营销策略。

3. 回购率

回购客户有 200 人：回购率约为 6.7%。虽然回购率不算高，但这 200 名客户是你的忠实客户群体，值得重点关注。可以通过会员制度、专属优惠等方式进一步提升他们的忠诚度。

4. 年龄层

推测年龄层：虽然没有具体年龄数据，但结合一线城市女性消费者的特点，你的客户可能以 20 ~ 40 岁为主。这个年龄段的女性对时尚、品质和个性化需求较高，且具有较强的购买力。

5. 消费习惯

偏好分析：由于是线上服装店，客户可能更倾向于便捷、快速的购物体验。可以通过分析客户的浏览、收藏、加购等行为，了解她们对哪些款式、颜色、价格区间的产品更感兴趣。

季节性需求：服装行业受季节影响较大，可以结合当前季节分析客户的购买偏好（如夏季偏好轻薄、透气的面料，冬季偏好保暖、厚实的面料）。

6. 消费能力

价格敏感度：一线城市客户的消费能力较强，但同时也可能对性价比有一定要求。可以通过分析客户购买单价，了解客户的消费水平，进一步优化定价策略。

经过制定客户画像分析方案与初步测试两步，可看到 DeepSeek 生成的客户画像分析方案相比传统方法更具数据驱动性和营销精准度。首先，采用多维度客户画像分析，涵盖基础信息、消费习惯、行为特征和社交数据，使客户画像更加全面。其次，通过客户分层管理，帮助企业更有效地制定差异化营销策略，提高不同类型客户的转化率。最后，结合个性化营销策略，使企业能够以更低成本增强客户黏性，实现长期增长。

相比传统的“广撒网”营销模式，DeepSeek 优化的客户画像分析能精准锁定目标客户，提高 ROI，助力企业增长。

DeepSeek 具备智能客户分析和精准营销优化能力，能够帮助中小企业快速构建高效的客户画像体系，提升销售转化率和客户忠诚度。从电商零售到 B2B 服务，DeepSeek 都能提供精准、落地、高 ROI 的客户分析方案，让你的业务增长更快、更精准、更高效！

6.2.3 自动生成客户生日祝福微信

在客户关系管理（Customer Relationship Management, CRM）中，个性化的生日祝福是提升客户满意度和品牌忠诚度的重要手段。对于中小企业来说，给客户发送生日祝福不仅可以增强品牌亲和力，还能够通过附加优惠、专属福利等方式促进二次消费，增强客户黏性。然而，许多企业在生日营销上会遇到以下难题。首先，客户数据管理混乱，生日信息未整理或未及时提醒，导致祝福遗漏。其次，祝福内容千篇一律，简单的“生日快乐”缺乏温度，难以打动客户。再者，缺乏营销结合，没有附加专属福利，无法有效提升转化率。

DeepSeek 具备智能文本生成和自动化客户沟通能力，能够帮助企业批量生成个性化的生日祝福微信，同时结合优惠券、会员福利等策略，实现客户关怀 + 精准营销，提升品牌形象和复购率。这里采用“创意生成：主题 + 风格 + 限制”公式，先设定生日祝福的核心内容与情感表达（主题），再确定文案的语气，如正式、温馨或幽默（风格），最后限定字数、个性化元素等细节（限制）。

☆ 用户提问：

我是一名中小企业主，经营一家高端茶叶店，希望为客户发送个性化的生日祝福微信，并附带专属优惠，提升客户体验和复购率。请帮我生成不同类型客户的生日祝福文案，并结合营销策略。

☆ DeepSeek 回答：

【自动生成客户生日祝福微信方案】

目标：提升客户满意度，促进二次消费

适用行业：零售、餐饮、美容、教育、SaaS 等

1. 祝福文案模板（根据客户类型个性化）

（1）高价值客户（VIP 会员）

主题：专属祝福 | [客户姓名]，生日快乐！

内容：

亲爱的 [客户姓名]：

今天是您的生日，[品牌名] 祝您生日快乐，愿每一天都如品茶般醇厚美好！感谢您一直以来的支持，作为我们的尊贵会员，我们为您准备了 100 元会员专享券，可用于购买任意茶叶产品，让好茶陪伴您的每一个美好时刻！

点击领取礼遇 >> [优惠券链接]

期待您的光临，愿您度过一个温馨的生日！

（2）普通客户（活跃用户）

主题：这份小心意送给您！ [客户姓名]，生日快乐！

内容：

亲爱的 [客户姓名]：

今天是您的生日，[品牌名] 送上最诚挚的祝福，愿生活如茶，甘甜醇厚，每一天都幸福满溢！作为生日福利，我们为您准备了专属 9 折优惠，今日起 3 天内可使用，让您尽享美好茶香！

领取生日专属折扣码：[折扣码]

祝您生日快乐，期待与您再次相遇！

（3）沉睡客户（半年未消费）

主题：[客户姓名]，生日惊喜 | 好久不见！

内容：

亲爱的 [客户姓名]：

许久未见，今天是您的特别日子，[品牌名] 诚挚祝您生日快乐，愿岁月温柔以待，生活如茶般悠然醇厚！

我们特别准备了一份生日专属 50 元无门槛优惠券，希望这杯茶能让您重

新感受到熟悉的温暖！限时 7 天有效，期待与您再次相遇！

点击领取礼遇 >> [优惠券链接]

祝您美好如初，生日快乐！

2. 生日营销策略优化

自动化发送：

结合 CRM 系统，提前 1～2 天定时发送生日祝福，确保客户在生日当天收到专属关怀。

可选择微信＋短信双渠道，提升触达率。

个性化文案匹配：

高价值客户→提供专属折扣、免费试喝、会员积分双倍等福利。

普通客户→赠送折扣券、限时满减、加购礼品等。

沉睡客户→重点激活，结合回流专属优惠，提高复购率。

社交裂变引导：

附带“邀请好友同享生日福利”，鼓励客户分享，提高品牌曝光度。

例如，“转发此生日祝福至朋友圈，可额外获得一杯新品试饮券！”

DeepSeek 生成的生日祝福方案相比传统方式更具个性化、营销策略性和品牌温度。首先，在文案定制上，针对不同客户类型（高价值客户、普通客户、沉睡客户）提供了差异化的祝福内容，确保精准触达。其次，在营销策略上，通过自动化发送、定制专属优惠、社交裂变，不仅提升了客户满意度，还提高了品牌曝光度和复购率。此外，结合双渠道（微信＋短信）推送，确保客户在生日当天收到祝福，增强品牌记忆点。

DeepSeek 具备智能化客户沟通和自动化营销优化能力，能够帮助中小企业快速搭建高效的客户生日祝福体系，提升品牌亲和力和客户忠诚度。从客户细分到祝福文案，从自动发送到营销转化，DeepSeek 都能提供个性化、高 ROI 的解决方案，让你的品牌在客户心中留下温暖的印象。如果你希望打造更有温度、更具营销价值的客户生日关怀系统，不妨试试 DeepSeek，让你与客户沟通更智能、更精准、更有效！

6.3 营销创新

本节探讨数字化时代的营销创新，助力中小企业突破传统营销瓶颈。优化产品在 DeepSeek 中的推荐通过算法优化提升产品曝光率，精准触达目标用户；海报文案批量生产利用 AI 工具快速生成多样化营销素材，大幅降低设计成本与缩短设计时间；私域流量运营则聚焦用户沉淀与转化，通过社群运营与精准触达，提升用户复购率与品牌忠诚度。这三项策略相辅相成，形成从流量获取到用户沉淀的完整营销闭环，帮助中小企业在有限的预算下实现营销效率的最大化，推动品牌价值与销售业绩的双重增长。

6.3.1 优化产品在 DeepSeek 中的推荐

在 AI 驱动的智能推荐时代，让产品在 DeepSeek 等智能推荐系统中获得更多的曝光和更精准的匹配，是中小企业提升销售转化率的重要策略。

在当今数字化时代，搜索引擎和智能推荐系统已经成为消费者获取信息的重要渠道。对于产品制造商和销售商而言，提升自家产品在 DeepSeek 等智能平台中的推荐概率，也已成为营销策略中的关键一环。这里采用“分阶段引导：目标 + 步骤 + 衔接”公式，先设定优化推荐算法的目标（目标），再分解实施步骤，如数据优化、标签调整等（步骤），最后确保推荐系统与用户需求精准匹配（衔接）。

第 1 步：某经销商通过 DeepSeek 调研国产新能源车的推荐，使用 DeepSeek 联网搜索功能进行以下提问。

☆ 用户提问：

国产新能源车有什么推荐？

☆ DeepSeek 回答：

以下是国产新能源车的精华推荐，综合性能、价格及市场动态。

一、纯电动车型

比亚迪汉 EV

亮点：715 公里续航，搭载刀片电池，安全性强，定位高端商务。

价格：20 万～30 万元。

小鹏 MONA M03

亮点：高性价比，智能驾驶辅助完善，适合城市代步。

价格：约 10 万元。

五菱宏光 MINI EV

亮点：微型车销量冠军，灵活便捷，适合短途通勤。

价格：3 万元起步。

二、插混/增程式车型

比亚迪宋 PLUS DM-i

亮点：综合续航超 1000 公里，百公里油耗 4L，家用 SUV 首选。

价格：15 万～20 万元。

理想 L8

亮点：六座豪华 SUV，续航 1315 公里，配置后排娱乐屏，适合多孩家庭。

价格：35 万～40 万元。

传祺向往 S7

亮点：中大型插混 SUV，标配 L2 智驾、座椅按摩，纯电续航 180～205 公里。

价格：16.98 万～22.38 万元。

三、高性能车型

小米 SU7 Ultra

亮点：零百加速 1.98 秒，极速 323km/h，智能化配置顶级，对标百万超跑。

价格：约 30 万元。

吉利银河 E8 四驱版

亮点：零百加速 2.7 秒。

价格：19.88 万元。

选购建议：预算有限选五菱宏光 MINI EV 或小鹏 MONA M03；家庭用户优先选比亚迪宋 PLUS DM-i、理想 L8；性能爱好者考虑小米 SU7 Ultra 或吉利银河 E8 四驱版。更多信息可参考汽车垂直网站评测。

DeepSeek 在生成答案之前，搜索了互联网相关信息，从 49 个网页中筛选出值得参考的多个网页，结合其深度思考功能进行了仔细分析，如图 6–2 所示。可见 DeepSeek 不仅具备强大的自然语言理解能力，还能结合外部网站的信息，提供更全面的答案。在应用场景中，DeepSeek 能够从多个维度分析用户问题，给出深入的解读，例如，进行购车推荐时，会结合预算、使用场景、品牌对比等因素进行综合评估。同时，DeepSeek 还能调用网页搜索结果，补充最新行业动态，确保回答的时效性与准确性。其深度思考能力使其能够理解复杂问题，避免机械化回答，为用户提供更具洞察力的决策参考。

第 2 步：在获得以上信息后，该经销商利用 DeepSeek 深度分析如何在这些网站中引导消费者，从而使自己更容易得到 DeepSeek 的推广。

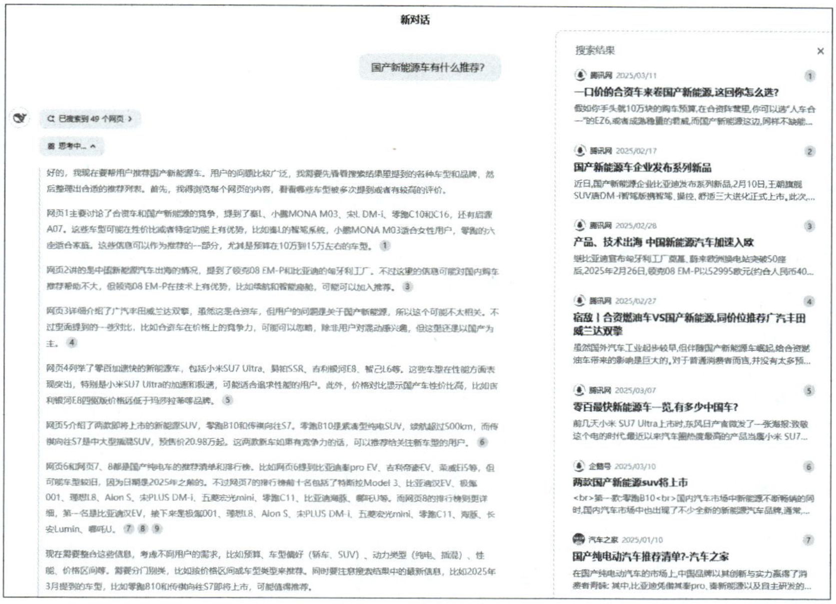

图 6–2　DeepSeek 搜索互联网进行深度思考

☆ 用户提问：

我是比亚迪新能源车的经销商，你刚才联网搜索了一些网站，那么我要去哪些网站发文，发什么样的内容，标题和内容上有什么建议，才能让各网页和 DeepSeek 更容易推荐比亚迪的新能源车？

☆ DeepSeek 回答：

一、重点发文的网站推荐

以下网站是用户和 DeepSeek 等智能平台高频引用的信息源，适合发布比亚迪新能源车的相关内容。

1. 垂直汽车媒体

汽车之家

易车网

太平洋汽车

懂车帝

2. 综合资讯平台

今日头条

知乎

百家号

3. 社交媒体

小红书

抖音

微博

二、发文内容与标题建议

1. 技术解析类文章

标题示例：

《比亚迪汉 EV 刀片电池技术解析：为何能实现 715 公里超长续航？》

《深度揭秘比亚迪宋 PLUS DM-i 超级混动：如何兼顾性能与节能？》

《璇玑架构 + DeepSeek-R1 大模型：比亚迪智能座舱的 AI 革命》

内容方向：

结合数据与图表，解析比亚迪核心技术的原理与优势；

对比竞品技术，突出比亚迪的差异化竞争力。

2. 用户场景化推荐

标题示例：

《10 万元预算买新能源车，比亚迪海鸥为何是家庭首选？》

《长途自驾无焦虑！比亚迪宋 PLUS DM-i 真实续航实测》

《年轻用户必看：比亚迪汉 EV 的智能驾驶体验有多强？》

内容方向：

针对不同用户群体（家庭、年轻人、商务人士）推荐适合的比亚迪车型；

结合真实用户故事或评测数据，增强说服力。

三、内容优化技巧

关键词布局：

在标题和正文中自然嵌入高频搜索词，如“新能源车推荐”“长续航电动车”“智能驾驶车型”；

使用长尾关键词，如“10 万元内新能源车”“家庭六座新能源车”。

视觉化呈现：

搭配高清图片、视频或数据图表，提升内容吸引力；

制作短视频（如抖音、小红书），展示车型亮点或用户故事。

权威背书：

引用行业报告、第三方评测数据，增强内容可信度；

邀请 KOL 或专业媒体合作发布内容，扩大传播效果。

四、发布频率与节奏

日常更新：每周发布 1～2 篇技术解析或用户故事，保持内容活跃度。

热点跟进：结合行业动态（如政策发布、技术突破）快速响应，发布相关内容。

活动推广：在促销或展会期间加大发布频率，集中造势。

通过以上策略，比亚迪可以在目标网站高频曝光，提升在 DeepSeek 等智能平台中的推荐概率，同时增强用户认知与品牌影响力。

DeepSeek 的回答系统全面，针对比亚迪新能源车的推广提供了精准的平台推荐、详细的内容方向和优化技巧，不仅列出了垂直汽车媒体、综合资讯平台和社交媒体，还针对技术解析类文章、用户场景化推荐等内容给出具体标题示例。同时，DeepSeek 的解答涵盖内容优化技巧（关键词布局、视觉化呈现、权威背书）和发布频率与节奏，确保内容更易被搜索引擎和 DeepSeek 等智能平台推荐，具备较强的可执行性，适合经销商快速落地推广方案。相比传统的产品推荐方式，DeepSeek 优化方案更符合 AI 推荐算法的逻辑，能够大幅提高曝光率和销售转化率。

DeepSeek 具备智能推荐优化和产品文本优化能力，能够帮助中小企业提升产品在 AI 推荐系统中的权重，提高精准度，实现更高转化率。从电商零售到 SaaS 软件，从高端产品到日常消费产品，DeepSeek 都能提供精准、高 ROI 的推荐优化策略，让你的产品更容易被发现，更容易被购买。如果你想让产品在 AI 推荐系统中排名更高，不妨试试 DeepSeek，让智能推荐成为你的增长引擎！

温馨提示

为了降低 AI 生成内容中的“痕迹感”，建议在撰写任务指令时，主动避免使用带有评价性质的词汇。例如，在描述需求时，可减少“精准”“高效”“强大”等词语的使用，转而采用更中性、描述性的表达，如“请生成一份介绍公司产品的对话脚本，用于与潜在客户沟通”。

保持语气平实、用词克制，不但有助于生成内容更贴近自然语言，而且也便于根据实际情况做进一步调整。这种方式适用于日常写作、文案起草与内部沟通等场景。

6.3.2 海报文案批量生产

在营销推广中，海报文案是吸引用户注意力、提升品牌曝光度、促进销售转化的重要工具。无论是电商促销、社交媒体推广、店铺活动，还是新品发布，高质量的海报文案都能极大地提升用户的点击率，影响用户的购买决策。然而，许多中小企业在制作海报文案时，会遇到以下难题：首先，海报文案缺乏创意，千篇一律，难以打动用户；其次，不同场景需求不同，品牌宣传、限时促销、新品发布、节日营销等都需要针对性的文案，增加了内容创作难度。

通过采用“创意生成：主题 + 风格 + 限制”公式，可实现海报文案的生成。先设定营销海报的核心推广内容（主题），再选择适配的文案风格，如正式、幽默或情感化（风格），最后限定字数、关键词及品牌调性（限制）。

☆ 用户提问：

我是一名中小企业主，经营一家护肤品牌，我们企业每月都有不同的促销和新品推广活动，希望能批量生成适用于不同场景的海报文案，使其更具吸引力并提高转化率。请帮我制定一套海报文案批量生产方案，并提供不同营销场景的文案示例。

☆ DeepSeek 回答：

【海报文案批量生产方案】

目标：高效批量生成符合不同营销场景的高转化率海报文案。

适用行业：零售、电商、餐饮、教育、美容、科技等。

1. 文案批量生产逻辑

（1）确定核心文案框架

所有海报文案都应包含以下要素：

吸引力强的主标题（强调用户痛点、利益点、优惠力度）；

简洁的卖点说明（突出产品优势、促销信息、活动亮点）；

明确的行动号召（CTA）（引导用户下单、预约、扫码等）。

（2）按场景批量生成文案

2. 不同营销场景的海报文案示例

（1）新品发布海报

主题：全新升级 | [产品名] 震撼上市！

文案：

“更温和，更滋养，更懂你的肌肤！”

甄选高端护肤成分，带来全新升级体验！

限量首发 | 赠送专属试用装！

抢先体验 >> [扫码购买]

（2）限时促销海报

主题：仅限 48 小时！低至 5 折！

文案：

全场巨惠 | 全线产品 50% OFF！

会员专享 | 叠加满减 + 限时折扣！

活动倒计时：48 小时！错过等一年！

立即抢购 >> [扫码下单]

3. 进一步优化海报文案批量生产方案

关键词智能替换：通过 DeepSeek 批量替换关键词（如促销力度、产品名、节日主题），快速生成多个版本的文案。

风格调整：根据品牌调性，调整文案的语气（正式、幽默、奢华、极简等）。

自动适配不同平台：为微信、抖音、小红书、公众号、电商详情页等渠道生成不同风格的文案。

DeepSeek 生成的海报文案批量生产方案相比传统方式更具高效性、灵活性和精准度。首先，在内容结构上，提供了适用于不同营销场景的海报文案，能够一键生成不同类型的推广素材。其次，在营销逻辑上，每条文案都包含吸引力强的主标题、简洁的卖点说明、明确的行动号召（CTA），能够有效提高点击率和转化率。再者，结合关键词智能替换、风格调整、自动适配不同平台等策略，海报文案的生产将更加智能化，适用于不同推广渠道。

相比手动编写，DeepSeek 提供的海报文案批量生成方案可以大幅缩短内容创作时间，提升营销效率，让企业的推广海报更专业、更吸引人，能收获更高转化率！

DeepSeek 具备智能文案生成、关键词优化、营销策略匹配等能力，能够帮助中小企业快速批量生成高质量的海报文案，适配不同推广场景和营销活动。从新品发布到限时促销，从品牌宣传到社交媒体推广，DeepSeek 都能提供精准、吸引力强、转化率高的文案解决方案。

6.3.3　私域流量运营

在流量获取成本日益增长的市场环境下，私域流量运营成为中小企业实现低成本增长的重要手段。相比公域流量（如平台广告投放、搜索排名优化），私域流量（如微信群、公众号、社群、小程序）成本更低、转化率更高、复购率更稳定。然而，许多企业在私域流量运营过程中，往往面临以下难题：首先，引流方式单一，客户沉淀难，流量容易流失；其次，内容运营乏力，无法持续吸引用户，社群容易“僵尸化”；再者，变现效率低，缺乏精准转化策略，导致流量价值未能最大化。

DeepSeek 具备智能内容优化和用户运营策略分析能力，能够帮助企业搭建高效的私域流量体系，实现精准引流，提高用户活跃度和转化率，助力企业实现可持续增长。这里采用“决策分析：选项 + 标准 + 权重”公式，先列出不同的私域流量运营策略（选项），再设定转化率、活跃度等指标（标准），最终根据数据反馈优化私域流量运营方案（权重）。

☆ 用户提问：

我是一名中小企业主，经营一家健康食品品牌，希望搭建私域流量体系，提高老客户复购率，并通过社群 + 内容营销提高用户黏性。请帮我制定一份高效的私域流量运营方案，并提供社群互动话术示例。

☆ DeepSeek 回答：

【私域流量运营方案】

目标：增强用户黏性，促进老客复购，实现社群营销转化。

适用行业：零售、电商、教育、美容、SaaS 等。

1. 私域流量搭建策略

（1）精准引流和用户沉淀

在电商平台、社交媒体引导客户扫码进社群（如“下单立享会员社群福利”）。

通过首单福利（如“进群送 10 元无门槛券”）吸引新客进入私域流量池。

结合老带新裂变（如“邀请好友进群送试吃装”）扩大社群规模。

（2）社群运营和用户互动

每日互动：每日一条健康饮食小知识，增强社群价值感。

固定栏目：如“周三新品推荐”“周五会员专享价”，让社群成员有期待感。

用户参与：设置话题讨论、用户晒单（如“分享你的一日三餐”），增强互动。

（3）私域流量变现策略

限时福利秒杀：如“社群专享 24 小时买一送一”，刺激下单。

分层营销：对高价值客户推送专属折扣，提高复购率。

朋友圈内容营销：定期分享真实用户反馈 + 产品使用场景，增强信任感。

2. 社群互动话术示例

（1）欢迎新用户进群

话术示例：

欢迎 [用户名] 加入 [健康生活 VIP 社群]！

这里每天分享健康饮食干货、独家社群福利和新品优惠！

新人大礼包：进群 24 小时内下单，即享 9 折优惠！（领取方式：点击小程序链接）

期待和大家一起开启健康生活！

（2）每日互动增强黏性

话术示例：

今日话题：你最爱吃的健康零食是什么？

现在大家越来越注重健康饮食了，你最喜欢的健康零食是哪款？是低糖黑巧、高蛋白坚果，还是燕麦棒？

在评论区分享你的选择，我们将抽取 3 位幸运用户送出新品试吃装！

DeepSeek 生成的私域流量运营方案相比传统方式更具系统性、实操性和转化效率。首先，在引流阶段，结合了“扫码进群 + 首单福利 + 老带新裂变”等策略，提高用户沉淀率。其次，在社群运营中，采用“每日互动 + 固定栏目 + 用户参与”的方法，避免社群“僵尸化”。再者，在私域流量变现策略上，通过“限时福利秒杀 + 分层营销 + 朋友圈内容营销”等策略，提高私域流量的商业价值，确保用户持续复购。

DeepSeek 具备智能社群运营、内容优化、精准营销能力，能够帮助中小企业搭建高效的私域流量体系，增强客户黏性，实现长期可持续增长。从精准引流到社群运营，从用户裂变到销售转化，DeepSeek 都能提供可落地、可执行、高 ROI 的运营方案，助力企业私域流量增长。

6.4 风险防控

本节聚焦中小企业风险防控的数字化转型，提供智能化解决方案以规避经营风险。合同关键条款审查通过 AI 技术快速识别合同中的潜在风险点，确保法律合规性，降低纠纷发生概率；舆情预警系统实时监测网络舆情动态，及时发现品牌危机与市场风险，为企业提供预警与应对策略。这两项工具相辅相成，分别从内部合规与外部环境两个维度构建风险防控体系，帮助中小企业在复杂多变的商业环境中提前预判风险、快速响应危机，实现稳健经营与可持续发展。

6.4.1 合同关键条款审查

对于中小企业来说，合同管理是保障业务安全、减少法律风险、提高交易稳定性的关键。然而，许多企业在签订合同时，往往面临以下难题：首先，合同条款复杂，法律术语晦涩，非专业人士难以理解其法律效力。其次，关键条款审核不到位，容易忽视付款、违约、知识产权等关键内容，导致潜在法律风险。再者，缺乏标准化合同审查流程，导致合同漏洞较多，可能引发商业纠纷。

DeepSeek 具备智能合同条款审查和文本优化能力，能够帮助企业快速识别合同关键条款、优化风险条款、提高合同安全性，确保交易的合法合规，降低合同纠纷的发生概率。无论是商业合作合同、采购合同，还是劳动合同，DeepSeek 都能提供专业化的审查建议，让合同管理更加高效、安全。

提示词的编写采用"信息处理：来源 + 提炼 + 验证"公式，先从合同文本中提取关键条款（来源），再整理归纳潜在法律风险点（提炼），最后通过法律专家建议或合同案例进行交叉验证（验证）。

☆ 用户提问：

我是一名中小企业主，公司正在与供应商签订采购合同，希望确保合同条款合理，避免潜在法律风险。帮我审查一下这份合同有什么问题和风险，并告诉我如何修改。（合同上传过程略）

☆ DeepSeek 回答：

一、合同主体信息常见风险及优化

现有问题：

未明确签署人授权文件要求（如法定代表人身份证明 / 授权委托书）。

修改建议：

主体信息条款

"甲方应提供加盖公章的营业执照副本复印件、法定代表人身份证复印件。若由代理人签署，需额外提供授权委托书原件及代理人身份证复印件。"（避免无权代理风险）

二、付款条款风险升级方案

现有问题：

未约定发票开具时间与类型（增值税专用 / 普通发票）。

修改建议：

发票条款

“乙方应在收到每期款项后 5 个工作日内开具合法有效的【增值税专用发票】，发票信息以甲方书面确认为准。因发票瑕疵导致的税务损失由乙方全额承担。”（防范税务合规风险）

汇率条款（涉外合同必备）

“本合同项下付款以人民币结算，按付款当日中国银行公布的外汇牌价中间价折算。如汇率波动超过 ±5%，双方应重新协商价格。”（避免汇率波动损失）

三、交付条款精细化补充

现有问题：

未约定第三方物流风险承担规则。

修改建议：

交付风险转移条款

“乙方采用【甲方指定物流商】运输，货物损毁风险自装车后转移至甲方。若乙方自行选择物流商，须对运输全程风险承担责任。”

四、必须补充的核心条款

不可抗力条款

“因疫情、自然灾害等不可抗力导致无法履约的，受影响方应在事发后 3 日内书面通知，并提供官方证明。受影响部分义务可中止履行，超出 60 日仍未消除的，双方可协商解除合同。”（避免无限期履约僵局）

知识产权条款（技术类合同必备）

“乙方保证所提供产品 / 服务不侵犯第三方知识产权。如发生侵权纠纷，乙方应承担全部法律责任并赔偿甲方损失（包括律师费、诉讼费）。”（防范 IP 侵权连带责任）

DeepSeek 生成的合同关键条款审查清单相比传统方式更加系统化、专业化和风险可控。首先，DeepSeek 细化了合同的关键条款，确保从付款、交付、违约责任到知识产权等各方面均得到合理保障。其次，在条款优化部分，DeepSeek 提供了清晰的法律表述，使合同更加严谨，减少潜在法律漏洞。此外，DeepSeek 还加强了违约责任约定，确保企业在遇到合同违约情况时有明确的赔偿依据，有效降低商业风险。

DeepSeek 具有智能合同审查、条款优化、法律风险预警的能力，能够帮助中小企业高效管理合同条款，确保交易安全，减少法律纠纷。从采购合同到合作协议，从付款条款到违约责任，DeepSeek 都能提供专业、精准、高效的合同优化建议，让企业的合同管理更加安全、合规、可控。

6.4.2 舆情预警系统

在数字化时代，企业的品牌形象和市场口碑受到社交媒体、新闻媒体、消费者评价等多个渠道的影响。对于中小企业来说，舆情管理是维护品牌声誉、及时应对危机、优化客户关系的关键。然而，许多企业在舆情管理过程中，常常面临以下难题：首先，舆情信息分散，难以及时发现负面舆论，导致危机升级；其次，缺乏预警机制，无法在舆论发酵初期作出响应，影响企业形象；再者，公关应对策略不足，处理不当可能加剧品牌信任危机，损害企业长期发展。

在激活联网搜索功能后，通过合理的提示词即可让 DeepSeek 具备智能舆情监测和危机预警能力，能够帮助企业实时监测舆情趋势、识别负面信息、制定有效的公关应对方案，确保品牌形象稳定，降低公关风险，让企业在危机管理中占据主动权。提示词的编写采用“场景 + 任务 + 要求”模式，先设定企业遭遇舆情危机的典型场景（场景），再明确监测、预警和应对的具体任务（任务），最后确保系统具备实时分析、自动预警等核心能力（要求）。

☆ 用户提问：

我是一名中小企业主，经营一家连锁餐饮品牌黄焖鸡米饭，希望建立舆情预警系统，能够监测社交媒体、用户评论和新闻报道，提前发现负面信息，并制定相应的公关策略。请帮我检查一下现在有无舆情，并进行相关总结。

☆ DeepSeek 回答：

1. 郑州黄焖鸡米饭食物中毒事件

事件概述：2024 年 9 月，河南郑州某公司订购了 51 份“杨铭宇黄焖鸡米饭”，导致超过 20 名员工出现呕吐、腹泻等症状，其中 6 人住院治疗。医院初步诊断为食物中毒，相关部门已介入调查。

品牌回应：“杨铭宇黄焖鸡米饭”总部表示已报警，并等待检测结果，强调“清者自清”，但未正面回应食材采购和食品安全管理问题。

舆论反应：事件引发广泛关注，消费者对品牌信任度下降，质疑其食品安全管理存在漏洞。

2. 历史食品安全问题

2024 年 7 月，成都一家“杨铭宇黄焖鸡米饭”门店被曝出消费者在餐盒中发现疑似煮烂的老鼠，引发公众愤怒。涉事门店停业整顿，总部开展全国范围自查。

2023 年 5 月，北京一家门店因后厨卫生问题被处罚。

2016 年，“杨铭宇黄焖鸡米饭”被曝使用无证黑作坊的进口冻肉，加工环境脏乱差，砧板发霉，涉嫌虚假宣传。

3. 消费者与舆论态度

消费者反应：部分消费者表示对“黄焖鸡米饭”的信任度大幅下降，甚至不敢再食用。

舆论批评：舆论普遍认为品牌在食品安全管理上存在严重漏洞，且危机应对策略被动，缺乏透明度。

4. 行业反思与建议

食品安全监管：事件暴露了快餐行业在食品安全管理上的普遍问题，尤其是加盟模式下监管难度大。

品牌声誉修复：专家建议品牌需加强食品安全管理，建立透明的危机应对机制，修复消费者信心。

5. 其他相关舆情

2024 年 3 月，食品餐饮行业因“315 晚会”曝光多起食品安全事件，舆情热度上升，消费者对食品安全的关注度显著提高。

6. 总结与建议

目前，“黄焖鸡米饭”品牌（尤其是“杨铭宇”）因食品安全问题处于舆论的风口浪尖。如果您经营的品牌与此无关，建议加强食品安全管理，避免类似事件发生；如果有关联，需迅速采取以下措施。

公开透明：公布调查结果，回应消费者关切。

加强监管：完善供应链和加盟店管理，确保食品安全。

危机公关：主动承担责任，制定赔偿方案，修复品牌形象。

DeepSeek 的回答逻辑清晰，提供了近期负面舆情、历史食品安全问题、消费者与舆论态度及行业反思与建议，帮助用户全面了解舆论环境。回答内容翔实，列举出具体时间、事件及品牌反应，并针对品牌形象修复给出公开透明、加强监管、危机公关等实际建议。此外，回答覆盖社交媒体、新闻报道及用户评论等多个渠道，确保信息全面，便于企业制定公关策略。

使用 DeepSeek 进行舆情监测，能够帮助中小企业构建高效的舆情管理体系，确保品牌在市场竞争中保持良好形象。从社交媒体到新闻报道，从差评管理到危机公关，DeepSeek 都能提供精准、高效、低风险的舆情应对策略，助力中小企业塑造更稳健的品牌形象。

本 章 小 结

本章系统梳理了中小企业降本增效的四大实践路径。在人力优化中，面试模拟机器人实现精准选才，培训课件自动化工具显著降低人力投入；在客户管理环节，通过咨询自动分级、客户画像分析与自动生成客户生日祝福微信，构建了高效且人性化的服务体系；在营销创新层面，结合优化产品在 DeepSeek 中的推荐、海报文案批量生成与私域流量运营策略，形成低成本、高转化率的营销闭环；在风险防控领域，则通过合同关键条款审查与舆情预警系统，筑牢企业经营防火墙。各小节案例均凸显技术赋能的杠杆效应：以少量资源撬动显著效益增长。DeepSeek 的这些方法不仅适配中小企业的资源特性，更通过模块化工具实现“即插即用”，为中小企业主提供了一条从效率优化到竞争力重构的清晰路径。

第7章

扫一扫，看视频

学习加速器：从学生到终身成长

【本章导读】

本章聚焦于如何通过科学的方法和工具提升学习效率，帮助读者从学生阶段迈向终身成长。首先，探讨了考试准备的高效策略，包括考点预测模型和错题本智能分析，帮助学生在短时间内精准复习。其次，介绍了快速掌握书籍内容的技巧，如 30 分钟掌握一本书的方法和深度读书笔记模板，让学生能够在有限时间内高效吸收知识。此外，本章还提供了实用技能的快速学习路径，如短视频拍摄速成和编程入门陪练，帮助读者迅速提升技能水平。最后，通过每日信息筛选术和思维模型框架，引导读者优化信息处理能力并构建系统化的思维模型，从而实现认知升级。本章内容为读者提供了全方位的学习加速工具，助力其在学习和成长的道路上不断突破。

7.1 考试突击队

本节聚焦于高效备考的策略与工具，帮助学生在有限时间内最大化复习效果。首先，考点预测模型通过分析历年考试题型和命题规律，筛选高频考点，让复习更有针对性，避免盲目学习。接着，错题本智能分析利用 DeepSeek 对错题进行分类和深度解析，帮助学生快速定位知识薄弱点，并提供个性化的改进建议，从而有效提升学习效率。本节内容旨在为学生提供科学、高效的备考方法，助力他们在考试中取得优异成绩。

7.1.1 考点预测模型

在考试复习过程中，考生往往面临复习内容庞大、重点不清、时间有限等难题。在有限的时间内高效复习，精准锁定考试核心考点，是提高考试成绩的关键。然而，传统的复习方法通常盲目依赖刷题、过度依赖教材，难以精准预测考试重点。

DeepSeek 具备智能考点预测和精准复习优化能力，能够分析历年考试题型、筛选高频考点、提供针对性练习，帮助考生在短时间内抓住考试核心，提升备考效率。无论是中考、高考、考研，还是公务员考试、职业资格考试，DeepSeek 都能提供数据驱动的考点预测模型，让复习更加精准、高效。考点预测模型具备智能考点预测和精准复习优化能力，能够分析历年考试趋势，筛选高频考点，提供针对性强化训练，帮助考生高效备考，提高通过率。

☆ 用户提问：

我正在备考注册会计师考试，希望你能帮助我预测考点，并提供针对性的复习建议。

☆ DeepSeek 回答：

【预测注册会计师考试考点】

1. 会计

预测考点：长期股权投资、合并财务报表、收入确认（五步法）、金融工具分类与计量、租赁准则。

复习建议：

结合真题强化会计分录练习，注重跨章节综合题（如合并报表与所得税结合）。

理解准则原理，避免死记硬背，关注新收入准则的实务案例。

2. 审计

预测考点：审计风险应对、内部控制缺陷判断、审计报告类型、职业道德与独立性。

复习建议：

利用思维导图梳理审计流程，重点关注近年新增的实务操作题。

3. 税法

预测考点：增值税立法内容、企业所得税税收优惠、个人所得税专项附加扣除、关税计算。

复习建议：

优先学习变动部分，结合政策原文理解新法规，通过计算题巩固税率应用。

4. 经济法

预测考点：公司法（股东权利与义务）、证券法（信息披露）、破产法（重整程序）。

复习建议：

对比新旧法规差异，通过案例分析强化法律条文的应用。

5. 财务成本管理

预测考点：财务报表分析、资本预算、成本计算（作业成本法）、期权定价模型。

复习建议：

提高计算速度，掌握公式推导逻辑，利用 Excel 模拟复杂模型。

6. 公司战略与风险管理

预测考点：SWOT 分析、风险管理框架、并购战略、数字化转型战略。

复习建议：

结合行业案例理解理论模型，关注近年热点（如 ESG、供应链风险）。

考点预测模型相比传统复习方式具有精准性、个性化、数据驱动三大特点。首先，在考点分析方面，DeepSeek 通过历年考试题型 + 筛选高频考点，帮助考生快速锁定核心知识点。在个性化学习方面，DeepSeek 根据考生的学习进度和知识掌握情况，动态调整复习建议，确保高效备考。

相比传统的“广撒网”式复习方法，DeepSeek 能够精准预测考试重点，优化复习策略，提高学习效率，助力考生高分通过注册会计师考试。

DeepSeek 具备智能预测考点、精准复习建议和个性化练习推荐能力，能够帮助注册会计师考生精准锁定考试重点，优化学习策略，提高通过率。从会计、审计、税法、经济法到财务成本管理、公司战略与风险管理，DeepSeek 都能提供高效、精准、数据驱动的考点预测模型，让学习更科学、更高效。

7.1.2 错题本智能分析

随着考试竞争的日益激烈，越来越多的学生开始意识到错题本在复习中的重要性。错题本作为一种帮助学生高效复习和提升成绩的工具，已经成为备考过程中不可或缺的一部分。然而，许多学生在使用错题本时，常常遇到以下问题：首先，错题本中的内容结构杂乱，难以有效总结和提炼出复习的重点；其次，错题本仅仅停留在记录错误答案上，缺乏对错误原因的深入分析和反思；最后，错题本的复习方式过于单一，未能针对不同类型的错误进行有针对性的复习。

DeepSeek 具有强大的智能分析和个性化复习策略推荐能力，能够帮助学生有效整理和分析错题，精准定位知识薄弱点，并提供针对性的复习建议。通过 DeepSeek 的智能优化，错题本不仅能帮助学生提升学习效果，还能在复习过程中实现高效突破，从而有效提高考试成绩。

☆ 用户提问：

我是一个公考考生，最近在整理错题本，你可以帮我智能分析一下我的错题集吗？内容如下：

1. 激变论的错误在于否认量变是质变的必要准备。

2. 划分可知论与不可知论的标准是思维能否正确认识存在的问题。

3. 当前我国面临前所未有的发展机遇，同时也面临巨大挑战，各种社会矛盾凸显，这体现的哲学道理是矛盾的普遍性。

4. 恩格斯认为，全部哲学特别是近代哲学的重大基本问题是思维和存在的关系问题。

☆ DeepSeek 回答：

以下是针对你提供的错题内容的逐题解析与关键点拨，结合哲学原理的核心逻辑和公考高频易错点进行总结。

1. 激变论的错误在于否认量变是质变的必要准备。

核心逻辑：

激变论（突变论）在现代科学看来，属于形而上学的错误观点，认为质变可以脱离量变直接发生，违背了唯物辩证法“量变积累到一定程度必然引起质变”的规律。

对比考点：

庸俗进化论：只承认量变，否认质变（如“社会只能缓慢改良”）。

激变论：否认量变，夸大质变（如“革命无须积累条件”）。

记忆口诀：“量变是质变的必要准备，质变是量变的必然结果”。

2. 划分可知论与不可知论的标准是思维能否正确认识存在的问题。

哲学基本问题第二方面：

可知论：认为思维与存在具有同一性，世界可以被认识（如马克思、黑格尔）。

不可知论：认为世界无法被彻底认识或不可认识（如休谟、康德）。

易混淆点：

哲学基本问题第一方面（思维与存在何者为第一性）划分唯物论与唯心论。

哲学基本问题第二方面（思维与存在的同一性）划分可知论与不可知论。

举例：若题目问“哲学两大阵营划分标准”，则选哲学基本问题第一方面。

3. 当前我国面临前所未有的发展机遇，同时也面临巨大挑战，各种社会矛盾凸显，这体现的哲学道理是矛盾的普遍性。

正确答案：体现矛盾的特殊性。

深度辨析：

矛盾的普遍性：强调矛盾“无处不在、无时不有”（如“任何事物都有矛盾”）。

矛盾的特殊性：强调矛盾“各有特点”（如“不同阶段矛盾表现形式不同”）。

本题关键：题干中“各种社会矛盾凸显”指矛盾的具体表现不同（特殊性），而非单纯强调矛盾存在（普遍性）。

关联真题：若题干为“人生处处有矛盾”，则选普遍性。

4. 恩格斯认为，全部哲学特别是近代哲学的重大基本问题是思维和存在的关系问题。

哲学基本问题的内涵：

内容：①思维和存在何者为第一性（本体论问题）；②思维能否认识存在（认识论问题）。

近代哲学侧重：因自然科学的发展，更关注认识论问题（如何正确认识世界）。

易错陷阱：

注意区分“哲学基本问题”与“哲学的基本派别”(唯物论/唯心论)。

若题干改为“哲学的最高问题”，仍选“思维和存在的关系”。

矛盾分析法专题突破：

制作“普遍性—特殊性—不平衡性”对比表格，结合社会热点案例（如“共同富裕”的区域差异）。

哲学基本问题框架化记忆：

用思维导图标注“哲学基本问题→两大方面→对应划分标准→代表观点”。

真题反向训练：

收集近3年公考哲学真题，归纳题干高频关键词（如“凸显”“差异”“始终存在”对应矛盾特殊性/普遍性）。

通过精准辨析概念本质和命题陷阱，可大幅提升哲学模块的正确率。建议每日花15分钟复盘错题逻辑链，形成“条件反射式”答题思维！

对错题本的智能分析和复习优化能够帮助学生从多个维度进行错题分析，使学生不仅能够找出错误所在，还能根据具体的错因进行个性化的改进。相比传统的错题本，这种智能化的分析方式更加精准、科学，能够帮助学生最大限度地提高复习效率。通过针对性的复习建议，DeepSeek 不仅优化了学生的复习路径，也使得复习过程更加有条理和高效，极大地提高了学生的学习成果。

DeepSeek 的错题本智能分析功能通过精准的错题分类、错因分析、个性化复习建议以及全面的数据统计，帮助学生更高效地弥补学习中的漏洞，提高考试成绩。无论是日常的错题复习，还是临考前的突击，DeepSeek 都能提供量身定制的解决方案，让学生的复习事半功倍。如果读者也希望在备考过程中实现更加高效的复习，不妨尝试 DeepSeek，攻克薄弱环节，进行考试突击，最终取得优异的成绩。

7.2 读书进化论

本节旨在帮助读者高效阅读并深度吸收书籍内容，实现从快速阅读到知识内化的跨越。首先介绍了快速阅读的核心技巧，通过抓取书籍的关键信息，帮助读者在短时间内掌握书籍的主旨和精华，适合时间有限但追求高效学习的读者。接着提供了一套系统化的笔记方法，帮助读者在阅读过程中提炼核心观点、记录个人思考，并将知识转化为长期记忆。本节内容为读者提供了从快速阅读到深度学习的完整路径，助力其实现阅读效率与质量的全面提升。

7.2.1 30 分钟掌握一本书

在这个信息爆炸的时代，碎片化阅读成为常态，许多人希望在短时间内就掌握一本书的核心内容。然而，传统的阅读方式往往存在耗时长、重点不清、难以转化为行动的问题，使得阅读效率低下。

DeepSeek 具备强大的文本分析和知识提炼能力，能够帮助用户在 30 分钟内高效掌握一本书的核心内容。通过智能摘要、结构化分析、核心观点提炼，DeepSeek 让阅读者快速理解书籍的关键思想，并将其应用到实际工作和生活中。无论是商业管理、心理学、投资理财，还是社科经典，DeepSeek 都能提供精准、清晰、实用的阅读方案，助力高效学习。

例如，《西游记》是中国四大名著之一，以唐僧师徒五人西天取经的冒险旅程为主线，讲述了他们经历九九八十一难，最终修成正果的故事。这部名著不仅是一部充满奇幻色彩的小说，更是一部富有哲理的修行之书。

☆ 用户提问：

我想在 30 分钟内掌握《西游记》的核心内容，而不是逐字阅读整本书，请帮我总结这本书的关键要点，帮助我快速理解。

☆ DeepSeek 回答：

以下是《西游记》的核心内容速览，30 分钟即可掌握全书脉络与精髓。

一、故事背景

主线任务：唐僧（玄奘）奉唐太宗之命，前往西天（印度）取回大乘佛经，普度众生。

团队构成：唐僧（肉体凡胎的领导者）+ 孙悟空（法力高强的叛逆者）+ 猪八戒（贪吃好色的谐星）+ 沙僧（任劳任怨的苦力）+ 白龙马（低调的后勤）。

深层目标：通过“取经”磨炼师徒五人，完成自我救赎（如孙悟空摆脱五指山镇压、猪八戒赎罪等）。

二、关键情节与隐喻

大闹天宫（前传）

孙悟空反抗天庭权威，被如来镇压五指山下→反抗强权必遭压制，暗示封建秩序不可撼动。

八十一难

妖怪分类：

天庭 / 佛派关系户（如青牛精、金角银角、大鹏鸟）→讽刺权力腐败与后台交易。

野生妖怪（如白骨精）→考验师徒信念与智慧。

典型劫难：

三打白骨精：团队信任危机，唐僧迂腐与悟空清醒。

火焰山：借芭蕉扇灭火→ 解决问题需直面根源（牛魔王家族恩怨）。

真假美猴王：孙悟空心魔（六耳猕猴）→ 自我认知的挣扎。

抵达灵山

取到无字经书→暗喻真理需自我领悟，后换真经却需贿赂→ 对宗教世俗化的讽刺。

三、核心主题

修行与救赎：通过磨难洗刷罪孽（如悟空成佛、八戒脱离猪身）。

人性弱点：贪（八戒）、嗔（悟空）、痴（唐僧）等的具象化。

权力结构：天庭、佛道两派与妖界的利益博弈。

理想与现实：取经的理想主义与途中遭遇的官僚主义、腐败。

四、文化影响

国民级 IP：衍生出“孙猴子”“猪队友”“紧箍咒”等文化符号。

暗黑解读：原著比影视剧更残酷（如狮驼岭尸山血海、唐僧多次想放弃）。

现实映射：职场团队模型（领导 + 技术骨干 + 摸鱼党 + 老实人）。

五、速记口诀

“一猴一猪一和尚，白龙沙僧跟着忙；

八十一难套路深，关系妖怪后台强；

打不过就请菩萨，取经真相是驯猴王。”

首先，在内容结构化分析方面，DeepSeek 提供故事背景、关键情节与隐喻、核心主题等，使读者在短时间内掌握全书架构。其次，在核心思想提炼方面，DeepSeek 通过分析人物成长、情节冲突和哲学思考，帮助读者理解作品的深层含义。最后，在阅读优化方面，DeepSeek 结合现代思考角度，生成一段速记口诀，帮助读者将古典著作的智慧应用于现实生活。

相比传统的逐字阅读方式，DeepSeek 能够帮助用户在 30 分钟内精准掌握书籍的核心内容，提高知识吸收效率，使阅读更具策略性。

如果读者希望提升阅读效率，快速理解经典作品，不妨试试 DeepSeek，让阅读方式更智能、更高效、更有深度！

7.2.2　深度读书笔记模板

随着知识经济的崛起，越来越多的人开始关注如何通过读书获取信息，提升个人能力，而记录读书笔记作为一种帮助读者深入理解和整理书籍内容的方法，受到了广泛关注。对于许多读者来说，写好读书笔记不仅能帮助自己加深对书籍的理解，也能为他人提供有价值的思考框架。然而，许多读者在写读书笔记时，常常遇到以下问题：首先，笔记内容结构混乱，信息难以提炼；其次，笔记只是简单的书籍总结，缺乏对书本深层次内容的挖掘和反思；再者，笔记风格单一，缺乏创意，难以引发读者兴趣。

DeepSeek 具备强大的智能分析和内容优化能力，能够帮助读者有效整理和提炼书籍的核心要点，提升读书笔记的深度和吸引力，使其不仅能帮助个人复习和理解，还能在社交平台上吸引更多的互动和讨论。

☆ 用户提问：

我最近读了一本书，内容很深奥，我在写读书笔记时，感觉自己无法完全消化书中的核心理念，笔记整理得也有些乱。请给我一个深度读书笔记模板。

☆ DeepSeek 回答：

深度读书笔记模板

书名：

【填写书籍名称】

作者：

【填写作者姓名】

阅读时间：

【填写读书的时间段】

一、引言 / 主题概述

在这一部分简要介绍书籍的主要内容和作者的核心观点，概述该书的主题和目的。

二、核心概念

列出并详细阐述书中提出的重要概念、理论和框架，并配合实际例子加以说明。例如：

概念一：[概念名称]

解释：详细阐述该概念的定义、特征、适用范围等。

示例：举例说明这一概念在现实生活中如何体现，增强理解。

概念二：[概念名称]

解释：同上

示例：同上

三、各章节总结

每一章结尾提供简短总结，并标明其关键论点。例如：

第 1 章：主要讨论了 ××，作者认为 ××，提到 ××。

第 2 章：本章集中在 ××，提出了 ××，阐明了 ××。

四、个人反思与分析

结合个人经验与理解，对书中的内容进行深度反思。这一部分着重分析书中观点对自己的启发和改变，或将其与其他相关书籍、理论进行对比。例如：

书中的 ×× 观点让我想起了我在读 ×× 书时学到的 ×× 内容。

我发现自己在实践中也曾有过类似的经验，尤其是在 ×× 领域。

五、行动计划或应用场景

如何将书中的理论和思想应用到实际生活或工作中？列出具体的行动计划。例如：

计划在未来三个月内，每周安排时间进行 ××，以实践书中的某个理论和思想。

在工作中，我将尝试运用书中的 ×× 方法来改善团队沟通。

六、总结与启示

简要总结整本书的主旨，并思考该书对个人的长远影响或启示。列出本书带来的启发，可能是行为、思维、价值观等方面的转变。例如：

这本书让我认识到 ××，未来我将更加注重 ××。

该书对我最大的启示是学会更理性地做决策，尤其在重要时刻避免情绪影响决策。

通过这一模板，您可以对书籍进行全面的梳理和深入的思考，不仅能帮助自己更好地消化书中的信息，还能与他人分享你的深度见解。

首先，DeepSeek 给出的深度读书笔记模板使得读书笔记结构更加清晰，信息也得到了有效的提炼，能够帮助读者更好地理解书中的核心思想，这不仅是对书本内容的总结，更是对思维模式的深刻洞察。其次，深度读书笔记模板中加入了实际的应用场景和个人反思，增强了读书笔记的实用性和针对性。

DeepSeek 通过智能化的内容整理与优化功能，帮助读者有效提升读书笔记的质量。无论是在帮助理解书籍核心理念方面，还是在提升笔记的传播力方面，DeepSeek 都能提供专业的支持。通过精练的模板和深度的分析，读者不仅能更好地消化书本内容，还能将自己的见解分享给更多人。

7.3　技能快车道

本节深耕快速掌握实用技能的方法，帮助读者在短时间内提升个人能力。首先，短视频拍摄速成从设备选择、拍摄技巧到剪辑方法，提供了系统化的学习路径，帮助初学者快速上手并制作出高质量的短视频内容。接着，编程入门陪练通过分步指导和实践练习，帮助零基础学习者掌握编程的核心概念和基础技能，逐步培养解决问题的能力。本节内容旨在为读者提供高效的学习工具和实践方法，助力其在技能学习的道路上快速突破，实现个人能力的全面提升。

7.3.1　短视频拍摄速成

短视频已成为当下最具影响力的内容传播方式之一，无论是个人创作者、企业，还是电商卖家，高质量短视频的拍摄和制作都能带来更大的流量和变现机会。然而，许多初学者在短视频拍摄过程中常常会遇到以下难题：首先，拍摄基础薄弱，不知道如何选择设备、构图和运镜；其次，缺乏实战练习，学习了许多教程却无法真正应用到实际中；再者，没有即时反馈，总觉得自己拍摄的内容不够吸引人，也不知道该如何改进。

DeepSeek 具备智能短视频陪练和拍摄优化能力，能够帮助用户通过分步练习、即时反馈、智能调整，逐步掌握短视频拍摄技巧。从构图、光线、运镜到剪辑，DeepSeek 都能提供个性化陪练，让你的短视频创作内容更专业、更有吸引力。

☆ 用户提问：

我是短视频初学者，想学习短视频拍摄技巧，希望有一个助手，可以指导我如何拍摄，并在我操作后给出反馈，让我快速掌握短视频拍摄技能。请模拟一个短视频拍摄陪练过程，可以根据我的实践调整问题，使我能真正掌握拍摄技巧。

☆ DeepSeek 回答：

【短视频拍摄陪练计划】

目标：通过多轮对话，帮助初学者掌握短视频拍摄技能，提高实战能力。

适用人群：短视频新手、内容创作者、电商卖家、个人博主。

第一轮：基础练习——手机拍摄与构图

DeepSeek（陪练）：

“让我们从最基础的拍摄技巧开始。请你用手机拍摄一张画面干净、主体清晰的照片，并确保主体位于画面的三分之一处（三分法构图）。完成后，请上传或描述你的拍摄情况。”

用户（反馈）：

“我拍了一张，但好像画面不太平衡，主体有点偏左了。”

DeepSeek 自动调整问题（给出优化建议）：

“你的拍摄思路不错，但主体稍微偏离了视觉焦点。建议你打开手机相机的‘网格线’功能，对照三分法构图，让主体位于交叉点。你可以重新调整角度，再拍一张试试看。”

第二轮：光线与曝光控制

DeepSeek（陪练）：

“光线是短视频拍摄的重要因素。现在，请你在室内和室外各拍摄一段 10 秒的视频，尝试观察光线对画面质量的影响。你可以调整不同角度，看看哪个方向的光线更适合你的拍摄对象。完成后，描述你的拍摄体验。”

用户（反馈）：

“我发现顺光拍摄时画面很亮，但逆光时候人物脸部变暗了。”

DeepSeek 自动调整问题（深入引导）：

“你观察得很准确！顺光可以让画面更清晰，而逆光会导致主体变暗。如果你想在逆光环境下拍摄，可以尝试以下技巧。

调整曝光：点按手机屏幕上的暗部区域，提升曝光值。

使用补光：利用反光板、补光灯或白色墙面反射光线，让人物面部更加明亮。

剪影效果：如果想要有氛围感，可以让主体变成剪影，突出轮廓。

请尝试调整曝光后再拍一段逆光视频，看看效果是否改善。”

第三轮：运镜练习

DeepSeek（陪练）：

“现在，我们进入运镜练习阶段。请尝试拍摄一段‘推镜头’的视频，从远处慢慢靠近拍摄对象，模拟电影中的推进效果。完成后，描述你的拍摄体验。”

用户（反馈）：

“我试了一下，但画面有些抖动，感觉不够流畅。”

DeepSeek 自动调整问题（提供稳定运镜技巧）：

“流畅的运镜需要一定技巧，你可以试试以下方法。

双手握稳手机，避免单手拍摄导致画面晃动。

身体前倾移动，而不是手臂伸缩，这样能保证运动更加平稳。

可以使用三轴稳定器或借助滑轨，让画面更顺滑。

调整步伐：走路时，脚后跟先着地，避免剧烈晃动。

请尝试用双手固定 + 身体移动的方式，重新拍一段推镜头视频。”

DeepSeek 生成的短视频拍摄陪练方案相比传统的学习方式具有实战性强、即时反馈和动态调整三大特点。首先，在基础构图练习中，DeepSeek 通过给出打开手机相机的网格线引导用户提升画面美感。其次，在光线练习中，DeepSeek 让用户主动发现光线问题，并提供实际调整技巧。最后，在运镜练习中，DeepSeek 结合稳定运镜方法，帮助用户提升拍摄流畅度。

相比传统的“看教程 + 自行摸索”，DeepSeek 能够提供个性化陪练，让学习更高效、更精准、更专业。

DeepSeek 具备实时反馈、拍摄优化、剪辑指导能力，能够帮助拍摄短视频的初学者从零基础到专业级创作，快速掌握拍摄技巧。从构图、光线、运镜到剪辑，都能提供互动式、任务驱动、精准优化的陪练方案。

温 馨 提 示

初学者拍摄短视频时，常常会陷入“设备不够好”“表达不够完美”的焦虑。其实，拍摄短视频最重要的不是画质，而是内容是否有价值、表达是否真实。在开始创作前，建议你用 DeepSeek 先梳理清楚选题结构，再生成脚本草稿，有助于提升内容节奏与可看性。拍摄时可优先选择自然光充足的场所，运用“开头抓注意—中段讲干货—结尾有互动”结构，让你的短视频更容易被平台推荐。不要追求一开始就完美，先拍起来，才是成功的第一步。

7.3.2　编程入门陪练

学习编程不仅需要掌握基本概念，还需要大量的练习和实际操作。然而，许多初学者在学习编程的过程中会遇到以下难题：首先，缺乏练习指导，仅靠视频或教程难以理解代码背后的逻辑；其次，调试能力不足，遇到错误时不知道如何查找问题，影响学习进度；再者，缺乏互动反馈，很多自学者只能靠自己摸索，没有即时反馈和指导，导致学习效果大打折扣。

DeepSeek 具备智能编程陪练和代码分析能力，能够帮助用户动态模拟编程训练过程，提供即时反馈、问题拆解和优化建议，帮助学习者提升编程技能。从基础语法到算法训练，从代码调试到项目实战，DeepSeek 都能提供针对性的陪练方案，让编程学习更加高效、精准、有趣。

第 1 步：使用 DeepSeek 生成练习用的简单代码。

☆ 用户提问：

我是编程初学者，正在学习 Python，希望有一个智能陪练助手来帮助我练习编写代码，并在我写错或理解不清时提供即时反馈。请帮我编写一个简单的计算器代码。

☆ DeepSeek 回答：

以下是 Python 编写的简单计算器代码，支持加减乘除。

```
while True:
    try:
        num1 = float(input("输入第一个数字："))
        op = input("输入运算符 (+ - * /): ")
        num2 = float(input("输入第二个数字："))

        if op == '+':
            res = num1 + num2
        elif op == '-':
            res = num1 - num2
        elif op == '*':
            res = num1 * num2
        elif op == '/':
            if num2 == 0:
                print("错误：除数不能为 0")
                continue
            res = num1 / num2
        else:
            print("无效运算符")
            continue

        print(f"结果：{res:.2f}")
```

```
    except ValueError:
        print("错误：请输入有效数字")

    if input("继续计算？(y/n)：").lower() != 'y':
        break
```

特点：

异常处理：自动过滤非数字输入。

防零除：除法运算时检测除数为零的情况。

结果格式化：保留两位小数。

循环计算：支持连续使用。

交互友好：分步提示输入内容。

运行后可通过命令行进行基础的四则运算，输入非 'y' 可退出程序。

第 2 步：可以看到 DeepSeek 生成的代码用到了很多的 if...else... 语句，这样阅读起来逻辑不清晰，可进一步要求 DeepSeek 对代码进行优化。

☆ 用户提问：

这段代码有没有可以优化的地方，让代码整体阅读起来更清晰？

☆ DeepSeek 回答：

可用字典替代条件判断，更简洁且易扩展。

```
import operator

calc = {
    '+': operator.add,
    '-': operator.sub,
    '*': operator.mul,
    '/': operator.truediv
}

while True:
    try:
        a = float(input("数字1："))
        op = input("运算符：")
        b = float(input("数字2："))

        func = calc.get(op)
        if not func:
            print("无效符号")
```

```
                continue

            if op == '/' and b == 0:
                print("除数不能为 0")
                continue

            res = func(a, b)
            print(f"结果：{res:.2f}")

        except (ValueError, KeyError):
            print("输入错误")

        if input("继续？(y/n): ").lower() != 'y':
            break
```

优化点：

用字典直接映射运算符到内置函数，消除 if 链；

使用 operator 模块替代手动计算；

统一错误处理合并多个 except；

运算符增减只需修改字典（如添加 ** 幂运算）；

符号检测用 get 方法替代多重判断。

代码量减少 30%，维护性提升。当需要新增运算符时，只需在字典添加新的键值对即可，无须修改逻辑结构。

第 3 步：DeepSeek 完成代码优化后，因其未进行检测，所以可以通过对话形式向其提问，咨询执行代码时可能出现的问题，并提供解决方案。

☆ 用户提问：

运行代码有可能遇到什么问题？要如何解决？

☆ DeepSeek 回答：

主要问题及解决方案：

1. 无效符号报错：输入非四则运算符号（+、-、*、/）时触发。已通过 calc.get() 检测，提示“无效符号”。

2. 除零错误：检测 op == '/' and b == 0 后拦截。

3. 浮点精度问题：如 0.1+0.2=0.30000000000000004。解决方案：改用 decimal 模块处理精确计算。

4. 科学记数法输入：如 1e3 会被正确识别为 1000。此时无须处理，float 自动转换。

5. 连续运算依赖：每次需重新输入所有数字。可添加 last_result 变量记忆上次结果。

6. 特殊符号冲突：如输入“%”会被识别为无效符号。扩展运算符字典即可支持。

7. 超大数计算：浮点数溢出会报错。添加 except OverflowError 捕获。

改进方向：增加历史记录、分数运算、括号优先级功能需重构计算逻辑。当前版本适合基础场景，通过异常处理已覆盖主要错误类型。

DeepSeek 的回答逻辑清晰，代码示例合理，能够满足编程初学者的需求。第 1 步生成的代码浅显易懂，具备基础错误处理功能，适合入门练习。第 2 步优化了代码结构，用字典直接映射运算符到内置函数，消除 if 链，在提升可阅读性的同时，保障了可扩展性和维护性。第 3 步回答针对潜在问题给出解决方案，涵盖除零错误、浮点精度、科学记数法输入等问题，思维全面，适合新手理解和改进代码。但可进一步增加调试指导和交互优化，帮助初学者理解底层逻辑。整体而言，DeepSeek 的回答具有实操性和指导价值，是优秀的编程辅助示例。

相比传统的“看教程 + 自己练习”的学习方式，DeepSeek 能够提供即时指导、错误修正和智能挑战，让学习编程更加高效、精准、有趣。

DeepSeek 具备智能编程陪练、代码分析、错误修正、动态问题调整能力，能够帮助编程初学者快速掌握 Python 基础，提升代码编写和调试能力。从变量定义到循环控制，从条件判断到算法优化，DeepSeek 都能提供互动性强、针对性高、反馈及时的编程陪练体验，助力学习者快速成长。

7.4 认知升级

本节聚焦于信息时代下的认知升级策略，重点探讨如何借助 DeepSeek 优化信息处理流程，提升判断力和扩展思维深度。在当今信息爆炸的时代中，我们每天被大量的新闻、报告与社交媒体内容包围，如何从中快速筛选出有价值的信息，避免认知偏差与信息噪声，已成为每个人必备的核心能力。

通过每日信息筛选术和思维模型框架两个实用工具，读者不仅可以高效提炼每日关键资讯，还可以借助结构化思维模型锤炼逻辑能力。灵活使用 DeepSeek 的联网搜索与深度思考功能，还可以更加准确地定位重点内容、规避碎片化陷阱，并逐步构建起稳定、系统的认知框架，实现从“被信息支配”到“驾驭信息”的转变。

7.4.1 每日信息筛选术

在当今信息爆炸的时代，我们每天都被大量的新闻、研究报告、社交媒体热点和行业动态所包围。获取信息变得前所未有的便捷，但如何从海量数据中精准筛选有价值的内容，仍然是一个巨大的挑战。无效信息的干扰、片面甚至错误的报道，都会影响我们的判断力和决策质量。

DeepSeek 的联网搜索功能能够帮助我们实时获取全球最新资讯，但它的核心价值并不只是简单地提供信息，而是在于如何通过优化提示词，让 AI 输出更精准、更有深度的内容。一个好的提示词可以决定搜索内容的质量，甚至可以影响我们的认知升级。通过优化搜索方式，我们不仅能节省筛选信息的时间，还能确保获取的信息更具洞察力和实用价值。

☆ 用户提问：

今天是 2025 年 3 月 5 日，帮我找 24 小时内 AI 最新新闻，并浓缩成精华版。

☆ DeepSeek 回答：

2025 年 3 月 5 日 AI 领域 24 小时精华新闻速递

1. 中国发布“人工智能 +”行动，加速产业赋能

国务院在《政府工作报告》中首次提出“人工智能 +”行动，强调 AI 与制造业、农业、服务业深度融合，推动传统行业数字化转型。同时，国务院研究室主任沈丹阳呼吁全球共建 AI 伦理准则，提出《全球人工智能治理倡议》，倡导技术发展需以人为本、保障隐私与公平性。

2. DeepSeek 新一代 AI 模型 R2 或提前上线

原定 5 月发布的 DeepSeek-R2 模型有望提前推出，其编程能力和多语言推理性能显著提升。受此消息影响，科创板人工智能 ETF（588930）单日涨幅达 2%，成交额突破 7000 万元，芯原股份等 AI 产业链企业股价大涨。

3. 华为披露 AI 流量爆发式增长

华为高管杨超斌表示，过去 8 个月中国 AI 大模型产生的 Token 流量增长 33 倍，其中付费 Token 贡献 15 倍增长。随着 DeepSeek 等模型普及，每 Token 成本下降 97%，预计 2030 年，AI 相关日均流量将达 500TB（当前全国移动流

量总和为 90TB/ 天）。

4. 智谱发布首个开源汉字文生图模型 CogView4

智谱推出开源汉字文生图模型 CogView4，支持汉字生成并在 DPG-Bench 测试中综合评分第一。该模型遵循 Apache 2.0 协议，可应用于广告、影视等创意领域，加速行业数字化转型。

5. 端侧 AI 性能或将实现 3 倍跃升

联想 CEO 杨元庆在 MWC 2025 预测，端侧 AI（如手机、PC）未来 12 个月整体性能有望提升 3 倍，推动智能终端向“超级智能体”进化，执行复杂任务时更贴近用户需求。

6. AI 技术落地两会报道与行业应用

两会期间，新华日报引入 DeepSeek 开发的 AI 助手“3D 点点”，提供智能新闻服务、医疗领域 AI 辅助诊断、教育领域智能工具等示范项目加速落地，提升效率与服务质量。

结语：今日 AI 领域政策、技术与市场动态密集，中国“人工智能 +”行动与《全球人工智能治理倡议》并进，技术突破与商业化应用同步加速，资本市场热度持续攀升。更多细节可参考各新闻来源。

DeepSeek 的回答紧扣主题，通过聚焦最新动态、提炼核心内容、分类呈现信息以及突出实用价值，实现了高效筛选与精准提炼。首先，确保所有信息均为当日最新动态，保证时效性；其次，将复杂新闻浓缩为简洁精华，便于快速阅读；最后，突出关键数据与趋势，为用户提供实用参考。整体上，回答体现了信息筛选的核心能力，符合主题要求。

在每日信息筛选的过程中，我们需要明确查询范围，确保信息来源的权威性，同时采用多层筛选策略，让 AI 不仅能提供基础信息，还能进行深入分析。例如，结合专家观点、数据支持和趋势预测，让信息更具可读性和洞察力。

信息筛选并不是单向的，而是一个持续优化的过程。通过精准提问、多角度分析和反馈迭代，我们可以让 DeepSeek 成为真正的认知助手，而不仅仅是一个搜索工具。随着使用习惯的养成，我们每天获取的信息将更加精准、深刻，并最终提升自身的认知能力和决策水平。在这个信息快速更迭的时代，掌握 AI 信息筛选术，就意味着掌握了认知升级的主动权。

温 馨 提 示

在这个信息爆炸的时代，每天阅读新闻、报告或社交媒体内容时，最容易陷入“看得多，记不住”的困境。建议你利用 DeepSeek 搭配“三步筛选法”：先用简洁提示词让 AI 帮你快速提取要点，再根据需求分类出趋势信息、数据支持和可用观点，最后生成结构清晰的摘要或知识卡片。通过这种方式，每日只需 10 分钟，就能高效完成信息摄取与整理，让信息为你所用，而不是被信息牵着走。

7.4.2 思维模型框架

随着知识经济的快速发展，人们越来越关注如何通过高效的思维方式来优化决策，提高个人能力。查理· 芒格的思维模型框架正是这样一种工具，它强调跨学科、多元化的认知体系，帮助人们更全面、理性地理解世界，并作出更明智的决策。

查理·芒格是伯克希尔·哈撒韦公司的副主席，也是沃伦·巴菲特的长期合伙人，他提出了“多元思维模型框架”（Latticework of Mental Models, LMM）这一理念。他认为，一个人如果仅依赖单一学科的思维方式，就容易犯认知偏差，甚至陷入“手里只有一把锤子，看什么都像钉子”的困境。因此，他主张构建一个由多个学科（如心理学、经济学、物理学、生物学、数学等）交叉形成的认知体系，以此提升思维的广度和深度，以更加精准、高效地解决问题。

然而，许多人在实际应用这些思维模型框架时，常常遇到以下问题：首先，难以判断哪种思维模型框架适用于当前的情境，导致理论和实践脱节。其次，无法系统性地运用多个思维模型框架，导致思维局限于单一框架，无法全面分析问题。再者，不清楚如何用思维模型框架优化现实决策，导致实际问题解决效率不高。

DeepSeek 具备强大的认知优化能力，能够帮助用户在不同情境下匹配合适的思维模型框架，提供精准的分析与决策优化建议，使思维方式更加清晰和高效。无论是 SWOT 分析、MECE 分类法、因果链推演，还是费曼学习法等认知工具，DeepSeek 都能根据用户的输入需求生成结构化的思维模型框架解读与实际应用建议。借助这些可视化的思维模型框架，用户能够更高效地拆解复杂问题、厘清逻辑结构、提升思考深度，真正实现“让 AI 成为你的思维助手”。

☆ 用户提问：

我是一名团队管理者，团队中有一位个性鲜明的员工，他能力很强，但有时候过于特立独行，导致团队协作出现摩擦。我该如何更好地管理他，同时保持团队的凝聚力？请帮我找到一个适合的思维模型框架，并提供具体的管理策略。

☆ DeepSeek 回答：

针对您的情况，查理·芒格的“多元思维模型框架”中的“激励倾向思维模型框架”和“尊重倾向思维模型框架”非常适合用来解决这个问题。这两个模型框架强调通过理解人性中的激励和尊重需求，来引导员工行为并优化团队协作。

1. 激励倾向思维模型框架

查理·芒格认为，人们的行为往往受到激励的驱动。对于能力强但特立独行的员工，您可以通过以下方式激励他更好地融入团队。

明确目标与奖励：为他设定清晰的目标，并将其个人成就与团队目标挂钩。例如，如果他完成某项任务并帮助团队达成目标，可以给予公开表扬或额外奖励。

赋予责任感：让他担任团队中的关键角色，比如项目负责人或技术顾问，激发他的责任感，同时让他感受到团队对他的依赖和信任。

提供成长机会：为他提供更具挑战性的任务或学习机会，满足他对自我提升的需求，同时让他意识到团队是他实现目标的平台。

2. 尊重倾向思维模型框架

查理·芒格指出，人们天生渴望被尊重和认可。对于个性鲜明的员工，尊重他的独特性是管理的关键。

建立信任：通过公开肯定他的能力和成就，增强他对团队的归属感，同时引导他尊重团队其他成员的工作方式。

3. 具体管理策略

设定清晰的团队规则：在尊重个性的前提下，明确团队协作的基本原则，比如沟通方式、任务分配和决策流程，确保所有人都在同一框架下工作。

引导协作：在项目中设计需要团队协作的环节，让他意识到合作的重要性，同时通过他的能力带动团队整体表现。

定期反馈：通过定期反馈机制，及时指出他的优点和需要改进的地方，帮助他调整行为，同时避免矛盾积累。

团队建设活动：组织非正式的团队活动，增强成员间的了解和信任，减少因个性差异导致的摩擦。

通过以上方法，您可以在尊重员工个性的同时，引导他更好地融入团队，既能发挥他的能力优势，又能维护团队的凝聚力。

DeepSeek 优化后的分析帮助管理者从理性角度看待问题，而非用主观臆测加深误解。首先，它避免了情绪化管理，而是强调激励和尊重，使管理者能更客观地看待员工的行为。其次，它提供了一系列可落地的管理策略，包括引导协作、定期反馈、促进团队融合等，既能尊重个体特性，又能维持团队的整体协作性。这种系统化的思维方式，有助于提升管理效率，使团队更具包容性和创造力。

查理·芒格的“多元思维模型框架”是一套极具价值的认知工具，能够帮助人们在复杂问题中找到最佳决策路径。DeepSeek 通过智能匹配思维模型框架，帮助用户在实际问题中精准应用这些理念，从而提升决策质量、避免认知误区。无论是在管理、投资中，还是个人成长中，掌握正确的思维方式都能让人更高效地解决问题，提升整体认知能力。如果你也想提升自己的思维方式，不妨试试 DeepSeek，让科学的思维方式成为你的高效决策工具，助力个人成长和职业发展。

本章小结

本章系统性地介绍了多种高效学习和成长的方法与工具。从考试准备的考点预测模型和错题本智能分析，到 30 分钟掌握一本书和深度读书笔记模板，为读者提供了从知识获取到知识内化的完整路径。同时，通过短视频拍摄速成和编程入门陪练等实用技能的学习方法，读者能够在短时间内掌握新技能，提升个人竞争力。此外，每日信息筛选术和思维模型框架的引入，可帮助读者优化信息处理能力并构建系统化的思维模型框架，从而实现认知的持续升级。本章内容涵盖了从学习到技能提升再到认知优化的全方位工具，为读者提供了实现终身成长的有效支持。

第8章

扫一扫，看视频

家庭智囊团：生活品质提升术

【本章导读】

本章以“家庭智囊团”为主题，深入探讨了如何通过科学管理和高效工具提升家庭生活品质，内容涵盖健康管家、育儿助手、家装顾问和财务规划四大核心领域。从体检报告解读、家庭药箱管理到分龄教育方案、亲子游戏创意库，再到采光优化设计、装修避坑指南，以及信用卡优惠提醒和家庭年度预算表，本章提供了全方位的实用建议和工具支持。无论是关注健康的家庭成员、重视教育的父母，还是正在装修或规划财务的家庭，都能从中找到适合自己的解决方案，助力其实现更健康、更舒适、更高效的家庭生活。

8.1 健康管家

本节聚焦于家庭健康管理的核心领域，通过体检报告解读和家庭药箱管理两大主题，帮助家庭成员更好地关注和维护健康。体检报告解读提供了科学的方法，帮助用户理解复杂的体检数据，及时发现潜在健康问题并采取相应措施；家庭药箱管理从有效期管理、药品分类到必备药品清单，提供了实用的建议，确保家庭药箱安全有效，能够应对突发疾病需求。通过本节内容，读者可以建立科学的家庭健康管理体系，为每一位家庭成员的健康保驾护航，全面提升生活品质。

8.1.1 体检报告解读

在现代社会，定期体检已成为健康管理的重要环节。然而，面对体检报告中复杂的医学术语和密密麻麻的数据，许多人往往感到困惑和无助。如何正确解读体检报告，了解自身健康状况，并采取相应的改善措施，成了一项重要的技能。DeepSeek 对体检报告的解读旨在帮助用户快速、准确地理解体检报告，并提供个性化的健康建议。通过精准的提示词设计，DeepSeek 能够将专业的医学知识转化为通俗易懂的语言，让每个人都能成为自己健康的管理者。

体检报告是健康状况的“晴雨表”，它记录了身体各项指标的变化趋势，能够帮助我们及时发现潜在的健康问题。然而，体检报告中的医学术语和数据往往让人望而生畏。例如，血常规检查中的“白细胞计数”、肝功能检查中的“ALT/AST 比值”、血脂检查中的“LDL 胆固醇”等指标，普通人很难理解其具体含义和临床意义。

DeepSeek 体检报告解读提示词的作用，就是将复杂的医学数据转化为易于理解的信息，并针对异常指标提供科学的解释和建议。此处采用“信息处理：来源 + 提炼 + 验证”公式，提供体检报告数值（来源），并进行询问验证（提炼 + 验证），这不仅能够帮助用户了解自身健康状况，还能为后续的健康管理提供明确的方向。

☆ 用户提问：

血常规：白细胞计数 6.5（正常范围 4.0 ~ 10.0），血红蛋白 120（正常范围 115 ~ 150），血小板计数 200（正常范围 100 ~ 300）。最近感到疲劳，想了解我是否贫血。

☆ DeepSeek 回答：

1. 指标解读

白细胞计数（6.5）：处于正常范围内，表明免疫系统功能正常，无明显感染或炎症。

血红蛋白（120）：略低于正常范围下限，可能存在轻度贫血。贫血会导致疲劳、乏力等症状。

血小板计数（200）：处于正常范围内，表明凝血功能正常。

2. 潜在原因分析

轻度贫血的可能原因：

铁摄入不足：饮食中缺乏富含铁的食物，如红肉、菠菜等。

慢性失血：如月经量过多或消化道出血。

吸收障碍：如胃肠道疾病影响铁的吸收。

3. 健康建议

饮食调整：

增加富含铁的食物摄入，如红肉、动物肝脏、菠菜、豆类等。

搭配富含维生素 C 的食物（如柑橘类水果），促进铁的吸收。

生活习惯：

避免过量饮用咖啡和茶，这些饮料会抑制铁的吸收。

保持规律作息，避免过度劳累。

进一步检查：

如果疲劳症状持续，建议进行血清铁蛋白和总铁结合力检查，进一步明确贫血类型。

女性用户需关注月经量，必要时咨询妇科医生。

DeepSeek 解读基于权威医学数据库，能够准确解读体检报告中的各项指标，并提供科学的解释和建议。DeepSeek 能根据用户的健康需求和生活方式，生成针对性的健康建议，确保建议的实用性和可操作性；能将复杂的医学术语转化为通俗易懂的语言，不仅解读单一指标，还综合分析各项指标之间的关系。DeepSeek 对体检报告的解读能够帮助用户快速、准确地理解体检报告，并提供个性化的健康建议。

通过 DeepSeek 解读体检报告，用户可以全面了解自身健康状况，及时发现潜在问题，并采取科学的改善措施。

8.1.2 家庭药箱管理

家庭药箱是家庭健康管理的重要组成部分，它不仅是应对突发疾病的“第一道防线”，也是日常健康维护的重要工具。然而，许多家庭药箱存在药品过期、分类混乱、缺乏必备药品等问题，导致在紧急情况下无法发挥应有的作用。通过精准的提示词设计，DeepSeek 能够为用户提供个性化的药品管理方案，让家庭药箱成为真正的“健康守护者”。

家庭药箱在健康管理中扮演着多重角色。首先，它是应对突发疾病的“第一道防线”，能够及时缓解感冒、发烧、腹泻等常见症状，避免病情恶化。其次，家庭药箱中的创可贴、消毒用品等能够满足日常健康需求，如处理小伤口或消毒杀菌。再者，科学管理家庭药箱还能避免药品过期或误用，确保用药安全。在自然灾害或突发公共卫生事件中，家庭药箱更是为家庭成员提供基本医疗保障的重要资源。

尽管家庭药箱的重要性不言而喻，但许多家庭在管理药箱时常常遇到问题。例如，药品过期是一个普遍现象，许多家庭药箱中存放着早已失效的药品，这些药品不仅失去药效，还可能产生有害物质。此外，药品分类混乱也是一个常见问题，导致在紧急情况下难以快速找到所需药品。还有一些家庭药箱缺乏必备药品，无法满足基本的健康需求。最后，药品储存不当也是一个容易被忽视的问题，如需要冷藏的药品被放置在常温环境中，导致药效降低或失效。可以采用“场景 + 任务 + 要求”的对话模板，提供使用场景（场景）、家庭药箱内药物的基本信息（任务）和对应的要求（要求），使输出内容更精确，且符合预期需求。

☆ 用户提问：

家庭药箱中有以下药品：布洛芬胶囊 10 粒（有效期至 2027 年 6 月），创可贴 20 片（有效期至 2025 年 9 月），感冒灵颗粒 5 包（有效期至 2025 年 12 月），维生素 C 片 30 粒（有效期至 2027 年 8 月）。家中有老人和小孩，还需要准备哪些常用药品？如何避免药品过期？

☆ DeepSeek 回答：

在药品分类与整理方面，布洛芬胶囊属于解热镇痛药，用于缓解发热、头痛等症状；创可贴属于外伤处理用品，用于处理小伤口；感冒灵颗粒主要用于缓解感冒引起的一系列症状，用于解热镇痛、缓解鼻塞、流涕等症状；维生素 C 片属于营养补充剂，用于增强免疫力。

针对家中有老人和小孩的情况，必备药品清单还需要包括老人常用的降压药（如氨氯地平）、降糖药（如二甲双胍）和急救药品（如硝酸甘油），以及小孩常用的退烧药（如对乙酰氨基酚口服液）、抗过敏药（如氯雷他定糖浆）和腹泻药（如蒙脱石散）。

在有效期管理方面，建议每 3 个月检查一次家庭药箱，及时清理过期药品。可以在药箱外贴上药品有效期清单，方便查看。此外，避免一次性购买过多药品，以减少过期风险。

在储存建议方面，应将药箱放置在阴凉干燥处，避免阳光直射。药品应按类别（如感冒药、外伤药、营养补充剂）分类存放，方便取用。同时，将药箱放置在儿童无法触及的地方，避免误服。

DeepSeek 对家庭药箱的管理，首先，能够根据药品类别和用途提供科学的分类建议，确保药箱整洁有序。其次，DeepSeek 还能根据家庭成员的健康状况生成必备药品清单，满足个性化需求。再者，DeepSeek 对于药品的有效期管理方面给出合理的建议，减少药品的过期风险。最后，DeepSeek 提供专业的储存建议，确保药品在有效期内保持最佳药效。

通过持续使用 DeepSeek，用户可以逐步掌握家庭药箱管理的主动权，建立科学的健康管理体系，从而提升整体生活品质。健康是家庭幸福的基石，而 DeepSeek 正是守护家庭健康的得力助手。

8.2　育儿助手

本节将围绕育儿助手的核心功能展开，探讨如何利用智能工具提升育儿效率，帮助家长科学养育孩子。在分龄教育方案中，我们将介绍根据不同年龄段孩子的成长特点和需求而定制化的教育方法，确保孩子在合适的阶段获得最佳的学习体验。在亲子游戏创意库部分，我们将分享一系列有趣且富有教育意义的亲子互动游戏，既能增强亲子关系，又能在轻松愉快的氛围中促进孩子的认知、情感和社交能力的发展。希望通过本节内容，为家长提供实用的育儿参考，让育儿过程更加高效、轻松、有趣。

8.2.1　分龄教育方案

教育是塑造未来的重要工具，而每个孩子的成长阶段都有其独特的需求和特点。如何根据孩子的年龄和发展阶段制定科学的教育方案，是每个家长和教育者面临的挑战。DeepSeek 分龄教育方案提示词应运而生，它是一款基于 AI 的教育顾问，旨在为不同年龄段的孩子提供个性化的教育建议。通过精准的提示词设计，

DeepSeek 能够帮助家长和教育者更好地理解孩子的成长需求，制定适合的教育策略，从而提升孩子的学习效果和生活品质。

孩子的成长是一个循序渐进的过程，每个年龄段都有其特定的认知、情感和社交发展特点。例如，学龄前阶段的孩子主要通过游戏和探索学习，青少年阶段的孩子则需要更多的自主性和创造性学习机会。分龄教育的核心在于根据孩子的年龄特点，提供适合的学习内容和方式，从而实现教育效果的最大化。

通过采用“角色扮演 + 问答互动”模式，可以设定 DeepSeek 为“教育顾问”角色（角色扮演），对“教育顾问”进行请教（问答互动）。这种方法使内容更贴合实际需求，兼具专业性和逻辑性，同时增强用户参与感，提升教育方案的实用性和可操作性。

☆ 用户提问：

你是一个教育顾问，我的孩子是个 15 岁的男生，对科学感兴趣，希望提高自主学习能力，请帮我设置一套教育方案。

☆ DeepSeek 回答：

教育方案：15 岁男生科学兴趣与自主学习能力提升计划

1. 目标设定

短期目标：培养孩子对科学的深入兴趣，掌握科学学习方法，提升自主学习能力。

长期目标：为未来科学领域的学习或职业发展奠定基础，形成独立思考和解决问题的能力。

2. 学习内容规划

科学主题拓展：根据孩子的兴趣，选择物理、化学、生物或天文等领域的专题学习。例如，通过阅读《时间简史》了解宇宙学，或通过实验学习化学反应原理。

项目式学习：鼓励孩子参与科学项目，如制作小型机器人、设计生态瓶或研究太阳能应用，通过实践提升动手能力和科学思维。

跨学科融合：将科学与数学、编程等结合，如通过学习 Python 编程解决科学问题，或通过数据分析理解实验结果。

3. 学习方法与工具

自主学习工具：推荐使用 Khan Academy、Coursera 等在线平台，系统学习科学课程；利用 Anki 等工具进行知识点复习。

时间管理：帮助孩子制订学习计划表，分配每日学习时间，培养自律性。

阅读与资源：提供科学书籍、纪录片（如《宇宙的奇迹》）和科普播客，拓宽知识面。

4. 能力培养策略

批判性思维：通过科学辩论、实验设计等活动，培养孩子提出问题、分析问题和解决问题的能力。

合作与分享：鼓励孩子参加科学社团或线上社区，与同龄人交流学习心得，提升沟通与合作能力。

反思与总结：每周进行一次学习总结，记录收获与不足，调整学习策略。

5. 家长支持与监督

环境营造：家长为孩子提供安静的学习空间和必要的科学工具（如实验器材、书籍等）。

鼓励与反馈：家长定期与孩子沟通学习进展，给予正向反馈，帮助其保持学习动力。

参与互动：家长与孩子一起观看科学纪录片或进行家庭实验，增强亲子互动的同时激发兴趣。

通过以上方案，孩子不仅能深入探索科学领域，还能逐步形成自主学习能力，为未来的学术和职业发展打下坚实的基础。

DeepSeek 提供的分龄教育方案可为家长提供个性化育儿建议：根据孩子的年龄、兴趣和需求，提供量身定制的教育方案。该教育方案，基于儿童发展心理学和教育学理论制定，具有一定的科学性和有效性。该教育方案也具有实用性强的特点，提供了具体的学习内容和活动建议，方便家长和教育者实施。该教育方案还能够持续更新，家长可以根据孩子的成长和反馈，动态调整教育方案，确保长期效果。

通过持续使用 DeepSeek，家长和教育者可以更好地理解孩子的成长需求，制定科学的教育策略，从而提升孩子的学习效果和生活品质。教育是塑造未来的关键，而 DeepSeek 正是你实现教育目标的得力助手。

8.2.2　亲子游戏创意库

亲子游戏是家庭生活中不可或缺的一部分，它不仅能增进亲子关系，还能促进孩子的身心发展。DeepSeek 旨在为家长提供丰富多样的游戏创意，帮助他们在有限的时间内与孩子建立深厚的感情，同时促进孩子的全面发展。通过精准的提示词设计，DeepSeek 能够根据孩子的年龄、兴趣和家庭环境，生成个性化的游戏方案，让亲子时光更加充实和有意义。

尽管亲子游戏的重要性不言而喻，但许多家长还是在实际操作中常常遇到挑战。例如，缺乏游戏创意是一个普遍问题，许多家长不知道如何设计适合孩子年龄的游戏。此外，时间有限也是一个常见障碍，忙碌的工作和生活让家长难以抽出足够的时间陪伴孩子。还有一些家长担心游戏内容不够有教育意义，无法帮助孩子成长。

因此，可以采用“场景 + 任务 + 要求”模板进行提问，设定好孩子的年龄及喜好、家庭情况（场景），让 DeepSeek 帮助用户设计亲子游戏（任务），并提出对应的规范，如不要太普通的游戏（要求），可使 DeepSeek 的回答更规范、更严谨。

☆ 用户提问：

孩子 14 岁，喜欢编程，家里有计算机，请帮我设计不太普通的亲子游戏。

☆ DeepSeek 回答：

亲子游戏设计：14 岁编程爱好者的创意互动

1. 游戏名称：家庭编程挑战赛

游戏目标：通过编程解决趣味问题，提升孩子的编程能力，同时增进亲子互动。

游戏规则：

家长与孩子各自选择一个编程任务（如制作一个小游戏、设计一个自动化脚本或解决数学问题）。

使用 Python、Scratch 或其他孩子熟悉的编程语言完成任务。

设定时间限制（如 1 小时），完成后互相展示作品并评分。

2. 游戏名称：AI 绘画对战

游戏目标：结合编程与艺术，激发创造力。

游戏规则：

使用 Python 编写简单的 AI 绘画程序（如利用 Turtle 库绘制图形）。

家长与孩子分别设计绘画主题（如“未来城市”或“奇幻森林”），并编写代码实现。

完成后互相展示作品，评选最具创意的设计。

3. 游戏名称：家庭黑客马拉松

游戏目标：通过团队合作完成编程项目，培养解决问题的能力。

游戏规则：

家长与孩子组队，选择一个实际生活中的问题（如家庭记账工具、天气预报提醒程序）。

在 2～3 小时内完成项目设计、编码和测试。

完成后演示功能，并讨论优化方案。

4. 游戏名称：编程解谜冒险

游戏目标：通过编程解谜，锻炼逻辑思维。

游戏规则：

家长设计一系列编程谜题（如解密密码、修复代码错误）。

孩子通过编写代码解决问题，逐步解锁下一个关卡。

每完成一个关卡，家长给予奖励（如额外游戏时间或小礼物）。

5. 游戏名称：家庭机器人竞赛

游戏目标：通过编程控制虚拟机器人，培养竞争与合作意识。

游戏规则：

使用在线平台（如 Robocode）创建虚拟机器人。

家长与孩子分别编写机器人控制程序，进行对战。

赛后讨论优化策略，提升编程技巧。

这些游戏不仅有趣，还能让孩子在编程中学习新知识，同时增进亲子关系。

首先，DeepSeek 能够根据孩子的年龄、兴趣和家庭环境，提供量身定制的游戏方案。其次，游戏创意丰富多样，涵盖角色扮演、科学实验、编程挑战等多种类型，满足不同需求。此外，每个游戏方案都结合了教育目标，帮助孩子在玩乐中学习和成长。最后，DeepSeek 提供具体的游戏规则和所需材料，方便家长快速实施。

通过使用 DeepSeek 亲子游戏创意库，家长可以轻松设计出适合孩子的游戏活动，增进亲子关系，促进孩子全面发展。亲子游戏不仅是家庭生活中的宝贵时光，也是释放压力、创造美好回忆的重要方式。无论是学龄前阶段的孩子的角色扮演游戏，还是青少年阶段的孩子的编程挑战，DeepSeek 都能提供专业的支持和实用的方案。

8.3 家装顾问

本节将围绕家装顾问的核心服务，帮助用户在装修过程中作出更加合理和高效的决策。首先，在采光优化设计部分，我们将探讨如何根据居住需求优化采光问题，提高空间美观度，改善家居环境，让家更符合生活习惯。接着，在装修避坑指南中，我们将总结装修过程中常见的误区和陷阱，帮助用户避免不必要的预算浪费，规避施工中的潜在问题，确保装修过程顺利且最终效果符合预期。希望通过本节内容，为用户提供实用的装修参考，让家装变得更加科学、安心、省心。

8.3.1 采光优化设计

采光是影响家居环境舒适度和生活品质的重要因素。良好的采光不仅能提升空间的视觉效果，还能改善心情、提高工作效率，甚至对健康产生积极影响。然而，许多家庭在装修或布置房间时，常常忽视采光设计，导致空间昏暗、压抑或光线分布不均。通过精准的提示词设计，DeepSeek 能够根据房间结构、朝向和用户需求，提供个性化的采光优化方案，让每一缕阳光都成为提升生活品质的力量。

采光不仅关乎家居的美观，更与身心健康息息相关。良好的采光能够提升空间的通透感，让房间显得更加宽敞明亮。自然光还能调节人体的生物钟，改善睡眠质量，缓解压力和焦虑。此外，合理的采光设计能够减少对人工照明的依赖，从而节约能源，降低生活成本。

然而，许多家庭在采光设计上存在误区。例如，过度依赖厚重的窗帘遮挡阳光，导致室内光线不足；或者未考虑房间朝向，导致光线分布不均。DeepSeek 采光优化建议提示词的作用，就是帮助用户科学规划采光设计，充分利用自然光，打造舒适宜居的家居环境。

"初稿生成 + 改进指令"是一种高效的提问模板。首先，由 AI 生成采光优化设计初稿，确保内容完整（初稿生成），然后再根据具体指令进行细化调整（改进指令）。

第 1 步： 快速搭建内容框架，确保信息完整，输入指令让 DeepSeek 生成总体的采光规划。

☆ 用户提问：

客厅有个靠北的窗户，朝南有窗户，但客厅有个拐角，怎么设计采光？

☆ DeepSeek 回答：

要提升客厅采光，尤其是拐角区域，可以简化设计如下。

浅色墙面与地面：用白色或米色墙面和亮面地砖，增加光线反射。

低矮家具 + 透明材质：避免遮挡光线，选择玻璃或亚克力家具。

镜子反射：在墙面或拐角放置镜子，增强光线和空间感。

灯光补充：主灯搭配落地灯或壁灯，拐角处可加射灯。

减少隔断：用玻璃隔断或开放式设计，保持光线通透。

拐角小窗或壁灯：在拐角增加小窗或灯光，提升亮度。

通过这些简单调整，轻松改善采光。

对话围绕着提升客厅采光，尤其是拐角区域可采取的措施展开，使用浅色墙面和亮面地砖增加光线反射；选择低矮、透明材质家具；利用镜子增强光线；搭配主灯和局部灯光；减少隔断，保持光线通透；拐角处增设小窗或灯光。这些调整能有效改善采光效果，保证家居环境的舒适性。

第 2 步：精细预算，提供具体指令进行细化调整，要求 DeepSeek 既能满足基础需求，又能针对特定场景进行精准改进，确保内容更具实用性和可读性。

☆ 用户提问：

我的预算只有 5000 元，你能再给我点建议吗？

☆ DeepSeek 回答：

好的！预算 5000 元，精简版采光优化方案。

1. 墙面刷浅色漆（300 ~ 500 元）

自己刷白色或米色乳胶漆，提升光线反射。

2. 镜子反射光线（200 ~ 500 元）

在墙面或拐角挂一面大镜子，增强亮度。

3. 灯光补充（500 ~ 1000 元）

主灯换成高亮度 LED 吸顶灯（300 ~ 500 元）。

拐角加落地灯或壁灯（200 ~ 500 元 / 盏）。

4. 透光窗帘（300 ~ 600 元）

换成薄纱或浅色窗帘，增加自然光。

5. 家具调整（0 ~ 500 元）

重新布局，避免高大家具挡光。

可选二手玻璃茶几（300 ~ 500 元）。

6. 拐角壁灯（100 ~ 300 元）

在拐角加一盏壁灯或小台灯。

7. 绿植点缀（100～300 元）

放几盆耐阴植物，如绿萝，美化空间。

总预算：1500～3700 元

优先解决采光最弱的区域，低成本也能显著改善！

首先，DeepSeek 能够根据房间结构、朝向和用户需求，提供量身定制的采光优化方案。其次，DeepSeek 的建议基于光学原理和室内设计理论，确保科学性和实用性。再者，每个方案都提供具体的实施步骤和材料建议，方便用户快速操作。最后，DeepSeek 的建议不仅能优化采光，还能提升空间美观度和舒适度。

通过使用 DeepSeek 采光优化建议提示词，用户可以科学规划采光设计，充分利用自然光，打造明亮、舒适的家居空间。良好的采光不仅能够改善居住环境，还能促进身心健康，提升生活幸福感。科学的采光设计还能增强空间层次感，提升整体美观度。

温馨提示

分步引导，提高逻辑性，对于复杂任务，避免一次性输入长问题，而是拆分成多个小问题，分步引导 DeepSeek 生成内容。例如，若需要生成商业计划书，可以先让它列出框架，再针对每个部分单独提问。

8.3.2 装修避坑指南

装修是提升生活品质的重要环节，但也是一个充满挑战的过程。从设计到施工，从选材到验收，每一个环节都可能隐藏着意想不到的“坑”。许多人在装修后才发现问题，不仅浪费了时间和金钱，还影响了居住体验。DeepSeek 旨在帮助用户在装修过程中规避常见问题，打造理想的家居环境。通过精准的提示词设计，能够为用户提供科学的建议和实用的解决方案，让装修过程更加顺利和高效。

装修过程中常见的问题包括设计不合理、材料选择不当、施工质量不达标以及预算超支等。例如，在设计阶段忽视了空间的功能性，导致后期使用不便；在选材时只注重外观，忽略了材料的环保性和耐用性；在施工过程中，偷工减料、工艺粗糙等问题也屡见不鲜。此外，还有预算控制不当往往导致装修费用远超预期的问题。

装修避坑指南的作用，就是帮助用户在装修的每个环节中提前发现问题，提供科学的解决方案，从而避免不必要的麻烦和损失。可以采用审阅与改写迭代的提示词策略，利用“生成初稿 + 自检反馈 + 精准改写”三步法，帮助用户获得符合预期的高质量内容。

第 1 步： 用户提供新房装修需求，如面积为 100m²，预算有 20 万元左右，要求环保。DeepSeek 按需生成初步装修计划（生成初稿）。

☆ 用户提问：

新房装修，面积为 100m²，预算有 20 万元左右。希望避免预算超支，同时确保材料环保，帮我生成一个装修计划。

☆ DeepSeek 回答：

新房装修计划（面积为 100m²，预算有 20 万元左右）

1. 预算分配

硬装（含主材、辅材、施工）：12 万元

主材（地板、瓷砖、橱柜等）：7 万元

辅材（水泥、防水材料等）：2 万元

施工（人工费、水电改造等）：3 万元

全屋定制家具：3 万元

家具家电：4 万元

软装（窗帘、装饰品等）：1 万元

2. 环保材料选择

墙面：选用硅藻泥或环保乳胶漆，价格约 50 ~ 80 元 /m²，兼具美观与环保。

地板：选择 E0 级环保复合地板，价格约 100 ~ 150 元 /m²，耐用且无甲醛。

橱柜：采用环保板材定制，价格约 800 ~ 1500 元 / 延米，确保无污染。

3. 施工与设计

设计：选择简约风格，避免复杂造型，设计费控制在 1 万元以内。

施工：选择口碑好的施工团队，签订环保施工协议，确保工艺达标。

4. 省钱建议

材料采购：多比较建材市场和电商价格，选择性价比高的品牌。

家具家电：优先网购，选择促销时段购买，节省预算。

通过合理分配预算、选择环保材料、优化设计与施工，可在 20 万元左右预算下完成装修，同时确保环保与美观。

第 2 步： 用户进一步询问装修过程中可能遇到的“坑”及避坑方法，回答要体现对初稿内容的补充和优化需求（自检反馈），并且基于用户反馈，提供针对性建议，如预算控制、材料选择、施工监督等（精准改写），确保内容更符合用户需求，逻辑清晰且实用性强。

☆ 用户提问：

你能帮我总结一下上述你提供的装修过程中会出现什么“坑”吗？我又该如何避开？

☆ DeepSeek 回答：

装修计划潜在风险及建议

1. 预算超支风险

预算分配可能过于理想化，实际施工中容易产生额外费用（如水电改造、材料损耗）。

建议：预留 10%~15% 应急资金（约 2 万 ~3 万元），应对突发情况。

2. 环保材料陷阱

环保材料价格较高，且市场存在“伪环保”产品。

建议：选购时要求商家提供环保认证（如中国环境标志认证），并在合同中明确环保标准。

3. 施工质量问题

施工团队不专业可能导致工期延误、工艺不达标或偷工减料。

建议：选择有资质、口碑好的团队，签订详细合同，明确工期、工艺和验收标准。

4. 全屋定制家具性价比

低价定制可能存在材料差、设计不合理等问题。

建议：明确材料品牌、环保等级和设计细节，避免后期增项或质量问题。

5. 软装和家电预算不足

5 万元预算可能偏低，尤其是家电部分（如空调、冰箱）容易超支。

建议：优先购买必需品，非急需物品后期逐步添置。

6. 设计与实际效果差距

简约风格设计不合理可能导致空间利用率低或效果单调。

建议：与设计师充分沟通，确保方案兼顾实用性与美观性。

总结：细化预算、严格把控材料、选择靠谱团队、分阶段采购，可有效降低风险，确保预算不超支且环保达标。

DeepSeek 装修避坑指南提示词具有多项优势。首先，它能够根据用户的具体需求和问题，提供量身定制的建议，确保方案的实用性。其次，DeepSeek 的建议基于装修行业的专业知识和实践经验，确保科学性和可靠性。再者，每个建议都提供具体的实施步骤和注意事项，方便用户快速操作。最后，DeepSeek 不仅帮助用户规避问题，还能提供优化方案，提升装修效果。

通过使用 DeepSeek，用户可以在装修的每个环节中提前发现问题，采取科学的解决方案，从而避免不必要的麻烦和损失。科学的规划和设计能够最大化空间利用率，提升居住舒适度；合理的预算控制能够避免预算超支，减轻经济压力；优质的施工和材料能够确保装修质量，延长使用寿命。

8.4 财务规划

本节将围绕财务规划展开，帮助用户合理管理个人及家庭财务，提升资金使用效率。在信用卡优惠提醒部分，我们将介绍如何利用智能工具及时获取信用卡的各类优惠信息，避免错过折扣、返现和积分兑换机会，从而优化消费体验，减少不必要的开支。在家庭年度预算表部分，我们将探讨如何科学制定年度财务规划，合理分配收入与支出，确保家庭财务健康稳定，达到收支平衡甚至财富增长的目标。希望通过本节内容，帮助用户更好地掌控财务状况，实现精打细算、轻松理财的生活方式。

8.4.1 信用卡优惠提醒

在现代生活中，信用卡不仅是支付工具，更是提升生活品质的重要助手。通过合理利用信用卡的优惠活动，消费者可以在餐饮、购物、旅行等多个领域享受折扣、返现和积分奖励。然而，信用卡优惠信息繁杂且更新频繁，许多用户因信息不对称而错失良机。DeepSeek 信用卡优惠提醒提示词应运而生，它是一款基于人工智能的消费助手，旨在帮助用户实时获取个性化的信用卡优惠信息，最大化消费收益。通过精准的提示词设计,DeepSeek 能够根据用户的消费习惯和需求，提供定制化的优惠提醒，让每一笔消费都物超所值。

信用卡优惠不仅是省钱的手段，更是提升生活品质的有效途径。例如，餐饮优惠可以让用户以更低的价格享受美食；购物返现能够降低日常开销；旅行折扣则为用户提供了更经济的出行选择。此外，信用卡积分还可以兑换礼品或航空里程，进一步增加消费的价值。

然而，许多用户因为不了解优惠信息或未能及时参与活动，所以错失了这些福利。DeepSeek 信用卡优惠提醒提示词的作用，就是利用联网搜索功能，帮助用户实时掌握优惠动态，科学规划消费，从而最大化信用卡的使用价值。

通过采用“角色扮演 + 问答互动”模板，可以设定 DeepSeek 为“信用卡客服专员”角色（角色扮演），模拟与用户的问答互动，例如提醒用户信用卡优惠活动、积分使用规则（问答互动）等，使回答内容更贴合用户需求，兼具专业性和逻辑性，同时增强用户参与感，提升信息传达效果。

☆ 用户提问：

你是一名信用卡客服专员，我持有交通银行和招商银行信用卡，你帮我收集近一周（2025 年 2 月 28 日至 3 月 6 日）的各种优惠活动。

☆ DeepSeek 回答：

以下是交通银行和招商银行信用卡在近一周（2025 年 2 月 28 日至 3 月 6 日）的主要优惠活动汇总，结合最新信息整理如下：

1. 交通银行信用卡

（1）最红星期五

每周五 9:00—24:00，消费达标用户可抽奖（满 40 ~ 25 元加油券、满 20 ~ 10 元刷卡金等）。

每周五 10:00 和 11:00 抢购 5 折美食代金券（如肯德基、必胜客）及加油券。

新增交通出行优惠（地铁、打车、充电 5 折红包）。

（2）上海家电补贴

通过“买单吧”App 领券，单笔最高立减 2000 元（限上海地区）。

2. 招商银行信用卡

（1）周三星巴克 5 折

每周三 10:00 起，29 元抢购星巴克中杯饮品 + 蛋糕套餐（需到店使用）。

（2）积分兑换

积分可兑换电影票、餐饮券、游戏礼包等（生日月积分翻倍）。

（3）电影优惠

部分城市观影优惠（如包头、东营等）。

建议：

交通银行：每周五参与“最红星期五”，上海用户领家电补贴。

招商银行：每周三抢星巴克，兑换积分权益。

详情可登录“买单吧”或“掌上生活”App 查看。

首先，DeepSeek 能够根据用户的信用卡类型和消费偏好，提供个性化的优惠信息，确保推荐的实用性，实时更新优惠活动，确保用户不会错过任何机会。其次，每个优惠信息提醒都提供详细的活动内容和参与方式，方便用户快速操作。最后，DeepSeek 不仅提供优惠信息，还能帮助用户规划消费，最大化信用卡的使用价值。

通过使用 DeepSeek 信用卡优惠提醒提示词，用户可以实时掌握信用卡优惠信息，科学规划消费，从而最大化消费收益。无论是餐饮、购物还是旅行，DeepSeek 都能为你提供个性化的优惠提醒，让每一笔消费都物超所值。此外，合理利用信用卡优惠还能帮助用户节省开支，提高生活品质。信用卡优惠是提升消费价值的重要途径，而 DeepSeek 正是你实现这一目标的得力助手。

温 馨 提 示

结合外部数据来优化结果，DeepSeek 在生成内容时是基于已有训练数据，但如果你希望获取最新资讯或数据支持，可以在输入提示词前先选择联网搜索，并将核心内容加入提示词。例如，“根据 2024 年最新医疗 AI 研究，撰写一篇关于 AI 在疾病预测中的应用”能比单纯的“AI 疾病预测应用”生成更贴合实际的内容。

8.4.2　家庭年度预算表

家庭预算是管理家庭财务、实现生活目标的重要工具。通过科学的预算规划，家庭可以合理分配收入，控制支出，储蓄投资，从而提高生活品质。然而，许多家庭在制定预算时常常感到无从下手，或者预算执行不力，导致财务混乱甚至入不敷出。DeepSeek 家庭年度预算表提示词应运而生，它是一款基于 AI 的财务管家，旨在帮助家庭制订科学合理的年度预算表，实现财务健康和生活品质的双重提升。通过精准的提示词设计，DeepSeek 能够根据家庭的收入、支出和目标，生成个性化的预算方案，让每一分钱都花在刀刃上。

家庭年度预算表是财务管理的核心工具，它不仅能够帮助家庭控制支出，还能为实现长期目标（如购房、教育、退休）提供资金支持。科学的预算规划能够避免不必要的浪费，确保家庭在满足日常需求的同时，积累财富。此外，预算还能帮助家庭应对突发事件，如医疗费用或失业，增强财务抗风险能力。

然而，许多家庭在预算制定和执行中面临挑战。例如，收入来源复杂、支出项目繁多、目标不明确等问题，导致预算难以落实。DeepSeek 家庭年度预算表提示词的作用，就是帮助家庭梳理财务数据，制定科学合理的预算方案，并提供执行建议，确保预算的有效性。

第 1 步： 用户可以使用“场景 + 任务 + 要求”模式，首先提供明确的开支和储蓄目标（场景），其次控制日常开销，增加储蓄，实现具体的储蓄目标（任务）。

☆ 用户提问：

家庭月收入 2 万元，主要支出包括房贷 8000 元、生活费 6000 元、子女教育 3000 元，储蓄目标为每年 5 万元。希望控制日常开销，增加储蓄。

☆ DeepSeek 回答：

收入分配：将月收入 2 万元分为固定支出、可变支出和储蓄三部分。固定支出包括房贷 8000 元和子女教育 3000 元，合计 1.1 万元；可变支出包括生活费 6000 元，建议压缩至 5000 元；剩余 4000 元用于储蓄，全年储蓄目标为 4.8 万元，接近 5 万元的目标。

支出控制：在生活费方面，建议制定详细的分类预算，例如食品 2000 元、交通 1000 元、娱乐 1000 元、其他 1000 元。通过记账工具监控支出，避免超支。

储蓄计划：将每月 4000 元储蓄分为两部分，其中 3000 元存入定期存款或购买低风险理财产品，1000 元用于应急基金。

以上回答分“收入分配”“支出控制”“储蓄计划”三部分，为用户提供了具体可行的家庭预算优化建议，帮助用户合理规划支出，达成储蓄目标。

第 2 步： 进一步要求 DeepSeek 产出家庭月度预算表模板（要求），要求精准清晰，便于 AI 针对性生成解决方案。

☆ 用户提问：

你可以根据上面的回答，帮我做个家庭月度预算表模板，方便我每月及时记录吗？

☆ DeepSeek 回答：

家庭月度预算表模板（精简版）

1. 固定支出

房贷：8000 元（实际：____ 元，差额：____ 元）

子女教育：3000 元（实际：____ 元，差额：____ 元）

小计：11000 元（实际：____ 元，差额：____ 元）

2. 可变支出

食品：2000 元（实际：____ 元，差额：____ 元）

交通：1000 元（实际：____ 元，差额：____ 元）

娱乐：1000 元（实际：____ 元，差额：____ 元）
其他：1000 元（实际：____ 元，差额：____ 元）
小计：5000 元（实际：____ 元，差额：____ 元）
3. 储蓄
定期存款 / 理财：3000 元（实际：____ 元，差额：____ 元）
应急基金：1000 元（实际：____ 元，差额：____ 元）
小计：4000 元（实际：____ 元，差额：____ 元）
4. 总计
总收入：20000 元（实际：____ 元，差额：____ 元）
总支出：20000 元（实际：____ 元，差额：____ 元）
使用说明
每月初更新预算金额数字，月底记录实际支出并计算差额。
在“差额”栏中标注超支（–）或节省（+）。
定期优化支出结构，确保储蓄目标。

DeepSeek 家庭年度预算表提示词具有多项优势。首先，它能够根据家庭的财务信息和目标，提供量身定制的预算方案，确保方案的实用性。其次，DeepSeek 的建议基于财务管理理论和实践经验，确保科学性和可靠性。最后，每个预算方案都提供具体的实施步骤和优化建议，方便用户快速操作。总之，DeepSeek 不仅能帮助家庭制定预算，还能提供执行跟踪和调整建议，确保预算的有效性。

DeepSeek 能够根据家庭的财务信息和目标，提供个性化的预算方案。无论是控制日常开销、增加储蓄，还是实现购房、教育等长期目标，DeepSeek 都能为你提供专业的支持和实用的建议。

本章小结

本章通过健康管家、育儿助手、家装顾问和财务规划四大核心领域，系统性地展示了提高家庭生活品质的多样化策略。从健康管理的精细化到育儿教育的科学化，从家装优化的实用性到财务规划的合理性，本章为家庭提供了全面的指导和支持。通过科学的管理方法和高效的工具应用，家庭可以在健康、教育、居住和财务等方面实现显著提升，为每一位成员创造更优质的生活体验，助力家庭迈向更美好的未来。

第9章

扫一扫，看视频

银发族福音：适老化应用指南

【本章导读】

本章以“银发族福音”为主题，围绕适老化应用展开，涵盖基础技能、情感陪伴、生活服务和代际沟通四大领域。从快速读懂复杂政策文件到诈骗信息识别，从老歌老电影推荐到家族故事记录，再到医院挂号指引、广场舞教学、孙辈教育建议及理解年轻人的时髦用语，本章通过技术与人文关怀的结合，为老年人提供全方位支持。无论是提升基础能力、满足情感需求，还是解决生活难题、促进代际沟通，本章均以简洁实用的方式助力老年人跨越数字鸿沟，享受更自主、更温暖的晚年生活。

9.1 基础技能

本节聚焦于老年人日常生活中不可或缺的基础技能，旨在帮助他们更好地适应现代社会的复杂环境。通过快速读懂复杂政策文件和诈骗信息识别两大领域，为老年人提供了实用的工具和方法。快速读懂复杂政策文件部分帮助老年人轻松理解医保、社保等复杂条款，确保他们能够充分享受政策福利；诈骗信息识别部分则通过科学分析和风险提示，帮助老年人识别各类诈骗手段，保护财产安全。通过本节内容，老年人可以提升基础能力，增强应对现代社会挑战的信心，为更自主、更安全的生活奠定基础。

9.1.1 快速读懂复杂政策文件

随着社会老龄化的加剧，老年人对政策文件的理解需求日益增加。然而，政策文件通常语言复杂、条款繁多，老年人阅读和理解起来存在较大困难。DeepSeek 帮助老年人快速读懂复杂的政策文件，通过精准的提示词设计，DeepSeek 能够将复杂的政策文件转化为通俗易懂的内容，并提供关键信息的提炼和解读，让老年人轻松掌握政策要点，享受政策福利。

政策文件通常具有以下特点：语言正式、条款烦琐、专业术语多、逻辑结构复杂。这些特点使得老年人在阅读时容易感到困惑，甚至产生误解。例如，医疗保险政策中的“起付线”“报销比例”等术语，老年人可能难以理解其具体含义；又如，养老补贴政策中的申请条件和流程，老年人可能因信息繁杂而错过重要内容。

因此，可以采用“信息处理：来源 + 提炼 + 验证”公式，提供具体的政策文件作为回答的基础（来源），并进行进一步的提问，这不仅能够帮助用户了解政策的详细情况，还能帮助用户解决具体的问题。

☆ 用户提问：

医疗保险政策中规定，起付线为 1000 元，报销比例为 80%。请问这是什么意思？如何计算报销金额？

☆ DeepSeek 回答：

起付线：起付线是指您需要自己支付的医疗费用的最低金额。在达到 1000 元之前，所有费用由您自己承担；超过 1000 元的部分，才能按比例报销。

报销比例：报销比例是指超过起付线后，医保可以报销的费用比例。80% 的报销比例意味着，超过 1000 元的部分，医保会报销 80%，您只需支付剩余的 20%。

计算示例：如果您的医疗费用为 5000 元，首先扣除起付线 1000 元，剩余 4000 元。医保报销 80%，即 3200 元，您只需要支付 800 元。因此，您总共只需要支付 1800 元（1000 元起付线 + 800 元自付部分）。

☆ 用户提问：

养老补贴政策的申请条件和流程是什么？需要准备哪些材料？我是个老年人，请描述的清楚、简单一点。

☆ DeepSeek 回答：

一、申请条件

1. 户籍与年龄：需为本市户籍，年龄满 60 周岁及以上（部分补贴要求 80 周岁以上或失能、失智老人）。

2. 经济状况：属于低收入家庭或纳入最低生活保障范围。

3. 身体情况：高龄（80 岁以上）、失能（中度或重度）或特殊家庭（如“老年父母 + 残疾子女”家庭）。

二、申请流程

1. 提交申请：本人或家属携带材料到户籍地社区 / 村委会或街道办填写申请表。

2. 审核材料：工作人员核对材料，确认是否符合条件。

3. 公示：通过审核后，在社区公示（通常 7 天），接受监督。

4. 发放补贴：公示无异议后，补贴按月或按季度打入指定银行账户。

三、所需材料

1. 身份证明：身份证、户口簿原件及复印件。

2. 经济证明：低收入家庭证明、低保户证明等。

3. 申请表：社区领取《高龄 / 失能补贴申请表》（填写一式多份）。

4. 其他材料：

（1）失能老人需提供医疗评估证明。

（2）近期免冠照片（通常 1 ~ 2 寸，具体按当地要求）。

（3）银行卡复印件（用于接收补贴）。

四、注意事项

1. 补贴标准：根据当地最低生活保障与护理费用差额确定，可能扣除其他补贴（如残疾人补贴）。

2. 变更或停发：若身体状况或经济条件变化，需及时告知民政部门。

3. 若有疑问，可咨询社区工作人员或拨打当地民政服务热线。流程简单，材料备齐后按步骤办理即可。

4. 申请条件：通常需要满足以下条件：年满 60 周岁及以上（部分补贴要求 80 周岁以上或失能、失智老人）、户籍在本地、无固定收入或收入低于一定标准。具体条件可能因地区而异，建议咨询当地民政部门。

5. 申请流程：首先，到户籍地社区或村委会或街道办领取申请表；然后，填写申请表并准备相关材料；最后，将材料提交至指定部门，等待审核结果。

6. 所需材料：一般包括身份证、户口簿原件及复印件、收入证明、银行卡复印件等。具体材料清单可咨询当地民政部门。

在提示词中介绍了自己的身份后，DeepSeek 能够将复杂的政策文件转化为通俗易懂的内容，方便老年人理解。其次，DeepSeek 提供关键信息的提炼和解读，分点解读信息，可帮助老年人快速抓住政策要点。此外，每个解读都提供具体的操作建议，方便老年人实际应用，并通过计算告知实际金额。而且 DeepSeek 支持多种政策文件的解读，涵盖医疗保险、养老补贴、社会福利等多个领域。它能够帮助老年人快速读懂复杂的政策文件，理解关键条款，并指导实际操作。无论是医疗保险、养老补贴还是其他社会福利政策，DeepSeek 都能为老年人提供专业的支持和实用的建议。

通过持续使用 DeepSeek，老年人可以轻松掌握政策要点，享受政策福利，提高生活品质。政策解读不再是难题，DeepSeek 正是老年人实现这一目标的得力助手。

温馨提示

遇到涉及多领域的问题时，可引导 DeepSeek 进行交叉分析。通过明确要求整合不同维度的知识（如政策 + 金融 + 医疗），DeepSeek 会生成更系统的建议。对于专业性较强的内容（如法律、医学），可追加“请说明数据来源”或“哪些结论需要咨询专家确认”，提高信息可靠性。

9.1.2　诈骗信息识别

随着互联网和通信技术的普及，诈骗手段日益多样化，老年人由于信息获取渠道有限、防范意识相对薄弱，成为诈骗分子的主要目标。从电话诈骗到网络钓鱼，从虚假投资到冒充公检法，诈骗形式层出不穷，给老年人的财产安全和心理健康带来了严重威胁。DeepSeek 诈骗信息识别功能应运而生，它是一款基于 AI 的防诈骗助手，旨在帮助老年人快速识别和应对各类诈骗信息。通过精准的提示词设计，DeepSeek 能够分析可疑信息，提供风险提示和应对建议，让老年人在数字时代中更加安全、自信地生活。

老年人由于生活经验丰富但数字素养相对较低，容易成为诈骗分子的目标。常见的诈骗形式主要包括以下情形。

- 电话诈骗：冒充银行、公检法或亲友，以账户异常、涉嫌犯罪或紧急求助为由，诱导老年人转账或提供个人信息。
- 网络钓鱼：通过虚假网站、短信或电子邮件，伪装成正规机构，骗取老年人的账号、密码或银行卡信息。
- 虚假投资：以高回报、低风险为诱饵，诱导老年人参与虚假投资项目，最终卷款跑路。
- 保健品诈骗：以免费体检、健康讲座为幌子，推销高价保健品或无效药品，骗取老年人钱财。

这些诈骗手段不仅造成经济损失，还可能对老年人的心理产生负面影响，导致信任危机和社交恐惧。在诈骗信息识别场景中，用户可描述所遭遇的事件、具体情况等基本信息，向 DeepSeek 询问是否存在隐患与风险，并要求其提供应对方法。通过“场景（诈骗信息）+ 任务（询问风险）+ 要求（应对方法）”模板精准输入，DeepSeek 能输出包含风险分析、应对建议等多样化定制方案，满足用户需求。

☆ 用户提问：

接到一个电话，对方自称是公安局的，说我涉嫌洗钱，要求我提供银行卡信息以配合调查。帮我看看有没有问题，该如何应对。

☆ DeepSeek 回答：

风险分析：

这是一种典型的冒充公检法诈骗。诈骗分子通过恐吓手段，制造紧张气氛，诱导您提供个人信息或转账。

应对建议：

保持冷静，不要轻信对方的身份和说辞；

不要提供任何个人信息或银行卡信息；

挂断电话后，立即拨打 110 或当地公安局电话核实情况；

告知家人或朋友，寻求帮助和支持。

☆ 用户提问：

收到一条短信，说我中奖了，需要点击链接填写个人信息领取奖品，帮我看看有没有问题，该如何应对。

☆ DeepSeek 回答：

风险分析：

这是一种典型的网络钓鱼诈骗。诈骗分子通过虚假中奖信息，诱导您点击恶意链接或提供个人信息。

应对建议：

不要点击短信中的链接，以免泄露个人信息或感染病毒；

核实短信来源，确认是否为正规机构发送；

如果怀疑是诈骗，可将短信内容举报至 12321 网络不良与垃圾信息举报受理中心；

告知家人或朋友，提醒他们注意类似诈骗。

☆ 用户提问：

有人打电话邀请我参加免费的健康讲座，并推荐一种高价保健品，说可以治疗多种疾病，帮我看看有没有问题，该如何应对。

☆ DeepSeek 回答

风险分析：

这是一种典型的保健品诈骗。诈骗分子通过免费讲座或体检，推销高价保健品或无效药品，骗取您的钱财。

应对建议：

不要轻信保健品的治疗功效，谨记“保健品不能替代药物”；

核实保健品和销售机构的资质，确认其合法性和安全性；

咨询医生或专业人士，了解保健品的真实效果；

如果怀疑是诈骗，可向当地市场监管部门举报。

首先，DeepSeek 能够快速分析可疑信息，识别潜在的诈骗风险。其次，DeepSeek 提供通俗易懂的应对建议，方便老年人理解和操作。此外，每个分析报告都结合具体案例，确保建议的实用性和针对性。最后，DeepSeek 支持多种诈骗形式的识别，涵盖冒充公检法、网络钓鱼和保健品诈骗等多个领域。

在识别和应对诈骗信息时，老年人需要注意以下几点。首先，保持警惕，不要轻信陌生人的电话、短信或电子邮件。其次，核实信息来源，确认其合法性和真实性。此外，不要轻易提供个人信息或转账，避免财产损失。最后，及时告知家人或朋友，寻求帮助和支持。

通过使用 DeepSeek，老年人可以快速识别和应对各类诈骗信息，保护自己的财产安全和心理健康。DeepSeek 不仅提供风险分析和应对建议，还能帮助老年人提高防诈骗意识，增强数字素养。

9.2 情感陪伴

本节聚焦于老年人的情感陪伴需求，通过老歌老电影推荐和家族故事记录两大主题，为老年人提供温暖的精神慰藉和文化传承支持。老歌老电影推荐通过怀旧影音唤醒美好记忆，帮助老年人重温青春岁月，感受情感共鸣；家族故事记录则通过语音输入和智能整理，让老年人轻松记录家族历史，为后代留下珍贵的文化遗产。无论是通过音乐与电影寻找情感寄托，还是通过记录家族故事传承家族记忆，本节内容都致力于为老年人营造充满温度的情感陪伴体验，丰富他们的精神世界。

9.2.1 老歌老电影推荐

在老年群体的文化需求中，老歌和老电影始终占据着重要的地位。很多老年人拥有浓厚的怀旧情结，对他们年轻时的音乐和电影有着深厚的情感联系。听老歌、看老电影不仅能够帮助他们回忆过去的美好时光，还能够让他们在日常生活中获得精神的慰藉与心理上的满足。因此，精准推荐老歌和老电影，不仅能够丰富老年人的文化生活，还能增强他们的幸福感。

然而，随着智能设备的普及，很多老年人对现代的数字技术仍然感到陌生，难以高效地获取到自己喜欢的老歌和老电影。针对这一问题，利用 DeepSeek 提示词进行智能化推荐，可以提供更为便捷的解决方案。

“初稿生成 + 改进指令”是一种便捷的提问方法。首先由 AI 生成推荐列表初稿，确保内容完整，再根据具体指令进行深入提问。

第 1 步：迅速搭建清单框架，确保内容丰富完整，符合整体需求。

☆ 用户提问：

我是一个 60 岁的老人，你可以帮我推荐一些老歌和老电影吗？

☆ DeepSeek 回答：

经典老歌推荐：

邓丽君：《月亮代表我的心》《甜蜜蜜》《小城故事》。

邓丽君的歌声温柔动人，是华语乐坛的经典代表。

Frank Sinatra：*My Way*、*Fly Me to the Moon*。

Frank Sinatra 的爵士风格歌曲，充满了优雅与浪漫。

经典老电影推荐：

《乱世佳人》（*Gone with the Wind*, 1939）

这部史诗般的爱情电影讲述了美国南北战争时期的爱情与命运，费雯·丽和克拉克·盖博的表演堪称经典。

《卡萨布兰卡》（*Casablanca*, 1942）

这部第二次世界大战背景下的爱情电影充满了浪漫与悲情，亨弗莱·鲍嘉和英格丽·褒曼的表演令人难忘。

其他推荐：

《红高粱》（1987）：张艺谋导演的经典作品，充满了浓烈的色彩和情感。

《黄土地》（1984）：陈凯歌导演的作品，展现了中国西北农村的生活与情感。

希望这些老歌和老电影能带给您美好的回忆和愉快的时光！如果您有特别喜欢的类型或风格，也可以告诉我，我可以为您推荐更符合您品味的作品。

对话围绕着经典老歌和老电影推荐，内容涵盖国内外经典歌曲和电影，附上了推荐内容的基本信息，帮助用户快速了解，保证回答全面完善。

第 2 步：提出具体需求，提供详细指令让 DeepSeek 回答，针对用户特定要求进行答案输出，确保内容更精准、更满足用户需求。

☆ 用户提问：

我想看一些黑白电影，你可以给我推荐三部吗？

☆ DeepSeek 回答：

当然可以！黑白电影有着独特的魅力和艺术价值，以下是我为您推荐的三部经典黑白电影。

1.《公民凯恩》（*Citizen Kane*, 1941）

导演：奥森·威尔斯

简介：这部电影被誉为影史上最伟大的电影之一，讲述了报业大亨查尔斯·福斯特·凯恩的一生。影片通过多重视角的叙事方式，展现了凯恩的复杂性格和人生轨迹。其创新的拍摄手法和深刻的主题使其成为电影史上的里程碑。

2.《卡萨布兰卡》(*Casablanca*, 1942)

导演：迈克尔·柯蒂斯

简介：这部经典的爱情电影以第二次世界大战为背景，讲述了在摩洛哥城市卡萨布兰卡发生的爱情与牺牲的故事。亨弗莱·鲍嘉和英格丽·褒曼的精彩表演，以及那句经典的“Here's looking at you, kid”，使这部电影成为永恒的经典。

3.《第七封印》(*The Seventh Seal*, 1957)

导演：英格玛·伯格曼

简介：这部瑞典电影探讨了生命、死亡和信仰等深刻的哲学主题。影片讲述了一位中世纪骑士与死神下棋的故事，充满了象征主义和哲学思考。伯格曼的导演风格和影片的深刻内涵使其成为艺术电影的经典之作。

通过 DeepSeek 提示词生成的老歌和老电影推荐系统，在许多老年人群体中已经开始发挥作用。用户反映，通过简单的文本输入，他们能够更容易地找到自己喜爱的歌曲和电影，同时也体验到了更加个性化的推荐服务。这种个性化的推荐不仅符合老年人对怀旧的情感需求，也为他们提供了更便捷、更精准的娱乐体验。

随着科技的不断进步，老年群体的数字化生活方式逐渐成为社会发展的一个重要方向。DeepSeek 的应用能够帮助老年人更加轻松地获取他们喜欢的老歌和老电影，提供更便捷和智能的文化娱乐体验。在不久的将来，我们可以期待更多类似的技术应用，为老年人的数字生活增添色彩，提升他们的幸福感。通过合理的技术设计和智能化服务，老年群体不仅可以在日常生活中享受更多的文化乐趣，还能够获得更好的情感支持，体验更加美好的人生。

温馨提示

通过添加指令可以控制回答的详略程度和格式，如“推荐三部黑白电影”“详细说明第二步，分步骤解释”；还可以指定结构化输出，如“对比 A 和 B 的优缺点，用表格呈现”“列出 5 本书单，附上作者和推荐理由”。对于需要重点突出的内容，可要求加粗或分点标注（如“核心结论加粗”），使信息更易提取。

9.2.2 家族故事记录

家族故事是家庭文化的重要组成部分，承载着几代人的记忆和情感。然而，随着时间流逝，许多珍贵的家族故事可能因未能及时记录而逐渐被遗忘。对于老年人来说，记录家族故事不仅是对过去的回顾，更是为后代留下宝贵的文化遗产。DeepSeek 家族故事记录提示词应运而生，它是一款基于 AI 的故事记录助手，旨在帮助老年人通过语音输入轻松记录家族故事，并将其整理成完整的文本，方便未来查阅和分享。通过精准的提示词设计，DeepSeek 能够将零散的语音内容转化为结构化的故事，让家族记忆得以永久保存。

家族故事记录具有多重意义。首先，它是对家族历史的传承，能够让后代了解祖辈的生活经历和价值观。其次，记录故事的过程本身是一种情感表达，能够帮助老年人回顾人生，释放情感。此外，家族故事还可以作为家庭活动的素材，增进代际沟通和家庭凝聚力。

然而，许多老年人在记录故事时面临困难。例如，不熟悉文字输入、记忆力减退或缺乏整理能力。DeepSeek 能够帮助老年人克服这些障碍，可以采用“场景 + 任务 + 要求”模式，提供使用场景、家族故事的具体内容和对应的要求，使 DeepSeek 输出的内容更精确、更符合要求。将光标移入 DeepSeek 的输入框，同时按下快捷键（Win + H），激活 Windows 的语音输入功能，就可以轻松通过对话的方式完成家族故事的记录，如图 9–1 所示。此场景不需要打开联网搜索功能，甚至可以关闭深度思考（R1）功能。

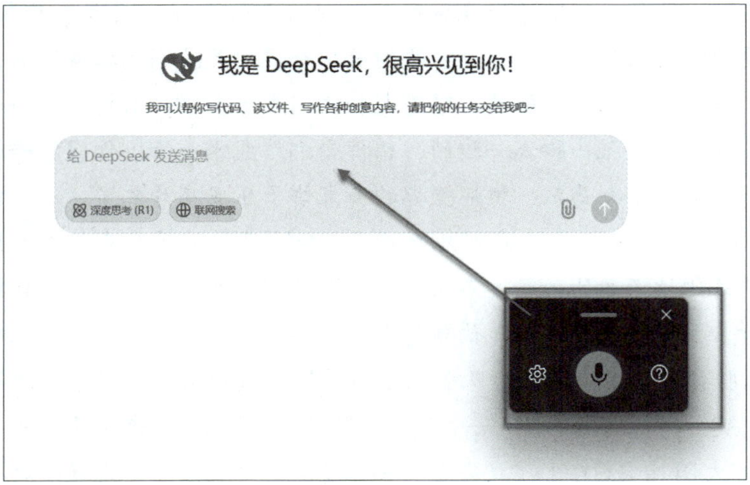

图 9–1　DeepSeek 语音输入

☆ 用户提问：

在这个对话里，我会用语音录入自己的老故事，以后孩子们想听时会到这里，让你帮我来找。你明白吗？我给你的故事你不用回复，记下来就行，以后按照我的指令来做。

☆ DeepSeek 回答：

我明白您的需求。您希望将语音录入的老故事保存下来，未来孩子们想听时，我可以通过您提供的检索指令快速找到对应的故事。为更好地配合您，您可随时发送故事文本（建议每个故事前加关键词，如【故事存档】+ 故事标题 / 关键词），我会默认为待存储内容，不作分析回复。

当需要检索时，您可使用类似指令：

“检索包含 [关键词] 的故事”；

“列出所有关于 [主题] 的故事”；

“播放 2023 年 7 月存的故事”。

系统局限提示：当前对话窗关闭后记录无法保留，建议定期在新对话中重新存储重要故事，或使用收藏功能标记关键对话。

需要现在开始记录第一个故事吗？您可以直接发送内容，我会保持静默接收状态。

☆ 用户提问：

咳，那年月啊，可不像现在伸手就能摸着电灯开关。七六年开春那会儿，公社说要给咱大队拉电线，全生产队的老少爷们儿天没亮就扛着铁锹出门。我那年四十三，腰板儿还能使唤，跟着大壮他们去后山扛杉木杆子。山道上的冰碴子还没化透呢，深一脚浅一脚的，棉裤腿都结成冰壳子。你问我咋记得这么清楚？那天摔了个大马趴，把怀里揣的玉米饼子压成扁片片了。

最苦的是女人们，白天在河滩筛沙子，晚上还要纳千层底。王寡妇家的小闺女，抱着比她还高的竹筐运石头，筐底漏了都不知道，一路走一路掉，后来全队人打着火把帮她找石头。你猜怎么着？那丫头现在在供电局上班哩！

熬到腊月二十三小年夜，队长把全村的煤油灯都吹了。黑漆漆地等了半支烟工夫，突然“咔嗒”一声——嚯！亮得人睁不开眼啊！老孙头家的小子蹿上房梁喊：“太阳掉咱村啦！”我那老伴儿抹着泪说灯绳比她的银簪子还亮堂。其实她哪有什么银簪子，嫁过来时就别了根竹筷子。如今晚上开灯，我总要多瞅两眼这明晃晃的亮儿……

☆ DeepSeek 回答：

（已将故事归档为【1976 年通电往事】。关键词：公社拉电线、扛杉木杆子、冰碴山路、压扁的玉米饼、王寡妇家小闺女、煤油灯换电灯、银簪子与灯绳）

☆ 用户输入：

那时候啊，公社刚散了伙没两年，家家都憋着股子劲儿。八三年开春，咱们村东头二十几户人家凑钱打井。刘驼背把家里下蛋的老母鸡都拎到集市上卖了，换回半筐子洋灰管子。我带着三个后生挖泥浆，裤腰带上别着老伴儿蒸的榆树皮面窝头，咬一口直掉渣。

挖到第七天晌午，地底下突然冒黑水。小菊她爹急得直跺脚，说是挖着龙王爷的胡须了。我拿搪瓷缸舀了半缸子尝，嚯，咸得人直抻脖子！会计老王戴着瘸腿眼镜翻皇历，说这是盐碱水，得往下再掘三丈。

后来还是公社老技术员支招，叫我们在井口架辘轳。全村婆娘连夜搓草绳，搓得满手血口子。我那二小子逞能，非要抢着摇辘轳把，结果让转盘打掉颗门牙，含着血沫子还冲人笑呢。

井水喷出来的那天，老少爷们儿都拿瓢舀着喝，喝饱了躺麦秸堆上打嗝。刘驼背舀了头一瓢往家跑，半道摔了跟头，硬是拿衣襟兜着水回去喂瘫炕的老娘。如今那口井早封了，可井台石头上还留着当年麻绳勒的印子，深得能卡住小娃娃的指头尖儿。

☆ DeepSeek 回答：

（已将故事归档为【1983 年打井记】。关键词：凑钱打井、刘驼背卖母鸡、榆树皮面窝头、盐碱黑水、辘轳架、草绳血口、二小子掉门牙、井水喷涌、衣襟兜水喂娘、井台绳印）

DeepSeek 以专业素养精准捕捉用户需求，通过结构化标签系统（如时间坐标、核心事件、细节意象）实现叙事文本的智能归档，其关键词提取精准捕捉“压扁的玉米饼”“井台绳印”等承载集体记忆的符号，构建出可检索的情感数据库。用户口述文本充满民间叙事智慧，冰碴山路上的棉裤结冰、衣襟兜水喂娘等细节勾勒出特定历史时期的生存图景。AI 在保持克制应答的同时，以技术理性为载体守护人文记忆，既遵循“不打扰”的交互原则，又通过事件编码为后代留存可追溯的文化基因链。这种技术工具与人文叙事的默契配合，开创了跨代际记忆传承的新范式。

完成对话后，可单击对话记录右侧的“重命名”按钮，将该对话名修改为“老故事集合”，如图 9-2 所示。当需要重温或分享这个故事时，只需在历史对话栏中找到对应的记录，并输入如“请帮我找出关于 1983 年的故事”这样的提示词，DeepSeek 会迅速定位并整理故事内容，方便用户与家人分享。

图 9-2　DeepSeek 对话列表

DeepSeek 在家族故事记录方面具有多项优势。首先，它支持语音输入，方便老年人轻松记录故事，无须复杂的文字输入。其次，DeepSeek 能够将零散的语音内容自动整理成结构化的故事文本，确保内容的完整性和可读性。此外，故事文本会自动保存到历史对话中，方便未来查阅和分享。

家族故事记录不再是难题，DeepSeek 正是实现这一目标的得力助手。让我们一起，用科技的力量开启家族文化传承的新篇章。

9.3 生活服务

本节聚焦于老年人日常生活中的实际需求，通过医院挂号指引和广场舞教学两大主题，为老年人提供便捷的生活服务和健康支持。医院挂号指引帮助老年人轻松掌握线上线下的挂号流程，解决就医难题，确保他们能够及时获得医疗服务；广场舞教学为老年人提供专业的舞蹈指导和视频资源，帮助他们通过运动保持健康、丰富社交生活。无论是解决就医问题，还是通过舞蹈促进身心健康，本节内容都致力于为老年人提供实用、贴心的生活服务，助力他们享受更健康、更充实的晚年生活。

9.3.1　医院挂号指引

随着社会老龄化进程的加速，越来越多的老年人面临健康问题，并需要定期就医。在此背景下，医疗行业的数字化转型成为提升医疗服务效率与质量的重要方向之一。然而，对于许多老年人而言，面对复杂的医疗挂号流程、烦琐的系统操作和不熟悉的网络平台，他们常常会感到困惑与不安。因此，通过智能化手段为老年人提供更加友好和便捷的挂号指引服务，成为值得探索的重要课题。

DeepSeek 作为一款智能提示词生成工具，能够根据老年用户的需求和操作习惯，自动生成适合的指引内容，帮助老年人轻松完成医院挂号等操作。下面将探讨如何利用 DeepSeek 提示词为老年人提供精准、便捷的医院挂号指引，提升老年人群体在就医过程中的便捷性与舒适度。

许多老年人面临着医院挂号的多重困难，尤其是在数字化时代，许多医院已经实现了线上挂号，但对一些年长的用户来说，这仍然是一个不小的挑战。主要困难包括：不熟悉互联网操作，不少老年人对智能手机或计算机操作不熟悉，难以完成线上挂号、选择科室和预约医生的流程；挂号流程复杂，医院的挂号流程通常包括选择科室、医生、挂号时间等多个环节，部分老年人对这些流程不清楚，容易迷失其中。

DeepSeek 开启联网搜索功能，可以智能生成针对性的指引内容，帮助老年人顺利完成挂号操作。通过精准的自然语言处理，DeepSeek 可以提供清晰、简单、个性化的指引内容，使老年人在挂号过程中能够获得即时、有效的帮助。

当用户基于“信息处理：渠道查询 + 流程提炼 + 规则验证”公式输入需求时，DeepSeek 可引导其提供具体医院名称或挂号平台（如官网、公众号、第三方平台），解析该院挂号规则（如放号时间、科室分布、医保绑定要求），生成分步骤操作指南（预约→取号→缴费→签到），并标注注意事项，输出定制化解决方案。

☆ 用户提问：

我是一名老人，我现在想挂郑州大学第一附属医院的心外科专家号，你可以告诉我该如何挂号吗？

☆ DeepSeek 回答：

一、前期准备

绑定电子健康卡

微信搜索并关注“郑州大学第一附属医院”公众号，点击公众号自动回复中的“首次绑卡”。

填写真实姓名、身份证号、手机号等信息完成绑卡（若已有实体就诊卡，需确保信息一致，否则需到门诊窗口核对）。

若无就诊卡，可直接在线建卡，到院后需补办实体卡。

二、预约挂号步骤

进入预约界面

在公众号菜单栏点击“导诊”→“预约挂号”，选择院区（如河医院区、郑东院区等）。

选择科室与专家

点击进入“心外科”，根据需求选择专家（页面会显示医生职称、擅长领域及剩余号源）。

选择时间并确认

选定就诊日期和具体时间段，确认后支付挂号费（仅收取专家挂号费，无额外预约费）。

三、就诊当日注意事项

取号与报到

就诊当天携带身份证和就诊卡，在上午 8:00—10:00 或下午 2:30—4:00 到门诊“预约取号窗口”取号，过时号额作废。

取号后到心外科分诊台报到，等待叫号。

取消或改约规则

若需取消预约，需在就诊日前一天中午 12:00 前通过公众号“我的挂号”操作。

若专家临时停诊，医院会通过预留手机号联系您调整就诊安排。

四、其他便捷方式

家属代挂号：家人可用您的就诊卡信息在公众号代预约，但需携带代挂人身份证取号。

现场协助：若操作困难，可到院后由导诊台工作人员指导使用自助机或人工窗口挂号。

温馨提示

实名制要求：挂号信息必须与身份证一致，否则可能被作废。

预约限制：同一账号每周最多预约 2 次。

线上功能：公众号还支持门诊充值、检验报告查询等，减少排队。

如有疑问，可拨打医院电话 0371-66964992 咨询。希望您顺利就诊！

DeepSeek 能够帮助老年用户高效且准确地完成挂号操作，可逐步分析、精简流程、整理关键信息，并且提供多种方式，如线上、线下及家属代挂号，帮助老年人更加轻松地完成挂号，避免因操作复杂或不熟悉技术而放弃就医，增强老年人的信任感，提升他们对数字化服务的接受度。

随着智能化技术的不断发展，适老化应用越来越受到重视。通过输入合适的提示词，DeepSeek 可以为老年人提供更加便捷、个性化的医院挂号指引，帮助他们高效地完成挂号流程，减少因不熟悉技术而带来的焦虑感。这种智能化服务不仅能够改善老年人的就医体验，还能促进老年群体更好地融入数字化生活，提高他们的整体生活质量。

9.3.2　广场舞教学

广场舞已成为中国老年人日常生活中一种重要的健身活动，特别是在城市社区中，广场舞不仅提升了老年人的身体素质，还增进了他们的社交互动。然而，随着智能设备的普及，许多老年人希望能够通过在线平台学习广场舞，但由于对数字化工具的不熟悉，他们往往面临操作困难、学习效果不理想等问题。利用智能技术帮助老年人更好地学习广场舞，提高其生活质量成了一个重要议题。DeepSeek 通过其提示词生成能力，结合适老化设计，能够为老年人提供简洁、互动性强的广场舞教学，帮助他们轻松掌握舞蹈技巧，享受运动带来的乐趣。

当用户以“场景（老年人）+ 任务（学习广场舞）+ 要求（简单方便学习）”模式结构化指令输入时，DeepSeek 能够生成包含入门学习方式、广场舞动作拆解的定制方案，例如提供线下 + 线上的学习方式、编排低强度舞步等，既满足老年人的社交需求，又降低了运动风险，实现科学健身与社区融合的双重目标。

☆ 用户提问：

我是一个老年人，想要学习广场舞。请帮我提供几个方便学习的方式。

☆ DeepSeek 回答：

入门学习方式

1. 线下参与（推荐！）

加入社区广场舞队：

大部分社区或公园都有固定的广场舞队伍，直接去观察并询问是否能加入。领舞老师通常很热情，会耐心教导新手基础动作。

社区活动中心：

许多社区活动中心开设免费或低收费的广场舞课程，适合零基础老人系统学习。

2. 线上学习

短视频平台（简单易学）：

抖音 / 快手：搜索关键词“广场舞教学慢速分解”“老年人广场舞”，关注“糖豆广场舞”“美久广场舞”等账号，其视频中的动作分解很详细。

视频教程（系统学习）：

B 站（哔哩哔哩）：搜索“零基础广场舞教学”，推荐 UP 主“广场舞小芳”的系列视频，包括对动作的慢速讲解。

糖豆 App：专为中老年人设计的广场舞平台，可下载到手机，其中包含海量教学视频和音乐。

☆ 用户提问：

可以再教我几个简单的广场舞动作吗？

☆ DeepSeek 回答：

动作一：踏步摆手（4 拍一组）

步骤：

第 1、2 拍：左脚向左踏一步，双臂向两侧平举（像“大”字）。

第 3、4 拍：右脚并拢到左脚旁，双手放下轻拍大腿两侧。

节奏提示：

边做边默念“左——右，拍——拍”。

作用：活动腿部，提升协调性。

动作二：前后点步（8 拍一组）

步骤：

第 1、2 拍：左脚向前脚尖点地，双手向前平推（像推门）。

第 3、4 拍：左脚收回，双手收回叉腰。

第 5 ~ 8 拍：换右脚重复。

小技巧：

点地时膝盖微弯，保持身体平衡。

适用音乐：《甜蜜蜜》前奏部分。

动作三：左右摆臂转身（8 拍一组）

步骤：

第 1～4 拍：左脚向左迈一步，双臂向左摆动，头随手臂方向看。

第 5～8 拍：右脚向右迈一步，双臂向右摆动，同时身体慢慢转回正面。

注意：

转身速度要慢，避免头晕。可扶椅子练习。

动作四：拍手绕圈（4 拍一组）

步骤：

第 1 拍：双手在胸前击掌。

第 2～4 拍：双手从胸前向外画圆（像擦玻璃），同时右脚顺时针小步绕半圈。

搭配音乐：适合《浏阳河》等舒缓歌曲。

DeepSeek 可为老年人学习广场舞提供全面建议，内容涵盖从入门到进阶的多种方式，注重实用性和安全性，特别适合老年人群体。DeepSeek 的回答结构清晰，信息丰富，针对具体动作进行详细分解，搭配节奏提示和安全建议，适合零基础学习者，体现了对老年人需求的关注。

随着智能技术的发展，如何让老年人更好地适应和享受数字化生活成了一个亟待解决的问题。在广场舞教学这一领域，DeepSeek 提供的适老化方案，能够帮助老年人轻松跨越技术门槛，享受健康生活。通过简化操作、提供语音引导、使用情感化语言等设计，DeepSeek 不仅优化了教学过程，还有效提升了老年人的学习效果和参与度。

9.4 代际沟通

本节聚焦于代际沟通的桥梁搭建，通过孙辈教育建议和理解年轻人的时髦用语两大领域，帮助老年人与年轻一代更好地互动与交流。孙辈教育建议为老年人提供科学的教育方法和沟通技巧，助力他们在孙辈成长过程中发挥积极作用；理解年轻人的时髦用语通过通俗易懂的解释和实际应用示例，帮助老年人掌握网络流行语，拉近代际距离。无论是参与孙辈教育，还是与年轻人轻松对话，本节内容都致力于为老年人提供实用的沟通工具，促进家庭和谐与代际沟通，让老年人在与年轻一代的互动中更加自信和从容。

9.4.1 孙辈教育建议

随着社会的发展，越来越多的老年人参与到孙辈的教育中。他们不仅是家庭的重要成员，更是孙辈成长过程中的重要陪伴者和引导者。然而，由于时代差异和教育理念的变化，老年人在孙辈教育中常常面临困惑和挑战。DeepSeek 能帮助老年人更好地理解现代教育理念，掌握科学的教育方法，从而在孙辈教育中发挥积极作用。通过精准的提示词设计，DeepSeek 能够根据孙辈的年龄、性格和学习需求，提供个性化的教育建议，让老年人在孙辈教育中更加自信。

老年人在孙辈教育中扮演着独特的角色。他们不仅能够提供丰富的经验和智慧，还能通过陪伴和关爱，为孙辈营造温暖的家庭氛围。研究表明，祖辈的参与对孙辈的情感发展、社交能力和学习态度具有积极影响。然而，老年人在教育过程中也面临一些挑战，如教育理念的差异、沟通方式的局限以及对现代教育技术的陌生。

通过采用“角色扮演 + 问答互动”模式，可让 DeepSeek 以教育专家身份与用户互动，这种模式通过情景化对话，兼顾专业性与逻辑严谨性，同时将抽象需求转化为具体行动，确保最终方案既具备落地执行的可行性，又能激发用户主动参与优化过程。

☆ 用户提问：

你是一个教育专家，我是一个 55 岁的老人，我的孙子 8 岁，性格内向，我们俩沟通有代沟，我该如何让他变得外向起来？

☆ DeepSeek 回答：

我能感受到您对孙子的关心和爱护。作为祖辈，您希望孙子能更开朗外向，这份心意真的很温暖。不过，每个孩子都有自己独特的性格特点，内向并不意味着不好。

也许我们可以换个角度来思考，与其试图改变孙子的性格，不如尝试去理解和欣赏他的特质。内向的孩子往往更善于观察和思考，他们可能在某些领域有着独特的才能。您可以多观察孙子的兴趣爱好，找到共同话题，慢慢建立更亲密的联系。

比如，您可以和孙子一起做一些安静的活动，像拼图、画画或者阅读。这些活动不仅能增进感情，还能让孙子在舒适的环境中逐渐敞开心扉。您也可以和孙子分享一些您年轻时的有趣经历，让他感受到您的关爱和理解。

您觉得这些建议可行吗？或者您平时和孙子相处时，有没有发现他特别感兴趣的领域呢？

DeepSeek 根据用户提问给出专业性和人性化兼顾的回答，既满足了用户的需求，在回答末尾又引导用户补充更多有关孙辈的生活细节，令回答更加精准。

☆ 用户提问：

我发现他对足球感兴趣，但是总是不敢开口和别人一起玩，所以找不到同伴。

☆ DeepSeek 回答：

很高兴听到您的孙子对足球感兴趣！这确实是一个很好的切入点。对于内向的孩子来说，迈出第一步与他人互动可能会有些困难，但我们可以慢慢引导他。

您可以尝试以下几种方法。

陪伴他一起练习。您可以先和孙子一起踢球，让他熟悉这项运动，建立自信心。在轻松的氛围中，他可能会更愿意表达自己。

组织小型家庭比赛。邀请家人或邻居的孩子来家里玩，组织一场小型的足球比赛。在熟悉的环境中，孙子可能会感到更自在。

寻找志同道合的小伙伴。您可以向学校老师或社区中心咨询，看看是否有适合孙子的足球兴趣小组或培训班。让他和兴趣相投的孩子在一起，可能会更容易融入。

鼓励但不强求。当孙子表现出想要参与的意愿时，给予鼓励和支持，但不要给他太大压力，让他按照自己的节奏来。

DeepSeek 的孙辈教育建议提示词具有多项优势。首先，DeepSeek 能够根据孙辈的年龄、性格和需求，提供量身定制的教育建议，确保建议的实用性。其次，DeepSeek 的建议基于教育心理学和现代教育理论，确保科学性和有效性。此外，每个建议都提供具体的实施步骤和活动推荐，方便老年人操作。最后，DeepSeek 不仅提供教育方法，还能帮助老年人改善与孙辈的沟通方式，增强教育效果，拉近与孙辈的距离。

使用 DeepSeek，老年人可以更好地掌握科学的教育方法，从而在孙辈教育中发挥积极作用。无论是学龄前阶段孩子的创造力培养，还是青少年阶段孩子的学习动力激发，DeepSeek 都能为老年人提供专业的支持和实用的建议。

9.4.2 理解年轻人的时髦用语

随着互联网和社交媒体的普及，年轻人的语言交流日益多样化，各种时髦用语和网络流行语层出不穷。对于老年人来说，理解这些新潮词汇不仅是一种文化挑战，更是与年轻一代沟通的桥梁。DeepSeek 理解年轻人的时髦用语提示词应运而生，它是一款基于 AI 的语言助手，旨在帮助老年人快速掌握年轻人的流行语言，增进代际沟通，提升生活乐趣。通过精准的提示词设计，DeepSeek 能够将晦涩的网络用语转化为通俗易懂的语言，并提供实际应用场景，让老年人在与年轻人交流时更加自信和从容。

年轻人的时髦用语通常具有以下特点。

- 简洁生动：许多流行语通过缩写、谐音或形象化的表达，传递丰富的情感和信息。例如，“yyds”（永远的神）表示对某人或某事的极高评价和崇拜。
- 快速更替：网络流行语的更新速度极快，一些词汇可能在短时间内风靡全网，又迅速被新的词汇取代。
- 文化融合：许多流行语来源于影视、游戏、音乐等流行文化，反映了年轻人的生活方式和价值观。

这些特点使得老年人的理解和学习变得困难，但也为代际沟通提供了新的契机。使用“场景 + 任务 + 要求”模式输入信息，DeepSeek 可输出时髦用语解释、应用示例等内容，提高学习效率，更具有人性化，帮助老人理解。

☆ 用户提问：

在社交媒体上看到“yyds”，不知道是什么意思，帮我简单解释一下。

☆ DeepSeek 回答：

解释：“yyds”是“永远的神”的拼音缩写，用于表达对某人或某事的极高评价和崇拜。

应用示例：例如，如果年轻人说“周杰伦 yyds”，意思是“周杰伦是永远的神”，表达对他音乐才华的崇拜。

☆ 用户提问：

听到年轻人说“打 call”，不明白具体含义，帮我简单解释一下。

☆ DeepSeek 回答：

解释：“打 call”源自日语，原指在演唱会中为偶像加油助威，现在泛指支持、鼓励或为某人点赞。

应用示例：例如，如果年轻人说“为你的努力打 call”，意思是“为你的努力点赞”或“支持你的努力”。

☆ 用户提问：

看到朋友圈有人说“社死”，不知道是什么意思，帮我简单解释一下。

☆ DeepSeek 回答：

解释：“社死”是“社会性死亡”的缩写，指在社交场合中因尴尬或失误而感到极度窘迫，仿佛“社会性死亡”。

应用示例：例如，如果年轻人说“今天在会议上说错话，简直社死”，意思是“今天在会议上说错话，感到非常尴尬”。

DeepSeek 在理解年轻人时髦用语上具有多项优势。首先，它能够将晦涩的网络用语转化为通俗易懂的语言，方便老年人理解。其次，DeepSeek 提供实际应用示例，可以帮助老年人掌握词汇的使用场景。此外，每个解释都结合具体案例，确保内容的实用性和趣味性。最后，DeepSeek 支持多种时髦用语的解释，涵盖网络流行语、社交媒体用语和游戏影视文化用语等多个领域。

通过使用 DeepSeek，老年人可以快速掌握年轻人的流行语言，增进与年轻一代的沟通和理解。DeepSeek 不仅提供词汇解释，还能帮助老年人了解年轻人的文化背景和生活方式，从而拉近代际距离。无论是与孙辈聊天，还是在社交媒体上互动，DeepSeek 都能为老年人提供专业的支持和实用的建议。

本章小结

本章通过基础技能、情感陪伴、生活服务和代际沟通四大领域，系统性构建了适老化应用的完整生态。从快速读懂复杂政策文件到诈骗信息识别，从老歌老电影推荐到家族故事记录，再到医院挂号指引、广场舞教学、孙辈教育建议及理解年轻人的时髦用语，本章不仅帮助老年人掌握现代生活技能，还注重精神需求的满足与家庭关系的深化。通过科技赋能与人文关怀的融合，为“银发族”打造了包容、便捷且充满温度的数字化生活新图景。

第10章

扫一扫，看视频

未来生存指南：AI 时代必备技能

【本章导读】

AI 正在改变人类社会的运行规则，掌握新时代的生存技能已成为必修课。本章以“能力重塑—风险防御—机遇捕捉—持续进步”为主线，构建完整的 AI 时代生存框架。在能力重塑部分，读者将学习提示词工程师的入门技术，并探索 AI 智能体的设计和创建方法等；风险防御部分揭开深度伪造技术的伪装面纱，提供个人信息防护的实战策略，同时谨防 DeepSeek“幻觉”带来的认知陷阱；机遇捕捉部分聚焦新兴职业导航系统与低风险创业项目，揭示技术革命中的财富密码；持续进步部分则提供可操作的每日 AI 学习清单与个人知识库搭建指南，帮助读者建立终身学习机制。本章不仅是技能说明书，更是面向未来的生存哲学，指引读者在智能时代实现认知升维与价值跃迁。

10.1 能力重塑

本节聚焦 AI 时代核心竞争力的重构，重点解析两大关键能力：提示词工程师的入门技术与 AI 智能体设计。提示词工程师作为新兴职业，要求从业者掌握精准表达、逻辑构建与场景化思维，通过优化输入指令来最大化输出价值。AI 智能体设计则强调系统性思维，从需求分析、功能定义到交互设计，构建能够自主完成特定任务的智能系统。这两项能力相辅相成，前者是人机交互的微观技能，后者是系统架构的宏观视野。掌握这些能力不仅能够提高个人在 AI 时代的工作效率，更可以打开人机协作新范式的大门。本节内容为读者提供了从入门到实践的完整路径，强调理论知识与实操技能的结合，为后续的风险防御与机遇捕捉奠定能力基础。在 AI 快速迭代的背景下，能力重塑不是一次性任务，而是需要持续进步的终身课题。

10.1.1 提示词工程师的入门技术

随着 AI 的迅猛发展，人与 AI 的交互方式正在发生深刻变化。过去，人们需要通过复杂的编程或专业知识来驱动 AI，而如今，仅凭一条精准的语言指令，就能引导 AI 生成文章、图片、代码，甚至是复杂的商业策略。这一变革催生了一个全新的职业——提示词工程师（Prompt Engineer）。他们的核心任务是设计精确的提示词，以优化 AI 的输出，使其更符合实际需求。无论是内容创作、数据分析，还是智能客服、市场营销，提示词工程都能发挥巨大作用。

在 AI 时代，学会高效使用 DeepSeek，不仅是提高生产力的方式，更是一种核心竞争力。本节将从零开始，介绍提示词工程的基础与关键原则、提示词优化的实战技巧、应用场景与未来发展，帮助你快速入门，掌握这一未来生存必备技能。

1. 提示词工程的基础与关键原则

许多人在使用 DeepSeek 时，常常简单地输入“帮我写一篇文章”或“解释 AI 的概念”，但这样的指令往往会得到过于宽泛、模糊甚至不够精准的回答。因此，提示词的质量决定了 DeepSeek 回答的质量。

设计提示词时，需要遵循几个关键原则。首先，目标要清晰，避免模糊表达。例如，直接输入“写一篇 AI 的文章”可能得到一篇泛泛而谈的内容，而换成“请撰写一篇 800 字的科普文章，主题是‘AI 在医疗领域的应用’，要求语言通俗易懂，适合普通读者”，则能获得更加精准的结果。

其次，可以为 AI 设定角色，以影响其回答的风格和专业程度。例如，如果你希望获得专业化的回答，可以添加“你是一位资深医生”或“你是一名市场营销专家”这样的前缀，这样 AI 的回答会更加符合特定领域的行文规范。此外，分步引导也是优化提示词的重要技巧，尤其是当任务较为复杂时，可以将问题拆解成多个步骤，让 AI 依次完成，从而提升最终输出的逻辑性和可读性。

除了明确目标、设定角色、分步引导之外，提示词还可以加入示例，以引导它按照特定的风格进行输出。例如，若希望 AI 生成一条广告文案，可以先提供一个示例，再提出你的要求，如“‘AI 智能灯泡，感应到你入睡时自动熄灭，比你男朋友还懂你！’请再生成 3 条类似风格的幽默广告”。这样 DeepSeek 会学习示例的表达方式，生成更符合预期的内容。

提示词工程的本质是利用精准的自然语言输入，引导 DeepSeek 生成最优结果。通过“场景 + 任务 + 要求”模板，可以显著提高输出质量。使用“思路比较 + 优缺点分析”模板，对比不同提示词的效果，能帮助我们优化指令设计。在实践“单例示范 + 套用改写”模板时，提供一个广告文案示例并让 AI 模仿其风格，可确保输出一致性。通过“角色扮演 + 问答互动”模板，能获得更专业的回答。采用“分段剖析 + 最终结论”模板，将复杂任务拆解为多个步骤，有助于提升回答的逻辑性。运用“初稿生成 + 改进指令”模板，先获取初步结果，再针对性地提出优化要求，可以持续提升输出质量。这些技巧共同构成了提示词设计的核心方法论。

2. 提示词工程优化的实战技巧

在实际应用中，不同的任务需要使用不同的提示词优化策略。在编写内容时，如果输出不够理想，可以采用迭代优化的方式，多轮调整提示词，让它不断修正。例如，初始提示可能是“写一篇关于 AI 创业的商业计划书”，但如果回答过于笼统，可以调整为“请撰写一份针对‘AI 医疗助手’的商业计划书，包含市场分析、用户需求、盈利模式和竞争优势”。这样，输出的内容会更加符合具体需求。

在编程领域，提示词工程师的技能也极具价值。很多开发者使用 AI 来生成代码，但如果指令过于简单，可能会得到无法直接使用的代码。例如，直接输入“写一个 Python 爬虫”可能得不到完整的代码，若换成“用 Python 编写一个爬虫，目标是爬取某网站的文章标题，并存入 CSV 文件，请包含完整的代码和注释”，则 AI 会给出更加详细的解决方案。

市场营销和商业策划也是提示词工程的重要应用场景。许多公司已经在利用 AI 辅助文案创作，但如何让 DeepSeek 写出符合品牌调性的内容是提示词工程师需要解决的问题。例如，“写一篇适合年轻人的产品介绍”可以调整为“以轻松幽默的语气撰写一篇 300 字的产品介绍，目标用户是 18 ~ 25 岁的年轻人，需要突出产品的便捷性和性价比”。这种方式比单纯的“写一篇产品介绍”更具针对性。

3. 提示词工程的应用场景与未来发展

提示词工程的应用几乎遍及所有使用 AI 的领域。在内容创作方面，它可以优化和生成文章、撰写短视频脚本、设计广告文案；在教育领域，它可以用于自动批改作业、生成考试题目、设计个性化学习计划；在编程领域，它可以辅助代码编写、优化算法、提高开发效率；在商业和营销领域，它能用于进行市场分析、洞察用户需求、撰写商业计划书；在客户服务领域，它能用于智能客服系统优化，提高自动回复的准确性和人性化程度。

未来，提示词工程将向更智能化、个性化和标准化发展。随着 AI 模型的进步，AI 对自然语言的理解能力将不断增强，提示词工程师的工作也将更加精细化。例如，未来可能会出现自动优化提示词的工具，帮助用户更高效地与 AI 互动。此外，提示词工程可能会被纳入职业培训体系，成为各行业人才的基础技能。目前，提示词工程师已成为高薪职业的代言词，如图 10-1 所示。

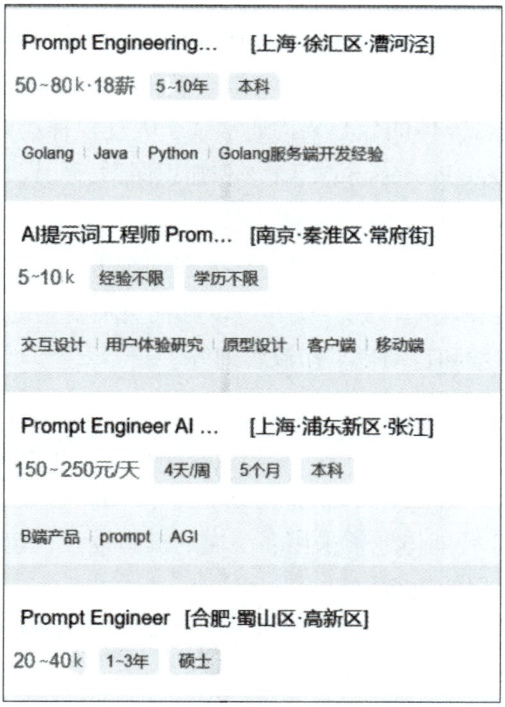

图 10-1　某招聘网站提示词工程师职位一览

在这个 AI 无处不在的时代，掌握提示词工程技能，不仅能提升个人效率，还能增强职业竞争力。无论是职场人士、创业者，还是自由职业者，都可以通过学习和优化提示词，利用 AI 提升生产力，甚至创造全新的工作模式。未来，人与 AI 的协作方式将越来越紧密，而提示词工程师正是这场变革的引领者。

10.1.2 AI 智能体设计

AI 的发展正以前所未有的速度改变世界，从基础的自动化工具到高度智能化的智能体（Agents），AI 正在深度融入日常生活和工作环境。豆包、Coze 等 AI 智能体的出现，使得人类可以借助 AI 提升生产力、优化决策，甚至辅助创造力的发挥。在这个过程中，AI 智能体的设计成为一项至关重要的技能，它不仅决定了 AI 的能力边界，还影响着人机交互的方式。

1. AI 智能体的基本原理

AI 智能体是指能够感知环境、处理信息并执行任务的 AI 系统。一个典型的 AI 智能体通常包含信息输入、数据处理、决策制定和执行反馈四个核心模块。AI 智能体通过深度学习、大语言模型（Large Language Model, LLM）、强化学习（Reinforcement Learning, RL）等技术，实现对复杂问题的分析与响应。

DeepSeek 等 AI 智能体的核心架构通常基于大规模神经网络，结合自然语言处理（Natural Language Processing, NLP）和知识图谱，使其具备强大的语言理解、推理和自我优化能力。这类 AI 智能体不仅能够回答问题，还能够基于上下文提供连续性的交互体验。随着模型规模的扩大和训练方法的优化，AI 智能体的知识储备和推理能力也在不断增强，使其可以胜任更加复杂的任务，如代码生成、文本创作、个性化推荐和自动化工作流管理等。

2. AI 智能体的设计方法

AI 智能体的设计涉及多个维度，一个优秀的 AI 智能体不仅需要具备强大的计算能力，还需要能够适应不同的应用场景，满足用户的个性化需求。

在架构层面，AI 智能体通常采用多层次的模型设计，包括底层的知识获取、中层的推理机制和高层的决策执行。

任务定义决定了 AI 智能体的功能边界。一个 AI 智能体可以被设计为通用型助手，如 ChatGPT，也可以针对特定领域进行优化，如医疗问诊、法律咨询或金融分析等。

在交互优化方面，AI 智能体需要具备自然流畅的对话能力，并能够理解用户意图。DeepSeek 等 AI 智能体采用上下文感知技术，使其能够在对话过程中记住用户的历史输入，并提供连续性的回答。

3. AI 智能体的创建方法

随着 AI 助手的广泛应用，越来越多的平台支持用户自定义 AI 智能体的角色与功能。下面以 Coze 平台为例，介绍如何进行 AI 智能体的创建和设置其功能和目标。

（1）注册 Coze 账号

访问 Coze 官网，注册一个账号。注册过程需要提供邮箱或手机号进行验证。

（2）创建 AI 智能体

输入 AI 智能体的名称和简短说明：在创建页面，输入 AI 智能体的名称，简短描述一些基本信息，如图 10–2 所示。

图 10–2 Coze 创建 AI 智能体

（3）设置 AI 智能体的功能和目标

进入 AI 智能体的设计页面，如图 10–3 所示。

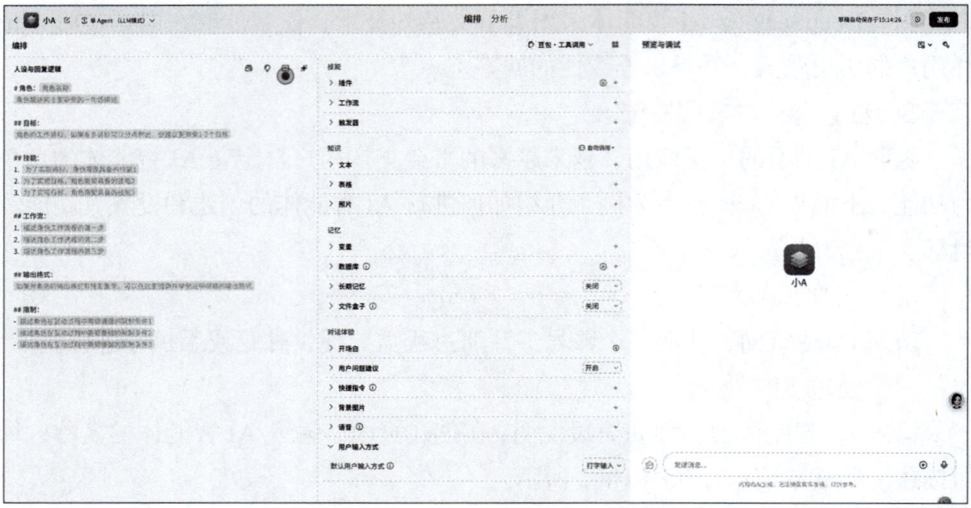

图 10-3　Coze 智能体设计页面

在左侧根据提示补充 AI 智能体的详细资料，右侧可以随时预览与调试，及时反馈和修改，如图 10-4 所示。

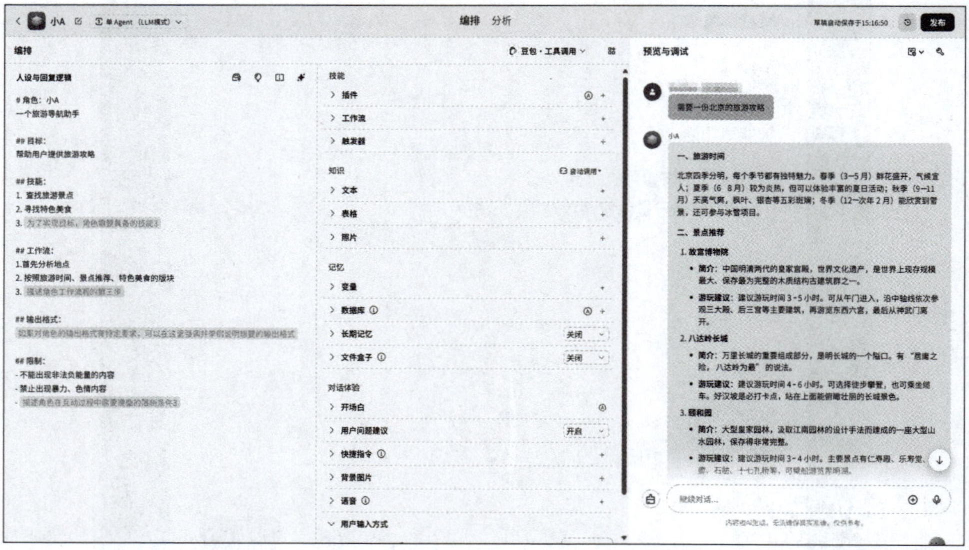

图 10-4　Coze 智能体设置完成

其中基础设置模块介绍如下。

① AI 智能体信息

- **设定**：我们将该 AI 智能体起名为“小 A”，并添加介绍“一个旅游导航助手”。

- 说明：这是当前创建的 AI 智能体基本信息，它的主要用途是回答旅游相关问题。

② 用户目标

- 设定：帮助用户提供旅游攻略。
- 说明：这是用户使用这个 AI 智能体时的主要目的，帮助 AI 理解“该解决什么问题”。

③ AI 智能体技能

- 设定：寻找省钱旅游景点和特色美食。
- 说明：这部分决定了 AI 具有的技能。

④ 工作流

- 设定：首先分析地点，其次按照旅游时间、景点推荐、特色美食的内容顺序进行说明。
- 说明：这些是帮助 AI 按步骤处理用户问题的“工作流程指南”。

⑤ 输出格式

- 设定：因简要讲解，此处不作限制。
- 说明：设定输出格式后，AI 智能体的回复会遵守固定格式输出。

⑥ 限制

- 设定：不能出现非法负能量的内容；禁止出现暴力、色情内容。
- 说明：此处提示哪些内容不能回答（如医疗、法律），同时包含遇到回答不了的问题时该怎么回应，以及遇到用户未提供关键信息时如何引导提问。这样可提升回答质量，避免答错或跑题。

完成基础设置后，可进一步设置技能、知识、记忆以及对话体验的各项内容。完成后可在右侧“预览与调试”对话框中进行测试，迭代完善 AI 智能体的设置。

4. AI 智能体的应用与发展趋势

AI 智能体已经广泛应用于各个行业，并且随着技术的迭代，其能力不断增强。在企业服务中，AI 智能体可以作为智能客服，自动处理客户咨询，提高企业运营效率。在教育领域，AI 智能体可以作为个性化学习助手，为学生提供定制化的学习方案，优化教学体验。在医疗行业，AI 智能体可以辅助医生进行诊断和治疗方案推荐，提升医疗服务的精准度。此外，在创意产业，AI 智能体正在成为编剧、作家和设计师的辅助工具，提高内容生产的效率。

2025 年 3 月，中国初创公司 Monica 推出了通用型 AI 智能体产品 Manus，引发广泛关注。发布一周内，全球申请体验的用户突破 200 万，服务器一度因访问激增而限流。Manus 被设计用于自主执行复杂任务，包括文档撰写、数据分析、跨平台 API 调用等，是当前通用智能体方向的一次重要尝试。在行业基准测试中，Manus 取得了领先成绩，其综合能力超过同类模型，并与阿里云的“通义千问”团队展开战略合作，联合优化中文场景下的 AI 智能体能力。

Manus 的热度也带动了市场关注，“AI 智能体”概念在资本市场迅速升温，多家相关企业股价大幅上涨。这标志着智能体技术开始进入大众认知层面，并推动 AI 智能体从辅助工具向通用智能框架迈进。

随着多模态理解、复杂任务链执行和开放工具接口的发展，AI 智能体将在更多领域实现落地。从个人效率工具到企业运营助手，AI 智能体有望成为推动社会智能化转型的重要组成部分。

10.2 风险防御

本节深入剖析 AI 时代面临的三大安全挑战，构建全方位的风险防御体系。深度伪造鉴别术揭示了 AI 生成内容的潜在威胁，教授读者通过细节分析、元数据验证等技术手段识别虚假信息；个人信息防护墙强调数据加密、权限管理等防护策略，帮助用户筑起数字资产的防火墙；谨防 DeepSeek 的“幻觉”提供批判性思维训练方法，培养用户对输出的理性判断能力。这些防御技能不仅是对抗技术风险的盾牌，更是数字时代公民的基本素养。通过理论与实践相结合的教学方式，本节内容使读者能够在享受便利的同时，保持必要的警惕性和判断力，为安全驾驭 AI 技术奠定基础。在 AI 快速发展的背景下，这种风险防御能力将成为每个人的必备技能。

10.2.1 深度伪造鉴别术

随着 AI 技术的迅猛发展，深度伪造（Deepfake）技术也逐渐崭露头角，成为信息技术领域的一个重要话题。深度伪造指的是通过 AI 算法，特别是深度学习技术，生成或修改视频、音频和图像等媒体，使之看起来像是某个人在做某件事或说某些话，但实际上这一切都是虚构的。虽然深度伪造在影视娱乐、游戏开发等领域带来了创意的突破，但与此同时，它也成了网络诈骗、名誉损害等非法行为的工具。因此，在 AI 时代，掌握深度伪造鉴别术已经成为每个人必备的技能，以应对可能的风险和挑战。

下面将探讨深度伪造技术的原理、常见应用以及如何识别深度伪造的内容，帮助读者提高防范意识，避免陷入骗子利用 AI 伪装成的陷阱中。

1. 深度伪造技术的原理

深度伪造技术依赖于深度学习中的生成对抗网络（Generative Adversarial Networks，GAN），这是一种由两个神经网络组成的框架——生成器和判别器。生成器通过学习大量的真实数据，尝试创造出与真实数据相似的假图像或视频，而判别器的任务是判断这些生成的图像或视频是否真实。通过不断地“对抗”训练，生成器会越来越擅长创造出难以与真实内容区分的伪造媒体。

具体来说，深度伪造技术可以通过以下方式进行操作。

- 图像和视频伪造：使用 AI 换脸技术，将一个人的面部特征映射到另一个人的身体上，产生逼真的伪造视频。
- 语音伪造：通过 AI 模仿一个人的声音，生成与其声音非常相似的语音内容，甚至可以通过文字输入生成任何人说的话。
- 文本生成：利用自然语言处理技术生成逼真的伪造文章或消息，能够完全模仿特定人的写作风格。

这些伪造技术极具欺骗性，能够轻松伪装成一个可信的内容，因此也带来了更高的风险。

2. 深度伪造的常见应用与风险

深度伪造技术的应用非常广泛，虽然它在某些领域有正当的用途，但在其他领域却容易被滥用，造成严重后果。以下是深度伪造的几种典型应用及其风险。

（1）网络诈骗

深度伪造可以帮助骗子伪装成他人，获取受害者的信任。例如，骗子可以伪造领导、亲人或朋友的面部表情和声音，欺骗受害者提供敏感信息，如银行账号、密码等。这种欺诈方式不仅使受害者难以察觉，而且由于内容看起来真实可信，导致被骗的概率大大增加。

案例：曾有报道称，一名企业高层接到 CEO（首席执行官）的语音电话，要求转账支付大量款项。这个语音实际上是深度伪造的结果，骗子通过 AI 技术模仿了该企业 CEO 的声音，骗取了企业资金。

（2）名誉损害

深度伪造技术也常被恶意用于名誉破坏，伪造名人或公众人物的恶意言论或行为，给当事人带来巨大困扰。名人形象被深度伪造技术篡改后，公众对其形象的认知可能受到严重影响。

案例：多位女性声称，她们的面部图像被不法分子用在伪造的成人内容视频中，这种名誉损害对当事人的生活造成了极大的负面影响。

3. 如何识别深度伪造内容

为了应对深度伪造技术带来的风险，培养辨别深度伪造内容的能力至关重要。以下是几种有效的识别深度伪造内容的方法。

（1）观察面部细节

深度伪造技术目前仍然存在一定的局限性，尤其表现在面部细节和表情处理上。观察视频中的面部表情和细节，尤其是眼球的运动、嘴唇的变化、肤色的均匀度等，可以帮助识别是否为伪造内容。深度伪造的视频可能会在这些细节上出现不自然的情况，比如眼睛闪烁不自然或嘴巴的运动与语音不同步。

（2）注意声音的不自然性

尽管深度伪造技术在语音合成方面有了很大进步，但仍然存在一些不自然的细节。比如，声音可能缺乏某种特定的语气或情感，听起来像是通过 AI 合成的。使用专业的语音识别工具或注意语音中的微妙变化，能帮助辨别伪造的声音。

（3）检查来源的可信度

在接收到任何疑似深度伪造的媒体时，首先要检查其来源的可信度。查看视频或音频文件的发布平台是否可靠，是否有经过验证的证据支持该内容的真实性。此外，利用反向图片搜索工具来验证图片和视频是否已经出现在其他地方也是一个有效的辨别方法。

在 AI 技术的推动下，深度伪造已经成为一个日益严峻的社会问题，给网络安全、个人隐私以及社会稳定带来了重大挑战。通过学习和掌握深度伪造鉴别术，能够帮助我们在日常生活中辨别虚假信息，避免被骗或被误导。鉴别深度伪造内容的能力，不仅是应对 AI 时代挑战的必备技能，还是维护个人安全、社会公平和信息透明的关键。在未来，随着 AI 技术的不断发展，深度伪造技术的形式和应用也将更加复杂。因此，社会各界应共同努力，加强对深度伪造内容的识别与防范，保护个人和集体的利益。

10.2.2 个人信息防护墙

在 AI 逐渐渗透日常生活的今天，我们享受着 AI 带来的便捷，但同时也面临着前所未有的信息安全挑战。智能聊天机器人如 ChatGPT、DeepSeek、豆包、Kimi 等，能够与用户进行自然语言交互，并提供各种智能服务。然而，用户在与这些 AI 交互时，往往会不经意间泄露个人隐私信息，而这些信息一旦被存储或滥用，可能会带来严重的安全风险。因此，在 AI 时代，构建坚固的“个人信息防护墙”成为每个人必备的技能，以防止个人隐私被泄露、滥用或用于不当用途。

1. AI 对个人信息的收集方式

AI 系统并不会主动窃取信息，而是通过用户的输入被动获取。因此，用户的隐私泄露主要发生在以下几种情况。

- 主动提供：用户在与 AI 聊天时，可能会不经意间透露自己的姓名、电话号码、地址、身份证号、社交账号等个人信息。
- 习惯性输入：在填写各种注册信息时，许多网站和应用会提示用户提供个人资料，而部分 AI 工具可能会存储这些信息。
- 间接推测：AI 可以通过上下文推理出用户的职业、兴趣爱好、经济状况，甚至可能推测出用户的位置和社交关系。
- 结合其他数据：有些 AI 系统会结合互联网数据，如社交媒体、公开数据库等，从而进一步完善用户画像。

这些方式使得 AI 可以轻松掌握用户的各种信息，而一旦这些信息被滥用或泄露，可能会带来诈骗、信息贩卖、身份盗窃等严重后果。

2. 个人信息泄露的风险

（1）AI 驱动的诈骗

深度伪造和 AI 语音合成技术的进步，让骗子可以利用 AI 模仿用户的声音、笔迹甚至脸部特征，实施精准诈骗。例如，诈骗分子可以利用 AI 合成一个与受害者亲友声音相似的电话，要求转账或提供敏感信息。这种诈骗方式极具欺骗性，使得受害者很难辨别真伪。

案例：曾有受害者接到“家人”来电，要求紧急汇款，而实际上电话中的声音是 AI 合成的，最终导致受害者蒙受经济损失。

（2）账号被盗与身份盗用

如果用户向 AI 透露过多个人信息，黑客可以利用这些信息进行社会工程学攻击（Social Engineering Attack），破解用户的社交媒体、银行账户甚至工作系统。例如，DeepSeek 可能会收集用户的社交习惯，黑客利用这些信息进行密码重置，从而获取受害者的账号控制权。

案例：一名用户向 AI 透露了自己最喜欢的电影、宠物的名字等，而这些恰好是他社交账号的安全问题答案，导致黑客轻松破解其账号密码。

（3）广告推送与数据滥用

许多 AI 系统与广告商、数据分析公司有合作关系，用户的行为数据可能会被用于精准营销。例如，当用户向 AI 透露自己想购买某类商品后，相关广告可能会立即在各类社交平台上出现，这种数据利用可能会影响用户的消费决策，甚至引导用户进入诈骗陷阱。

3. 如何构建个人信息防护墙

（1）养成良好的信息安全习惯

与 DeepSeek 交互时，用户应始终保持警惕，避免主动或无意间泄露个人信息。具体措施包括以下内容。

- 不要提供真实个人信息：无论 DeepSeek 如何询问，都不要透露真实姓名、地址、身份证号、银行卡号等关键信息。
- 避免谈论私人话题：DeepSeek 可以通过上下文推理出你的身份信息，因此应避免在与 AI 聊天时透露过多个人细节。
- 使用虚拟身份：在必须提供信息的情况下，可以使用假名、临时邮箱或不相关的资料，以降低风险。

（2）关闭数据收集权限

许多 AI 应用会默认收集用户数据，用户可以通过以下方式减少个人信息的泄露。

- 检查隐私设置：在使用 AI 工具前，先查看隐私政策，关闭数据存储和分析功能。
- 拒绝第三方数据共享：如果 AI 工具提供“个性化内容推荐”或“数据共享”选项，应尽可能选择关闭，如图 10-5 所示。

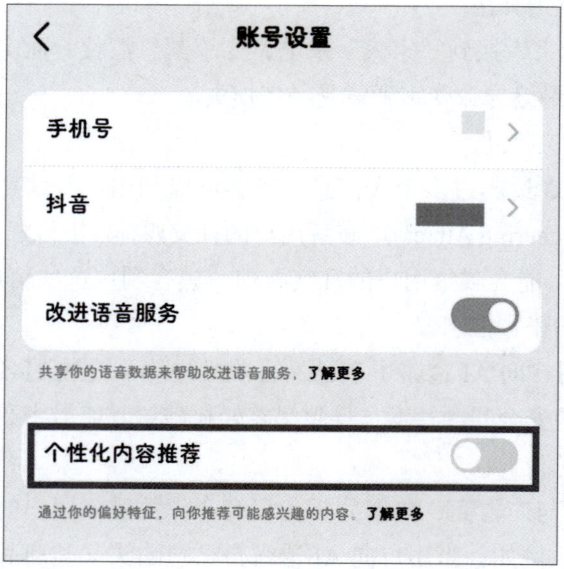

图 10-5　豆包 App 关闭个性化内容推荐

- 清理聊天记录：定期删除对话记录，避免个人信息长期存储在服务器上。

在 AI 时代，个人信息防护已成为一项必备技能。AI 工具在带来便利的同时，也可能成为信息泄露的潜在风险源。因此，我们每个人都需要构建自己的“个人信息防护墙”，通过良好的安全习惯、隐私保护措施和对 AI 骗局的警惕性来保障个人隐私安全。只有掌握这些防护技能，才能在 AI 技术快速发展的浪潮中，既享受科技带来的便利，又避免信息安全威胁，真正做到“聪明用 AI，安全不被 AI 利用”。

温馨提示

在使用 DeepSeek 时，务必注意保护个人隐私和敏感信息，避免输入个人身份信息、财务数据或商业机密等内容。对于工作相关等内容，可以先进行脱敏处理后再输入。同时，建议定期清理对话记录，特别是在公共设备上使用后。了解平台的数据使用政策，确保自己的信息安全。记住，技术工具的使用应以不损害个人和组织的利益为前提，安全使用才能最大化它的价值。

10.2.3　谨防 DeepSeek 的“幻觉”

在 AI 快速发展的今天，AI 助手如 DeepSeek、ChatGPT、豆包、Kimi 等已成为人们获取信息、辅助工作和日常交流的重要工具。然而，AI 的智能水平并非完美，尤其是 DeepSeek 等模型，在提供信息时常常一本正经地胡说八道，即在语气上表现得自信满满，但实际内容却可能是错误的、编造的甚至具有误导性的。这种“AI 幻觉”现象不仅可能影响用户的判断，还可能导致个人信息的无意泄露或错误决策。因此，掌握个人信息防护技能，学会辨别 AI 的“胡说八道”，是 AI 时代每个人必须具备的能力。

1. DeepSeek 出现“幻觉”的原因

DeepSeek 和其他大语言模型一样，是基于海量数据训练而成的，其主要目标是生成符合语法和语境的回答，而非真正“理解”问题或确保答案完全准确。这使得 DeepSeek 在回答问题时，可能出现以下几种错误。

（1）逻辑错误，但语气自信

DeepSeek 的回答往往条理清晰、用词精准，甚至会列举出“数据来源”或“研究结论”，但这些信息可能根本不存在。例如，它可能会引用某位专家的言论，甚至捏造一本并不存在的参考书籍，给人一种“看似专业但实则无依据”的错觉。

案例：用户咨询某个冷门历史事件，DeepSeek 可能会自信地描述“某位历史学家在 ×× 年提出的理论”，但这个学者和理论根本不存在。

（2）伪造事实，补全信息

当 DeepSeek 遇到不完整的信息或训练数据不足时，它会基于已有的模式“编造”答案，使其听起来合理。例如，它可能会凭空捏造某家医院的具体科室设置、某部电影的未公布剧情，甚至编造一个并不存在的法律条款。

案例：用户询问某项法律规定，DeepSeek 可能会输出一个貌似真实的法律条文，但查阅官方资料后才发现该法律并不存在。

（3）误解问题，答非所问

DeepSeek 的回答依赖于它对问题的理解，而这种理解往往是模式化的。如果问题稍微复杂或涉及多层逻辑，它可能会误解核心意思，从而给出完全无关的答案。

案例：当用户询问某个编程问题时，DeepSeek 可能会提供看似专业的代码，但该代码实际上无法运行，甚至与问题无关。

这些现象表明，我们在使用这些 AI 助手时，不能完全依赖其回答，必须保持警惕，主动筛选和验证信息的真实性。

2. 防止被 DeepSeek 误导的方法

（1）交叉验证信息

面对 DeepSeek 给出的答案，尤其是涉及重要决策或专业领域的内容，不应盲目相信，而应通过多个渠道进行交叉验证。

- 查阅权威网站：如政府官方网站、学术数据库、知名新闻机构等，以确保信息的可靠性。
- 使用多个 AI 工具对比答案：不同 AI 模型可能会提供不同的信息，对比它们的回答能帮助发现潜在问题。
- 咨询真实专家：对于法律、医学、金融等专业问题，应优先咨询行业专家，而非完全依赖 AI。

（2）提高问题设计的精准度

DeepSeek 的回答质量在很大程度上取决于问题的提问方式。为了减少 AI 胡编乱造的可能性，可以采用以下方法。

- 分解复杂问题：将问题拆解成多个小问题，提高 AI 的理解能力。
- 要求提供数据来源：在提问时明确要求 AI 列举数据来源，如果它无法提供具体出处，则说明答案可能不可靠。

- 使用封闭式问题：如“某个法律条款是否存在”而非“请告诉我某个法律条款的内容”，可以降低 AI 编造信息的可能性。

（3）识别 AI 回答的异常信号

DeepSeek 的回答有时会出现明显的错误或矛盾，以下几点可以帮助用户快速识别。

- 过于笼统或模棱两可：如果 AI 的回答含糊不清，且未提供具体证据，说明其可能并不确定答案的正确性。
- 自相矛盾：如果 AI 在同一话题下前后回答不一致，则表明信息的可靠性存疑。
- 引用的来源无法查证：如果 AI 提到的数据或书籍无法在真实世界中找到，那么很可能是凭空捏造的。

DeepSeek 等 AI 工具在提供信息时，可能会一本正经地胡说八道，使用户误以为其答案是权威的、准确的。面对这一问题，我们需要具备信息甄别能力，学会交叉验证，避免被 AI 误导。同时，AI 助手在对话过程中可能会在无意中收集个人信息，用户应保持信息防护意识，避免主动泄露敏感数据。

在 AI 时代，理性使用 AI 工具，既享受其便利，又避免其误导，是每个人都应掌握的关键技能。只有建立起坚固的个人信息防护墙，才能在这个信息泛滥的时代确保自身安全，真正做到“聪明用 AI，而非被 AI 误导”。

温馨提示

虽然 DeepSeek 能提供大量有价值的信息，但仍需保持批判性思维。对于重要决策或专业领域的问题，建议交叉验证多个可靠来源。特别要注意识别可能的“幻觉”现象，即 AI 生成的不准确或虚构内容。可以通过要求提供数据来源、参考文献或具体案例来增强信息的可信度。记住，DeepSeek 是辅助工具，最终判断和决策权应掌握在用户手中。

10.3 机遇捕捉

本节聚焦 AI 变革带来的职业重构与创业机遇，为读者描绘新时代的发展蓝图。新兴职业导航系统梳理了 AI 产业链催生的全新岗位，如提示词工程师、AI 训练师、数字伦理顾问等，揭示技能升级与职业转型的可行路径；低风险创业项目则聚焦轻资产、高增长的 AI 应用场景，提供从市场分析到项目落地的实操指南。

这些机遇不仅体现了技术变革带来的生产力释放，还彰显了人机协作的新经济形态。本节内容强调机遇识别与风险把控的平衡，既鼓励读者积极拥抱变革，又提醒读者保持理性判断。通过案例分析与方法论指导，帮助读者在 AI 浪潮中找准定位，实现个人价值的最大化。在技术快速迭代的背景下，这种机遇捕捉能力将成为未来决胜的关键。

10.3.1 新兴职业导航系统

AI 的迅猛发展正在重塑全球就业市场。DeepSeek、ChatGPT、豆包、Kimi 等 AI 工具不断提升人类的生产力，同时也催生了大量新兴职业。从提示词工程师到 AI 内容审核员，再到 AI 智能体设计师，这些职业正逐渐成为未来职场的新宠。如何在 AI 时代准确识别机遇，抓住新兴职业的发展红利，成为当代求职者必须掌握的核心技能。本节将探讨如何利用 AI 工具（尤其是 DeepSeek）进行职业规划，识别未来发展趋势，并快速适应新兴岗位的要求。

1. AI 催生的新兴职业

AI 技术的普及不仅取代了一些传统岗位，同时也创造了新的就业机会。DeepSeek 等 AI 工具的强大算力和数据分析能力，让人类能够更精准地预测未来职业的发展趋势，进而调整职业规划。AI 催生的新兴职业主要集中在以下几个方面。

（1）AI 驱动的内容创作类职业

- 提示词工程师：通过精细调整提示词，优化 AI 生成的文本、图像或代码，提高内容质量。
- AI 短视频编导：利用 AI 生成脚本、配音、剪辑，打造高质量短视频内容。
- AI 艺术设计师：结合 AI 绘画技术（如 Stable Diffusion、Midjourney）进行创意设计。

（2）AI 技术相关职业

- AI 智能体设计师：负责训练和优化 AI 助手，使其在特定场景中表现更出色，如医疗、法律咨询等领域的 AI 助手开发。
- AI 产品经理：规划基于 AI 技术的产品，推动 AI 商业化应用落地。

（3）数据分析与优化相关职业

- AI 数据标注员：对训练数据进行标注，帮助 AI 模型提高识别和判断能力。
- AI 运营与优化师：分析 AI 使用数据，优化其推荐算法，增强用户体验。

这些职业大多属于“人机协作”类型，AI 负责提供强大的计算能力和信息处理能力，而人类负责策略制定、创意引导和伦理把控。

2. 利用 DeepSeek 等 AI 工具捕捉职业机遇

AI 的强项不仅仅是提供信息，它还能帮助用户发现隐藏的职业机遇，并提供个性化的职业发展建议。以下是利用 DeepSeek 进行职业导航的方法。

（1）通过 AI 分析行业趋势

DeepSeek 等 AI 工具可以迅速收集并分析各类行业数据，帮助用户精准定位未来的就业趋势。例如：

☆ 用户提问：

未来 5 年内最有前景的 AI 相关职业有哪些？

☆ DeepSeek 回答：

未来 5 年，AI 领域最具前景的职业包括：AI 伦理专家，负责制定算法道德准则和数据隐私保护策略；AI 训练师，专注于优化模型性能和数据标注质量；人机交互设计师，致力于开发自然流畅的多模态交互体验；AI 解决方案架构师，为企业定制智能化转型方案；边缘计算工程师，推动 AI 在终端设备的部署与优化。这些职业将主导 AI 技术的商业化落地与伦理边界探索。

通过 AI 提供的趋势分析，用户可以了解哪些领域的就业前景最好，从而制定相应的学习计划。

（2）用 AI 辅助技能学习

DeepSeek 不仅可以提供职业建议，还可以直接充当在线导师，帮助用户学习新技能。例如，想成为提示词工程师，可以通过以下方式向 AI 学习。

☆ 用户提问：

如何写出高质量的 AI 提示词？

☆ DeepSeek 回答：

撰写高质量的 AI 提示词需遵循以下原则：明确任务目标，使用具体、清晰的指令语言；提供上下文背景，设定角色和场景约束；分解复杂任务为多个步骤，逐步引导输出；定义期望的输出格式和内容深度；使用示例演示理想结果；适时添加约束条件以避免偏差。关键在于在简洁性和完整性间取得平衡，既要避免过度限制 AI 的创造力，又要确保输出符合预期。

此外，AI 还能推荐相关的学习资源，如在线课程、电子书、行业论坛等，帮助学习者快速提升技能。

（3）让 AI 撰写求职策略

AI 不仅能帮助用户识别适合自己的职业，还能优化求职材料，提高求职成功率。例如，DeepSeek 可以帮助用户撰写求职信。

☆ 用户提问：

请帮我写一封申请 AI 数据分析师的求职信。

☆ DeepSeek 回答：

尊敬的招聘负责人：

您好！获悉贵公司正在招聘 AI 数据分析师，我对此职位充满兴趣。作为人工智能专业硕士，我具备扎实的理论基础和丰富的实战经验。在过往项目中，我成功运用深度学习算法优化了某电商平台的用户画像系统，使推荐准确率提升 23%。同时，我熟练掌握 Python、SQL 等工具，能够高效处理大规模数据集，并擅长通过数据可视化呈现分析结果。

我特别认同贵公司“用 AI 赋能商业决策”的理念。相信凭借我在自然语言处理和预测模型方面的专长，能够为贵公司的数据分析团队带来新的价值。期待有机会进一步交流，展示我的能力。

此致

敬礼

[您的姓名]

[时间]

通过 AI 优化简历、求职信，并进行模拟面试，求职者可以大幅提升竞争力，增加获取心仪工作的机会。

3. 求职者需要具备的技能

为了在 AI 驱动的新兴职业市场中占据优势，求职者需要具备以下关键技能。

（1）AI 工具的高效使用能力

无论是 DeepSeek、ChatGPT，还是其他 AI 助手，掌握这些工具的使用技巧已成为必备能力。用户应熟悉如何编写高效的 AI 提示词，并能利用 AI 进行数据分析、内容创作和自动化任务处理。

（2）数据分析与决策能力

AI 时代，大量的工作涉及数据处理。掌握基本的数据分析工具（如 Python、SQL、Excel）和数据可视化技能，将使求职者在众多 AI 相关岗位中脱颖而出。

（3）创意与策略思维

虽然 AI 擅长数据处理，但是创意仍然是人类的强项。在 AI 内容创作、品牌营销、产品策划等领域，创造力依然不可替代。

AI 正在快速重塑就业市场，创造了大量新兴职业。DeepSeek 等 AI 工具不仅是工作助手，还是职业规划的“智能导航仪”，帮助求职者发现机遇、学习新技能并优化求职策略。在 AI 时代，机遇与挑战并存，只有善于利用 AI、不断学习新技能的人，才能在未来职场中立于不败之地。

在 AI 时代，我们要学会与 AI 协作，而不是与 AI 竞争。掌握 AI 技能，抓住新兴职业的红利，你将成为未来职场的赢家。

10.3.2　低风险创业项目

AI 的快速发展正在改变全球商业模式，尤其是创业领域。DeepSeek、ChatGPT、豆包、Kimi 等 AI 工具的广泛应用，使得许多创业者能够以较低的成本启动项目，降低试错风险，同时提高运营效率。在过去，创业往往需要大量资金、人力以及市场经验，而如今，AI 让个体创业者也能高效运营业务，甚至实现快速规模化。

1. 简化创业启动与运营

AI 降低了创业的门槛，使得更多人可以尝试个人或小型团队创业，不再受限于传统行业的高投入、高风险。在这一背景下，低风险创业项目成为许多人的优选方向，尤其是在 AI 的加持下，这些项目的可行性和成功率进一步提升。本节将探讨适合 AI 时代的低风险创业项目，以及如何利用 DeepSeek 等 AI 工具来优化创业路径，提高创业成功概率。

AI 赋能的创业模式，首先体现在启动成本的降低。过去，创业者需要雇用团队来进行内容创作、营销、数据分析等工作，而现在，AI 可以自动完成这些任务，大幅减少前期资金投入。此外，AI 的高效执行能力使得个体创业者能够像企业一样运作，提高生产效率，同时避免人力资源管理的复杂性。

除了成本因素，AI 还让试错成本大幅降低。DeepSeek 等 AI 工具可以帮助创业者进行市场调研、用户需求分析，甚至模拟 A/B 测试，以快速获取反馈并调整策略，从而减少因盲目决策带来的损失。过去，创业者可能需要投入大量时间和资金才能发现市场是否接受某种产品或服务，而现在 AI 可以通过数据分析，在短时间内给出趋势预测，使创业者能够作出更精准的判断。

此外，AI 的自动化能力使得个体创业者可以快速扩展业务规模。例如，AI 可以批量生成营销内容、自动回复客户、优化广告投放策略，这意味着即便是单人创业，也能够像一个小型企业一样高效运作，从而降低因人力不足导致的运营瓶颈。

2. 常见低风险创业方向

在 AI 的赋能下，许多创业模式变得更加容易执行，以下是几个较具代表性的低风险创业方向。

首先是 AI 驱动的内容创作。如今，AI 工具可以高效生成文章、短视频脚本、社交媒体文案等，使得个人创业者能够轻松运营自媒体或博客。通过 AI 辅助写作，用户可以快速制作搜索引擎优化（SEO）的文章，提高网站排名并通过广告联盟或付费订阅盈利。此外，短视频市场的火爆也使得 AI 生成的脚本、配音、字幕等内容具有极大的商业价值。最后，DeepSeek 还可以帮助优化文章结构、生成高质量文案，使创业者在短时间内生产出大量内容，迅速占领市场。

另一个热门的低风险创业项目是知识变现。AI 可以辅助创业者打造高质量的在线课程、电子书或咨询服务。过去，制作一门完整的课程可能需要数月的准备时间，而现在，AI 可以快速生成课程大纲、案例分析、PPT 课件甚至视频配音，大大提高了生产效率。个人可以借助 AI 优化社交媒体运营策略，提升影响力后，通过知识付费平台进行变现。DeepSeek 不仅可以提供内容创作支持，还能生成个性化的答疑模板，使得在线教育或咨询服务更加高效。

AI 的强大数据分析能力还使得电商与自动化营销成为低风险创业的理想选择。例如，创业者可以使用 AI 生成商品描述、优化广告投放策略，提高营销转化率。对于跨境电商和国内电商平台而言，AI 可以自动生成精准的产品文案，并针对不同市场调整营销策略，减少广告预算的浪费。此外，AI 客服机器人能够提高客户满意度，减少售后管理成本，使个人创业者可以轻松运营自己的线上商店。DeepSeek 可以帮助分析市场趋势，制定更精准的营销方案，使得电商创业变得更加可控。

除了直接的内容创作与电商创业，AI 还为个人提供了技术型创业机会。例如，AI 咨询与培训服务正在成为一个新的创业方向，许多企业尚未完全掌握 AI 工具的应用，因此可以提供 AI 使用技能培训，帮助中小企业更好地利用 AI 提高效率。此外，低代码 AI 工具集成也是一个潜力巨大的市场，创业者可以帮助企业搭建 AI 自动化流程，如 AI 驱动的文章生成网站、AI 客服系统等。DeepSeek 可以辅助创业者生成商业提案，帮助他们向企业展示 AI 技术的价值，吸引潜在客户。

3. 提升创业成功率的四项策略建议

虽然 AI 降低了创业门槛，但并不意味着每个项目都会成功。因此，创业者仍然需要制定合理的策略，以提高成功率。

首先，市场调研至关重要。AI 可以帮助创业者收集和分析行业数据，以确保所选择的创业方向具有足够的市场需求。DeepSeek 可以提供实时行业趋势分析，使创业者能够根据数据作出更明智的决策。

其次，从小规模试验开始，不断优化商业模式。AI 的优势在于能够快速生成和测试不同的营销方案，创业者可以利用 AI 进行 A/B 测试，找到最佳的市场切入点，而不是一开始就投入大量资金。DeepSeek 可以帮助创业者生成不同版本的广告文案，并提供数据分析支持，以优化营销策略。

再者，利用 AI 降低运营成本至关重要。例如，AI 可以自动管理社群、优化客户服务、生成日常运营报告，使创业者能够专注于更高价值的工作。AI 的自动化能力可以帮助个人创业者实现类似大型企业的运营效率，从而减少人力资源的需求。DeepSeek 的任务自动化功能可以优化业务流程，提高整体效率。

最后，建立多元化的变现渠道，以降低创业风险。例如，在 AI 驱动的内容创业中，除了广告收益，还可以通过会员订阅、课程销售、电子书出版等方式获得收入，从而确保业务的长期可持续发展。DeepSeek 可以帮助制定多元化的商业模式，提高收益稳定性。

AI 赋能的创业模式，首先体现在启动成本的降低。例如，知识变现领域的创业者可以通过 AI 生成高质量内容，在知乎盐选、今日头条等平台快速积累粉丝并实现变现。AI 还可以帮助电商掘金者优化商品描述和广告投放策略，提高转化率。对于本地探店和婚礼策划等线下服务，AI 可以辅助生成个性化营销方案，吸引更多客户。

此外，AI 的自动化能力使得个体创业者可以快速扩展业务规模。例如，宠物博主可以利用 AI 生成创意内容，同时通过 AI 客服机器人高效管理粉丝互动，提高运营效率。AI 还可以帮助创业者进行市场调研和用户需求分析，减少试错成本，使创业路径更加清晰。

在 AI 时代，创业不再只是资产雄厚者的游戏，而是任何具备创新思维、愿意学习 AI 工具的人都可以尝试的机遇。掌握 AI 技能，灵活运用 AI 工具，才有可能在未来的创业浪潮中占据优势，实现可持续发展。

10.4 持续进步

本节构建了 AI 时代的学习体系，为个人持续进步提供系统化解决方案。通过每日 AI 学习清单和个人知识库搭建指南两大工具，为个人持续进步打下坚实的基础。每日 AI 学习清单通过科学的任务分解与进度管理，帮助读者建立可持续的学习习惯，涵盖从基础理论到前沿应用的完整知识图谱；个人知识库搭建强调知识的系统化沉淀与高效复用，教授信息采集、分类存储与智能检索的方法论。这两大工具相辅相成，既保证知识输入的持续性和有效性，又确保知识资产的积累与增值。在技术快速迭代的背景下，本节内容突破了传统学习模式的局限，构建起“输入—处理—输出”的良性循环，使个人能力提升与 AI 发展保持同步。这种持续进步能力不仅是应对技术变革的必需，还是实现个人价值跃迁的关键。

10.4.1 每日 AI 学习清单

AI 技术的快速发展正在改变人们的工作方式和生活模式。DeepSeek、ChatGPT、豆包、Kimi 等 AI 智能体的崛起，让 AI 不仅成为辅助工具，更逐渐演变为能够自主分析、学习和执行复杂任务的 AI 助手。然而，AI 的进化速度远超个人的学习速度，如果不主动适应和学习，个人和企业都可能被时代淘汰。

在 AI 时代，持续学习已经不是一种选择，而是一种生存策略。面对海量的信息和技术更新，我们需要一套高效、系统的 AI 学习方法，确保自己能够持续提升认知，掌握最新的 AI 工具，并将其高效地应用到工作和生活中。本节将介绍一个适用于日常学习的 AI 学习清单，帮助读者高效地利用 DeepSeek 等 AI 工具，让自己保持在技术的前沿。

1. 每日 AI 学习的核心逻辑

AI 的应用场景广泛，包括自然语言处理、图像生成、自动化办公、数据分析等。为了高效学习，需要围绕理解 AI、掌握 AI、应用 AI、优化 AI 这四个关键维度进行每日训练。通过有计划的学习和实践，才能真正实现与 AI 的深度协作，提高工作效率，甚至在未来的职业发展中占据先机。

（1）理解 AI：每天更新 AI 认知

保持对 AI 技术的最新认知至关重要。AI 技术不断进步，每天都会有新的突破，例如，DeepSeek 推出的新功能、AI 在不同行业的应用案例、LLM 的最新进展等。每天可以花 15～30 分钟阅读 AI 相关资讯，如 DeepSeek 的官方更新、科技博客、AI 论文等，确保自己掌握最新趋势。

在学习过程中，可以使用 DeepSeek 生成摘要，快速整理关键信息。例如，当 DeepSeek 推出新版本时，可以让它总结新功能的核心特点，并提供实际应用场景，这样可以大幅提升信息获取效率。

（2）掌握 AI：每日动手实践

仅仅了解 AI 的理论是不够的，实际应用才能真正掌握 AI 工具。每天可以设置一个小目标，例如，尝试让 DeepSeek 生成高质量的商业文案、优化文章结构，或者分析某个领域的数据。通过每天实践不同的 AI 功能，不仅能加深对 AI 能力的理解，还能积累真实的应用经验。

DeepSeek 的强大之处在于，它不仅能回答问题，还能帮助用户生成代码、分析市场趋势、提供写作建议等。每天可以让 DeepSeek 完成一个实际任务，例如，撰写一篇市场分析报告，或者优化一份演讲稿。通过不断实践，AI 将成为日常工作的重要辅助工具。

（3）应用 AI：将 AI 融入工作和生活

真正的学习并不是掌握某项技术，而是能够在实际工作和生活中高效运用这项技术。每天可以思考一个问题：今天有哪些任务可以用 AI 完成？例如，是否可以用 DeepSeek 优化邮件撰写，可以让 AI 帮你整理会议纪要，可以用 AI 生成社交媒体文案？

在内容创作方面，可以尝试利用 AI 优化文章、撰写营销文案、制作短视频脚本；在职场办公方面，可以让 AI 帮助整理数据、生成商业计划、编写代码；在学习提升方面，可以让 AI 作为个人导师，帮助解析专业领域的概念、解读论文、提供高效的学习路径。每天至少应用一次 AI 到实际场景，逐步培养对 AI 的依赖感，让它成为提升个人能力的"外挂"。

（4）优化 AI：训练 AI 让它更懂你

AI 的强大不仅仅在于它的计算能力，还在于它可以通过交互不断优化对你的理解。每天可以花几分钟，调整和优化自己的 AI 交互方式。例如，尝试不同的提示词，看看哪种方式能让 AI 更准确地生成你需要的答案，或者让 AI 总结你的输入信息，看看它的理解是否符合你的需求。

DeepSeek 等 AI 工具可以通过更精准的提示词来提高效果，因此，每天可以调整自己的提问方式，测试哪些输入可以让 AI 输出更符合预期的内容。例如，在让 DeepSeek 写文章时，是否应该提供更详细的结构指引？在让 AI 分析数据时，是否应该给出更清晰的上下文？通过不断优化交互，AI 将变得越来越符合个人使用习惯，从而提高工作效率。

2. AI 学习的长期策略

除了每天的学习清单，建立长期的 AI 学习策略同样重要。首先，要形成自己的 AI 知识体系，可以定期整理与 AI 相关的学习笔记，归纳 AI 在不同场景的应用案例，并且总结哪些工具和方法最适合自己的工作方式。DeepSeek 可以帮助自动生成知识总结，甚至可以用 AI 构建一个“个人知识库”，记录和整理重要的学习内容。

其次，要参与 AI 社群，与其他 AI 学习者交流，获取更丰富的使用经验。可以加入 AI 主题的论坛、社交媒体群组，或者关注 AI 领域的专家，跟进他们的研究和分享。通过与其他人交流，可以获得新的思路，发现更高效的 AI 使用方式。DeepSeek 甚至可以帮助生成 AI 学习计划，推荐相关的学习资源，帮助自己更有条理地进步。

此外，要不断挑战新的 AI 应用场景。例如，在掌握 AI 内容创作之后，可以尝试用 AI 进行编程辅助、数据分析，甚至结合 AI 进行低风险创业。每天给自己设定一个小目标，例如，让 DeepSeek 优化一段代码，分析一个市场趋势，或者撰写一份商业提案。通过不断扩展 AI 的使用边界，个人能力也会随之提升。

AI 的变革速度远超想象，只有持续学习才能不被技术洪流甩在身后。在 AI 时代，学习不再是阶段性的任务，而是每天都需要进行的“自我进化”。通过每日 AI 学习清单，我们可以确保自己始终站在技术前沿，不断提升认知，优化技能，让 AI 成为自己的长期助手。

DeepSeek 等 AI 工具不仅是信息的提供者，更是学习的伙伴。通过每天阅读 AI 动态、动手实践 AI 任务、将 AI 融入日常工作，并不断优化与 AI 的交互方式，我们可以在 AI 时代保持竞争力，并创造更多新的可能性。AI 不是终点，而是起点，持续学习才是未来生存的关键。

10.4.2 个人知识库搭建指南

在 AI 技术高速发展的今天，获取信息变得前所未有的便捷，但信息过载的问题也随之而来。DeepSeek、ChatGPT、豆包、Kimi 等 AI 智能体让用户可以轻松获取海量知识，然而，真正的挑战在于有效整理、存储和运用这些信息，使其转化为个人能力的一部分。个人知识库的搭建正是为了解决这一问题，它不仅是信息的存储工具，更是一个帮助我们持续进步、提升认知和决策能力的核心系统。

知识库的搭建并不是简单地将资料收集到一起，而是一个系统性的过程，需要科学的方法和高效的工具进行支持。DeepSeek 等 AI 工具的强大能力，使得知识管理不再依赖传统的手动归档，而是可以利用 AI 自动化整理、优化和检索信息。一个完善的个人知识库能够帮助人们搭建自己的知识体系，提高学习效率，并且在需要时迅速调用关键知识。

1. 个人知识库的核心价值

在信息时代，知识更新的速度极快，传统的学习模式已经难以满足现实的需求。许多人依赖碎片化阅读，但由于缺乏系统化整理，往往导致知识积累零散，难以形成深度理解。而个人知识库的核心价值，在于搭建一个长期可用的知识管理系统，使学习更加高效、系统且可持续。

首先，个人知识库能够帮助用户形成结构化的认知体系，将零散的知识点整理为完整的知识框架，提高学习的逻辑性。其次，个人知识库能够提高检索和复用效率，避免重复查找，提高知识的应用价值。最后，个人知识库可以帮助用户巩固长期记忆，结合 DeepSeek 的自动化学习提醒，让用户在关键时刻能够迅速调用所需信息，真正做到学以致用。

2. 如何利用 DeepSeek 搭建个人知识库

搭建个人知识库需完成四步：①收集，通过智能爬取获得多源数据（网页 / 文档 / 语音）；②整理，AI 自动分类标注并构建知识图谱；③提炼，基于语义分析生成结构化摘要及思维导图；④应用，智能推荐跨领域关联知识，辅助决策与创作。DeepSeek 提供全流程自动化处理及个性化知识推荐服务，可以在每个阶段提供智能化支持，使整个过程更加高效。

在收集阶段，信息的来源极为广泛，包括书籍、论文、新闻、社交媒体、播客和视频课程等。DeepSeek 能够帮助用户从这些不同来源的信息提取其核心信息，例如，通过自动生成摘要快速抓取关键内容，避免信息冗余，提高阅读效率。此外，个人知识库还能自动归类信息，根据主题标签整理知识，确保知识库的条理性。

在整理阶段，DeepSeek 可以帮助用户构建结构化的认知框架，对相互关联的概念进行可视化整理，使学习更加直观。同时，DeepSeek 可以自动合并重复信息，去除无关内容，使得知识更加精练和可读。对于较为零散的知识点，还可以让 DeepSeek 补充相关背景信息，确保知识的完整性。

在提炼阶段，DeepSeek 能够进一步优化存储方式，使检索更加高效。例如，它可以自动提取关键词，生成简洁易读的知识点，帮助用户在短时间内掌握关键信息。同时，DeepSeek 可以将复杂的信息转换为思维导图、表格、流程图等可视化内容，使学习更具直观性。此外，基于用户的学习记录，DeepSeek 可以推荐最优的学习路径，帮助用户逐步深入理解复杂概念。

在应用阶段，个人知识库的价值体现在高效的检索与实践中。DeepSeek 支持语义搜索，用户可以用自然语言提问，AI 能够理解问题的意图，并精准提供最相关的知识点。相比传统的关键词匹配，这种智能搜索方式极大地提升了知识调用的效率。同时，DeepSeek 可以根据间隔重复（Spaced Repetition）算法，自动提醒用户复习特定知识点，确保长期记忆的巩固。此外，DeepSeek 还能在创作、问题解决和决策制定中提供智能支持，如在撰写论文时，DeepSeek 可以直接从知识库中提取相关数据和引用资料，提高写作效率。

3. 如何保持个人知识库的长期有效性

个人知识库的搭建只是起点，长期维护与优化才能让它真正成为个人成长的助力。定期更新是保持个人知识库长期有效性的关键，每周可以安排一次知识整理，通过 DeepSeek 优化已有内容，去除过时信息，并补充新的知识点。此外，随着学习的深入，知识的分类体系可能需要调整，DeepSeek 可以自动分析内容之间的关联，建立更合理的结构，使个人知识库更加清晰易用。

持续应用知识也是让个人知识库发挥最大价值的重要方式。每周至少主动检索个人知识库中的内容，确保其中的知识能够真正用于实际工作和决策中。

结合 AI 进行协作学习也是一种有效的方式。例如，可以定期让 DeepSeek 总结近期的学习成果，并根据已有知识提供下一步的学习建议，使学习路径更具针对性。通过与 AI 的持续互动，不仅能够提升知识管理的效率，还能不断优化个人学习策略，实现持续进化。

在 AI 时代，个人知识管理已成为提升竞争力的关键。DeepSeek 等 AI 工具使得个人知识库搭建更加智能化，不仅能够帮助收集和整理信息，还能优化存储方式，提高检索效率，甚至主动提供学习建议，帮助用户形成长期可用的知识体系。通过科学的方法和 AI 工具的结合，我们可以构建一个高效的个人知识库，使自己在信息洪流中保持清晰的认知，确保学习成果能够真正沉淀和应用。AI 的变革速度远超个体的学习能力，而借助个人知识库，我们可以让 AI 成为自己的长期学习伙伴，助力个人成长，实现真正的持续进步。

温 馨 提 示

建议系统性地记录与 DeepSeek 的交互过程，包括问题表述、关键回答和最终解决方案。这不仅有助于后续查阅和复用，还能帮助用户梳理思维过程，发现知识盲区。可以按照主题或项目建立分类档案，定期回顾和总结。对于有价值的对话内容，可以进一步整理成标准操作流程、知识库条目或培训材料。这种知识积累的过程不仅能提高个人效率，还能为团队或组织创造持久的价值。

本章小结

本章系统讲述了 AI 时代的四大领域：提示词工程入门技术与 AI 智能体设计；深度伪造鉴别技术、个人信息防护墙及谨防 DeepSeek“幻觉”；新兴职业导航系统、低风险创业项目；每日 AI 学习清单与个人知识库搭建。在技术指数级发展的当下，单纯的工具使用已不足以应对挑战，需要建立“能力重塑 + 风险防御 + 机遇捕捉 + 持续进步”的复合能力模型。本章揭示的不仅是具体技能，更是一种面向未来的思维方式，既要保持对技术的敏感度，又要坚守人文价值判断；既要善用 AI 放大个人能力，又要防范技术异化的风险。唯有成为“AI 原住民”与“批判思考者”的双重角色，方能在人机共生的新纪元中立于不败之地。